고령사회와 노인장기요양시설

노인장기요양보험법 도입에 따른 노인시설변화

고령사회와
노인장기요양시설

노인장기요양보험법 도입에 따른 노인시설변화

| 김석준 지음

한국학술정보㈜

고령화의 문제는 사회적으로 많은 준비를 필요로 하게 한다. 사회적 준비는 크게 그들이 독립적으로 자신의 삶을 영위할 수 있는 사회적 기반을 지속적으로 유지시키는 부분과 각종 만성질환 등으로 인해 고통 받는 고령자를 위한 다양한 형태의 요양환경을 제공해 주는 부분으로 나뉠 수 있다. 이 모두는 고령자들이 최대한 독립적 생활을 가능하게 하도록 함으로써 독립된 인격체로서 존엄성을 유지할 수 있도록 하기 위한 것으로 볼 수 있으며 사회적 준비는 다양한 형태의 정책 및 제도의 마련을 위해 구체화되며 현실화된다.

우리나라의 경우 고령자를 위한 각종 사회적 지지는 다른 복지국가에 비해 상대적으로 열악하기 때문에 최근 들어 각종 정책 및 제도를 정비하고 있는 실정이다. 이 중 2008년 국내에 사회보험형태로 도입되어 시행되고 있는 '노인장기요양보험법'은 고령자의 장기요양에 대한 책임을 사회에서 공유하고자 하는 정책의 일환으로 볼 수 있다. 보험의 도입은 국내 노인요양환경에 큰 틀의 변화를 가져오는 것으로 이에 따른 다양한 사회적 준비들도 함께 이루어지고 있다.

보험 도입으로 인한 고령자요양환경의 근본적인 변화는 불가피하게 현재 국내에 정립되어 있는 각종 노인보호서비스 기관의 변화를 가져오게 되며 이로 인해 기관에서 제공하는 서비스가 물리적으로 구체화되는 건축물인 관련 시설의 변화도 불가피하게 일어날 것이다. 정부가 제도 도입과 함께 노인복지법의 개정하는 것도 이러한 이유 때문이라고 할 수 있다.

따라서 국내에 도입되는 노인장기요양보호제도인 '노인장기요양보험'의 내용과 이 제도가 국내 노인요양환경 및 각종 노인시설에 미치는 영향에 대해 살펴보는 것은 건축계획적으로 큰 의미가 있을 것이다.

연구를 진행하면서 시행이 정착되지 않은 제도를 기초로 시설의 변화를 예측하는 것이 무리가 있다는 이견도 있었지만 정책 및 제도와 관련 인프라의 확충 측면에서 살펴보면 제도의 정착 전에 관련시설의 변화를 예측하고 이를 준비하는 관점에서는 의미가 있을 것으로 판단된다. 정부도 이러한 측면에 주목하여 관련 시설 및 인력 확충을 서두르고 있다. 따라서 시설 확충에 앞서 제도와 시설과의 관계를 면밀히 고찰하여 시설에 반영하는 것은 여러 시행착오를 막을 수 있을 것으로 보인다.

본서는 이러한 제도의 도입이 가져오는 사회적 영향을 시설에 주목하여 살펴본다. 본서는 본인의 '노인장기요양보험제도 도입에 따른 시설변화에 관한 연구'(2006, 서울시립대)를 최근 개정된 법률 내용을 추가·보완하면서 내용을 전반적으로 검토한 것이다.

본인은 본서를 통해 건축에 몸을 담고 있는 사람과 사회복지 및 관련 정책을 다루는 사람들이 공유할 수 있는 계기가 되었으면 하는 희망을 갖고 있다. 이를 위해 건축을 전공하는 사람으로서 생소한 분야인 사회복지적 입장과 내용을 좀 더 이해하고 담아내려고 했으나 부족한 부분이 많이 있다. 이는 연구가 미흡하고 부족한 측면에서 기인한 것으로 많은 비판과 지도를 겸허히 받고자 한다.

2009년 4월 연구실에서
김석준

[목 차]

제5장 ┃ 시설변화에 따른 공간구성 / 239

제1장

서 론

본 연구는 노인장기요양시설이 사회적 현상을 반영한 제도의 관계에 주목한다.

노인장기요양에서 공공의 역할은 점차 강화되고 있으며, 이러한 공공의 역할이 구체화되는 제도는 관련 시설들의 역할을 규정하고 시설의 구체적인 기능에 영향을 미친다. 특히 공공성이 강한 시설의 경우 이러한 영향은 더욱 강하게 된다.

노인장기요양시설은 노인에게 제공하는 요양서비스를 제공하는 물리적 장소라고 할 때, 요양서비스를 제공하는 체계의 변화를 가져오는 제도의 변화는 이 물리적 장소인 시설의 역할과 기능의 변화를 일으키게 된다.

[제1절] 연구의 배경 및 목적

1. 연구의 배경

2005년 통계청 자료에 따르면 2000년에 65세 이상 인구는 전체인구의 7.2%를 넘어 이미 고령화사회에 진입한 상태이며 2019년에는 14%를 넘어 고령사회에 진입할 것으로 예상된다. 고령화사회에서 고령사회로의 전환에 걸린 시간을 국가별로 비교하면 프랑스는 115년, 미국은 72년, 일본은 24년, 영국은 47년이 걸린 것을 감안한다면 우리나라의 19년은 세계에서 찾아보기 힘든 빠른 고령화 속도라고 할 수 있다. 이러한 급속한 인구의 고령화는 최근의 출산율 저하와 의료수준의 발전으로 인간의 수명이 연장되었기 때문이다.

고령화의 문제 중 치매, 중풍, 허약 등 노인성 질환으로 인한 장기요양보호(long term care)의 문제는 국민들의 불안 요인으로 작용하고 있다. 이는 전통적인 가족보호에 의존해 왔던 장기요양이 가족구조의 변화, 여성의 사회진출 등으로 인해 현실적으로 어려워졌기 때문이다.

1980년대 이후 선진국에서는 요양보호가 필요한 노인의 자립생활을 지원하는 '요양보호의 사회화'가 중요한 문제로 대두되고 있어 이에 대한 정책적 대안이 마련되고 있다. 요양보호의 사회화의 대표적인 사례는 2000년에 시행한 일본의 '공적개호보험(公的介護保險)'과 1995년에 시행된 독일의 '수발보험'을 들 수 있다. 두 제도 모두 사회보험방식을 취하고 있어, 기존의 의료 및 보건서비스와는 다른 방식으로 시행되고 있다. 독일과 일본을 제외한 선진국에서는 별도의 제도를 운영하지 않고 국가 보건서비스나 의료보장의 일부로 장기요양서비스를 지원하고 있다.

선진국의 장기요양보호는 정책적으로 많은 변화를 거쳐 지금에 이르고 있는데 이를 살펴보면 우선 시설중심보호에서 재가중심보호로 전환하는 과정과 이를 위해 다양한 재원을 확보하려는 노력을 거쳐, 재원의 부족과 노인의 독립적인 생활을 최대한 보장하기 위해 보호의 주체를 다양화하고 가족의 역할을 증대시키는 방향으로 바뀌고 있다. 이러한 정책적 흐름은 노인에게 장기요양을 제공하는 주체의 변화와 그 맥을 같이하고 있는데, 전통적 가족보호에서 사회보호로의 전환, 사회보호에서 가족보호의 중요성 인식 등이 그것이다.

이러한 고령사회에 대한 정책적 대비에는 우리나라의 경우도 예외는 아니다. 급속한 노인인구의 증가에 따라 기존의 저소득층을 중심으로 한 제한적 보호체계는 한계에 도달했기 때문에 노인보호에 대한 종합적인 대책이 마련되기 시작하였다. 최근 정부가 추진하여 도입한 '공적노인요양보장제도'는 이러한 대책의 일환으로 볼 수 있다. 이 제도는 정부가 2001년 8.15경축사에서 제도 도입을 천명하면서 본격적인 논의가 시작되었으며, 2002년 7월 '노인보건복지종합대책'에서 '공적노인요양보호체계 구축, 시행'이 제시되었다. 이후 2003년 3월 각계 전문가, 정부위원 등으로 구성된 '공적노인요양보장추진기획단'이 구성되면서 본격적인 제도의 준비에 들어가 2008년 제도가 도입되었다. 이러한 제도적 논의와 함께 노무현 정권이 출범하면서 우리나라의 낮은 출산율과 급속한 고령화에 대비하기 위해 '고령화 및 미래사회위원회'를 만들어 고령화에 대한 대책에 본격적인 관심을 두게 되었다. 2005년

10월 19일에는 공적노인요양보장제도의 구체적인 법률이 '노인수발보장법률'이라는 용어로 입법예고되어 동년 12월에 국회에 제출되었으며, 2007년 '노인장기요양보험법'이 제정되고 2008년 4월 시행되었다.

노인장기요양보호가 만성적 질환을 갖는 노인에게 각종 원조 및 서비스, 그리고 주거의 편의성을 제공하는 것이라고 볼 때 장기요양보호에서 제공되는 서비스는 국가마다 다르지만 시설에 대상자를 입소시켜 서비스를 제공하는 시설서비스와 대상자가 자신의 거주지에 머무르면서 서비스를 받는 재가보호서비스로 나누어 공급하는 방식은 유사하다. 또한 장기요양서비스의 범위가 대상자의 가족까지 포함된다면 서비스의 내용은 더욱 확대될 수 있을 것으로 보인다.

국내에 도입되는 노인장기요양보호제도는 '노인장기요양보험법'이라는 명칭으로 65세 이상 노인과 치매, 뇌혈관성 질환 등 대통령령이 정하는 노인성 질병을 가진 64세 이하인 자를 대상으로 하여 사회보험방식으로 시행되어, 제도가 정착된다면 이용대상자는 생활보호대상자에서 요양을 필요로 하는 일정기준 대상자로 확대되기 때문에 시설이 양적으로 급증하게 된다. 이러한 장기요양서비스 공급방식의 근본적인 변화는 서비스 공급의 물리적 실체인 시설의 변화를 가져오게 된다. 일본의 경우 노인장기요양보호제도인 '개호보험'이 2000년에 도입된 이후 보호서비스시설과 재가보호서비스시설이 급증하고 시설의 기능적 변화과정을 겪어 왔다. 향후 우리나라의 경우에도 장기요양보호제도가 도입되어 본격적으로 시행되는 2008년 이후에는 이러한 시설의 변화가 급속히 변화할 것으로 예상된다. 이러한 예상이 가능한 것은 현재 일본의 노인장기요양보호시설의 체계와 노인복지법의 체계 등이 현재의 국내 상황과 유사하기 때문이다. 이러한 시점에서 국내 노인장기요양보호시설의 현재와 제도 도입 후 예상되는 시설의 역할과 기능의 변화에 대한 논의들이 필요하다.

하지만 제도 도입에 대한 논의들은 주로 사회복지관련 분야에 집중되고 있어 관련 제도에 따른 서비스의 물리적 제공처인 시설에 관한 역할과 기능은 적극적으로 다루어지고 있지 않다. 즉 사회복지적 논의에서는 시설의 기능변화를 제도 및 정책에 관한 사항 중 일부분으로 다루고 필요한 서비스의 종류와 양에 따른 시설의 종류별 수를 예측하는 정도에 머무르고 있으며 제도의 도입에 따른 서비스 공급을 위한 시설량의 확충의 관점에서 논의를 집중하고 있다. 하지만 서비스의 공급방식의 변화는 시설의 물리적 변화를 가져온다는 점을 고려한다면 시설의 양적확충과 아울러 시설의 변화양상에 대한 고찰이 필요하다.

제도 도입에 따른 시설변화는 시설의 건축계획에 큰 영향을 미치며 이러한 논의는 사회복지와 함께 건축계획에서도 지속적으로 영향을 미칠 것으로 보인다. 하지만 지금까지의 건축계획적 논의들은 시설기능의 큰 틀의 변화를 고려하기보다는 시설의 구체적인 계획기준, 이용노인과 시설환경과의 관계, 시설 이용자의 만족을 위한 시설환경의 개선방안 등에 집중되어 왔다.

따라서 우리나라에서 노인장기요양제도의 변화로 인한 관련 서비스의 공급체계의 큰 변화가 예고된 시점에서 사회복지적 측면에서 서비스 공급의 변화에 대응하는 시설변화를 건축계획적 관점에서 예측하는 것은 그 의미가 매우 크다고 할 수 있다.

본 연구의 배경을 정리하면 다음과 같다.

첫째, 노인장기요양보호에 대한 사회적 관심이 증가하고 있으며, 2008년도에 국내에 장기요양보험제도가 도입되어 시행되고 있다. 일본의 경우 요양보험이 시행된 이후 관련 시설이 급속히 변화된 것을 감안한다면 국내에도 제도가 도입될 경우 시설의 변화를 예상할 수 있다.

둘째, 요양보험제도의 도입과 함께 현재 관련 시설의 형태는 자연스러운 변화과정을 거칠 것으로 예상되며 이러한 변화들이 공간적으로 반영될 수 있는 연구가 필요한 단계이다.

셋째, 노인장기요양보호제도가 도입되면 서비스의 공급은 지역사회를 중심으로 이루어질 가능성이 매우 높다. 따라서 현재 지역사회와 밀접한 관계를 맺고 있지 않는 국내 노인 보호시설의 기능에 많은 변화를 가지고 올 것으로 판단된다.

넷째, 노인의 지역사회보호에서는 현재의 기능을 갖는 각종 노인시설 이외에 새로운 유형의 노인시설의 등장이 필요하다. 일례로, 현재의 노인이 전문요양시설에 입소할 경우 자신의 거주지에서 떨어져 생소한 지역에 있는 시설에 입소해야 하며 이에 대한 부작용이 많이 발생하고 있다. 따라서 노인의 장기적 연속보호를 가능하게 하는 새로운 지역중심 시설이 요구된다.

다섯째, 향후 장기요양보호가 제도화되면서 급속히 시설의 공급이 요구됨에 따라 공급의 급속한 충족을 위한 대책이 요구된다.

2. 연구의 목적

본 연구는 최근 도입이 활발히 모색되고 있는 노인요양보험제도 도입과 시설과의 관계에서 출발한다. 한 시설에서 제공하는 서비스는 시설의 성격을 규정하는 데 중요한 역할을 하며 이것은 건축 공간으로 나타난다. 현재 노인장기요양보호시설의 기능은 현재의 서비스 공급방식에서 비롯되었으며 서비스의 공급방식은 그 당시의 관련 제도와 밀접한 관계를 맺고 있다. 따라서 노인요양보험제도가 사회보험방식으로 도입되면 시설의 이용대상과 방식은 크게 달라질 것이며, 이에 따라 시설의 변화가 예상된다.

본 연구의 목적은 노인장기요양제도의 공급체계를 변화에 따른 장기 노인요양보호시설의 변화양상을 구체화하는 것이다. 이를 위해 우선 노인요양보험제도의 서비스 유형과 전달체계를 분석하고 외국은 제도 도입에 따라 시설이 어떠한 변화를 겪어 왔는지를 일본을 중심으로 살펴봄으로써 우리나라의 장기요양보호시설의 역할과 시설의 변화를 예측한다. 다음으로 시설의 역할과 기능에 적합한 공간구성을 구체적으로 제안한다. 이와 함께 현재 양적으로 부족한 노인장기요양보호시설을 확충하는 방안을 다각도로 모색한다.

본 연구의 목적을 살펴보면 다음과 같다.

첫째, 노인장기요양보호에 대한 이론적 고찰을 통해 노인보호의 역사적 흐름과 장기요양보호의 특징과 관련 제도를 중심으로 살펴봄으로써 요양제도에 따른 시설의 변화가능성을 검토한다.

둘째, 노인요양보험제도에 따른 시설의 변화관계를 규명하기 위해 국내 실정과 유사한 일본을 대상으로 노인복지정책의 흐름에 따른 시설의 기능변화를 분석하여 향후 우리나라에 노인요양보험제도가 시행에 따라 예상되는 기능의 변화요인을 도출한다. 또한 향후 제도 도입 시 국내 시설기능변화를 예측하기 위해 현재 국내에서 운영하고 있는 노인장기요양보호시설기능을 조사하여 변화가능성을 분석한다.

셋째, 노인요양보험제도는 요양이 필요한 모든 노인을 대상으로 하며 서비스의 공급주체도 다양하기 때문에 이용할 수 있는 서비스와 시설은 다양해진다. 이에 따라 각종 서비스를 제공하는 시설은 서로 연계되어 통합적으로 서비스가 제공될 수 있는 여건이 마련되어야 한다. 따라서 통합적 서비스의 제공이 가능하도록 시설의 기능변화가능성을 검토한다.

넷째, 시설의 기능변화에 따라 각 노인장기요양보호시설을 구체화시킬 수 있도록 각 노인장기요양보호시설의 공간구성을 제안한다. 본 연구에서 제안하는 장기요양보호시설은 요양시설, 전문요양시설을 중심으로 하는 보호시설과 주간보호시설, 단기보호시설을 중심으로 하는 재가보호시설로 한다.

다섯째, 노인장기요양보호시설 각각의 역할은 독립적으로 존재하는 것이 아니라 상호 관련성을 갖고 있다. 또한 시설이 독립적으로 있을 수도 있고 복합화할 수도 있다. 따라서 이러한 시설 간 연계방안 및 시설의 복합화의 가능성을 검토한다.

본 연구는 노인 장기노인요양보호서비스의 전달이 구체화되는 물리적 공간인 시설의 기능을 서비스의 효율적 전달의 관점에서 파악하고자 한다. 즉 노인장기요양보호에 관한 정책, 서비스 비용 및 전달체계, 법제 등을 중심으로 논의를 집중해 왔던 사회복지 부분과 단일 노인시설의 물리적 환경과 건축계획의 가이드라인 제시에 주목해 왔던 건축계획부분에서 다소 간과되었던 부분을 보완하는 데 중점을 두고자 한다.

문제 제기	■ 장기요양보호의 필요성과 장기요양보호의 도입 논의
	■ 노인장기요양보호제도 도입에 따른 시설의 기능 변화 예상
	■ 제도 도입에 대한 사회복지적 논의와 건축계획적 논의의 접목
	• 건축계획 : 단일시설의 계획에 집중, 사회복지 : 복지서비스, 정책에 집중

연구방법

- 건축계획적 논의와 사회복지적 논의 검토
- 장기요양보호서비스의 특징과 정책적 흐름 검토
- 해외 노인장기요양관련 제도의 변화와 시설의 변화 검토 (일본 개호보험을 중심으로)
- 향후 국내에 도입될 '공적노인요양보호'제도와 시설의 기능 변화 검토
  - 보호시설 : 요양시설, 전문요양시설
  - 재가시설 : 주간보호시설, 단기보호시설

연구 목적 및 내용	■ 장기요양보호제도와 시설의 기능 관계 도출
	■ 국내 도입 제도에 따른 기능의 변화 예상
	■ 장기요양보호시설의 기능 설정과 새로운 시설의 도입 필요성 제시
	■ 시설의 역할에 맞는 기능 설정과 이를 구체화 시키는 시설별 공간 구성안 제시

[그림 1] 연구의 문제제기와 목적

[제2절] **연구의 방법 및 구성**

1. 연구방법

본 연구는 크게 문제를 제기하기 위한 문헌연구와 이를 검증하는 사례조사로 이루어진다. 문헌연구는 장기요양보호에 관한 이론적 고찰, 국외 노인장기요양보호 체계와 현황 고찰, 우리나라의 현황을 중심으로 이루어진다. 장기요양보호의 이론적 고찰은 'The Heart of Long

Term Care'(Rosalie A. Kane, Rosalie L. Kane, Richard C. Ladd, 1998)
과 '노인장기요양보호의 공급주체 간 역할분담 유형에 관한 비교연구'
(석재은, 1999)를 중심으로 논의하였으며, 국내외 정책 및 제도는 각국
의 정책자료 및 OECD, UN 등 국제기구의 보고서, 통계자료 등을 참
고하였다. 노인장기요양보호에 관한 국내 현황은 보건복지부의 정책자
료 및 국책 연구기관의 정책연구보고서를 중심으로 기술하였다.

　본 연구에서의 사례조사는 크게 두 가지 흐름으로 진행되었다. 우선
해외사례조사를 통해 노인장기요양보호시설의 기능에 변화를 주는 요
인을 살펴보는 것과 현재 국내에서 운영 중인 시설현황을 살펴보는 것
이다. 우선 국외 사례조사는 노인요양보험제도의 도입에 따른 노인장
기요양시설 기능변화를 살펴보기 위해 일본을 중심으로 노인복지정책
적 흐름과 시설의 기능을 중심으로 살펴보았다. 특히, 국내의 노인요
양보험제도와 유사한 일본의 개호보험의 시행 전후에 발생한 시설기능
적 변화를 중점으로 살펴봄으로써 향후 국내 제도 도입이 시설에 미치
는 영향요인을 도출하였다. 국내 시설사례조사는 서울시와 경기도에서
운영 중인 시설을 재가시설과 보호시설로 나누어 진행하였으며, 시설
현황은 도면과 운영 자료를 기본으로 검토하였다. 재가시설은 단기보
호시설, 주간보호시설을 중심으로 조사하였으며 다른 시설에 병설된
시설인 경우 전체 시설에서 재가시설, 단기보호시설의 위치 및 운영현
황을 함께 검토했다.

　사례조사를 통한 도출 내용은 1) 노인장기요양제도의 도입에 따른
시설기능의 변화 고찰 2) 현 시설기능의 변화가능성 파악 3) 기능상의
문제점 및 개선 방향 4) 지역사회와의 연계성 5) 타 시설과의 연계성
등이다.

1) 활용 통계문헌

본 연구에서 활용한 통계문헌 중 인구와 일반 사회현황은 통계청 인구통계, 사회조사통계를 활용하였으며, 장기요양보호대상과 노인의 생활실태는 보건사회연구원의 연구통계자료를 활용하였다.

- 보건사회연구원, 장기요양보호대상 노인의 수발실태 및 복지욕구, 2001
- 보건사회연구원, 1998년도 전국 노인생활실태 및 복지욕구 조사, 1999
- 보건사회연구원, 2004년도 전국 노인생활실태 및 복지욕구 조사, 2005
- 보건사회연구원, 공적노인요양보호체계 발전방안 연구, 2003
- 보건복지부, 2005년도 노인복지시설현황, 2005
- 통계청, 사회통계조사보고서, 1998
- 통계청, 사회통계조사보고서, 2002
- 통계청, 장래인구추계자료, 2005

2) 국외 정책흐름과 시설의 변화

외국의 사례는 국내 상황과 유사한 일본을 살펴보았으며, 영국과 미국은 노인장기요양보호시설을 둘러싼 시대적 흐름을 고찰하는 자료로 간략하게 고찰하였다.

- 일본의 거시적 정책흐름과 노인장기요양시설의 변화
- 시설기능에 영향을 미치는 요인 검토
- 일본의 개호보험과 국내 요양보험제도와의 유사성 검토
- 일본 개호보험에 따른 시설기능의 변화 검토

3) 국내 시설기능 분석 및 입소노인 현황분석

국내 시설기능은 분석은 서울시, 경기도 소재 시설로 우선 도면을 통해 분석하고 실제이용현황은 방문을 통한 관찰과 담당자 면담을 통해 진행하였다.

(1) 대상시설

- 서울시, 경기도 소재 노인장기요양보호시설
- 양로시설 3개소, 요양시설 6개소, 전문요양시설 8개소
- 단기보호시설 6개소, 주간보호시설 11개소

(2) 방 법

- 시설 도면분석
- 방문조사
- 운영자 인터뷰

(3) 조사내용

- 현 시설의 기능 파악

- 기능상의 문제점 및 개선 방향
- 지역사회와의 연계성

2. 연구의 구성과 프로세스

1) 연구의 구성과 내용

본 연구의 구성은 총 여섯 개의 장으로 구성된다. 제1장에서는 본 연구의 배경과 목적, 그리고 연구방법 및 구성을 제시하였다.

제2장에서는 본 연구의 기본적 개념인 장기요양보호의 개념을 이론적으로 정립하고 장기요양보호제도와 국내 제도 도입과정에 대해 기술하였다. 이를 자세히 살펴보면 장기요양보호의 개념정립을 통해 우선 장기요양보호에 있어 시설이 차지하는 역할과 기능에 대해 고찰하고 앞으로 노인의 장기요양보호가 어떠한 흐름으로 변모해 갈 것인가를 정리하여 시설의 변화를 고찰할 때 기본적 토대가 되도록 하였다. 선진국의 사례는 장기요양보호에 대한 세계적 흐름을 파악하기 위해 영국, 미국, 일본의 요양보호정책흐름을 살펴보고 이들이 관련 시설에 어떤 영향을 미쳤는지 고찰하여 제도, 서비스, 시설과의 관계를 검토하였다. 이와 함께 현재 다양한 형태의 노인보호관련 서비스가 이루어지고 있는 우리나라의 장기요양서비스와 시설현황을 검토하여 향후 연구의 기본이 되도록 하였다.

제3장에서는 노인장기요양보호시설의 기능에 영향을 미치는 요인을 검토하고 향후 국내에 공적노인요양보장제도가 시설기능에 어떠한 영

향을 미치는지를 분석한다. 이를 위해 일본의 정책적 흐름과 시설 변화 양상, 국내 제도와 현재 운영 시설의 기능을 검토한다. 국내 시설 사례는 서울 및 경기도에 위치한 시설을 재가시설과 보호시설로 구분하여 조사하였다. 이를 통해 향후 국내 제도 도입 시 시설의 변화가능성을 현실적으로 유추할 수 있도록 하였다.

제4장에서는 제3장에서 해외사례와 국내 시설현황 사례조사를 통해 국내에 제도가 도입될 경우 야기되는 국내 시설의 변화 방향을 제시하였다. 이를 위해 국내에 도입될 제도 중 시설에 영향을 미치는 요인을 도출하고 이들이 현 시설에 어떤 영향을 미치는지 재가시설과 보호시설로 나누어 제시하였다. 이와 함께 제도 도입 시 가속화될 시설의 기능 통합과 복합화에 대한 방향도 제시하였다.

제5장에서는 제4장에서 설정한 각 시설의 기능에 적합한 시설의 구체적인 공간구성을 제시함으로써 실제 시설을 설계할 때 이를 활용할 수 있도록 하였다. 시설의 공간구성은 시설 간 연관성을 고려하여 조정하였으며, 시설의 독립, 병설의 가능성 등을 폭넓게 고려하여 제시하였다.

제6장에서는 연구결과를 요약하여 제시하고 우리나라 장기노인요양 보호시설의 전체적인 틀을 정립하고 시설의 구체적인 계획에 본 연구가 어떠한 역할을 할 수 있을지를 제시한다.

2) 연구 프로세스

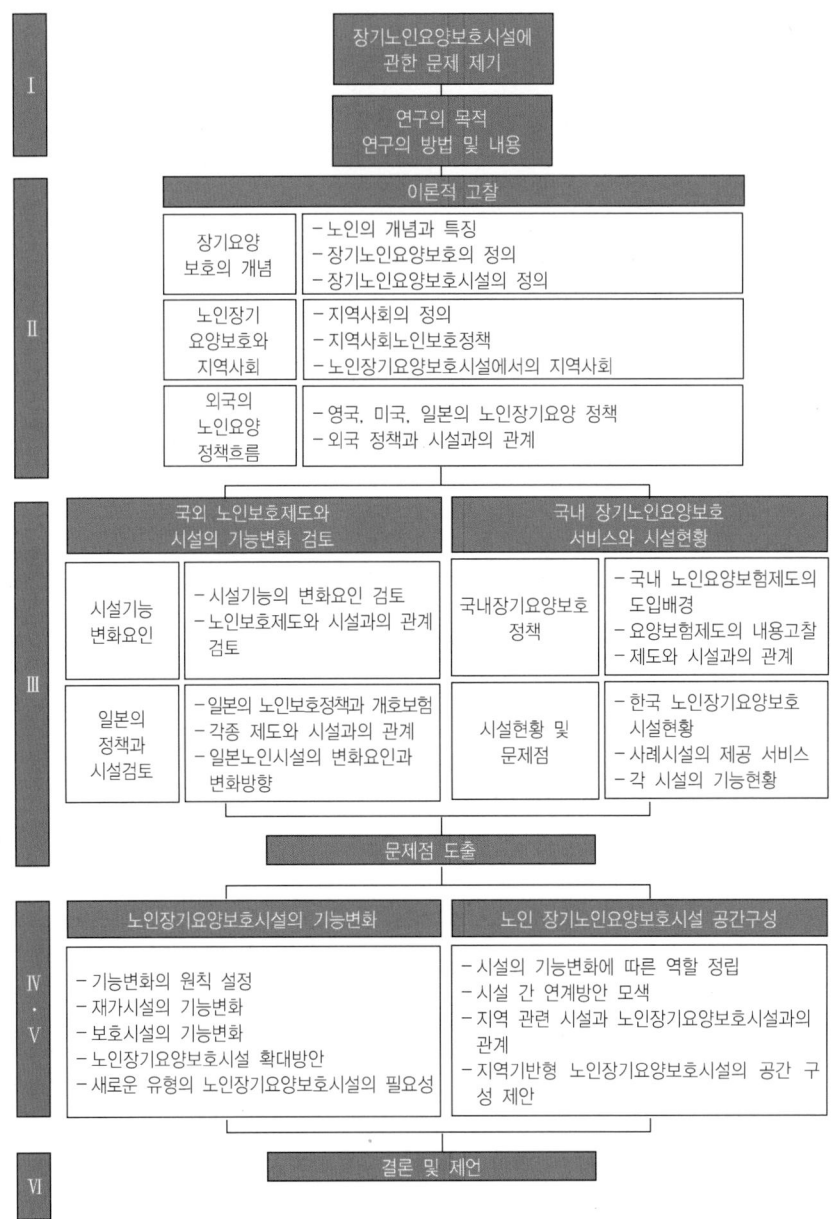

I	장기노인요양보호시설에 관한 문제 제기
	연구의 목적 연구의 방법 및 내용

이론적 고찰

II	장기요양 보호의 개념 — 노인의 개념과 특징 / — 장기노인요양보호의 정의 / — 장기노인요양보호시설의 정의
	노인장기 요양보호와 지역사회 — 지역사회의 정의 / — 지역사회노인보호정책 / — 노인장기요양보호시설에서의 지역사회
	외국의 노인요양 정책흐름 — 영국, 미국, 일본의 노인장기요양 정책 / — 외국 정책과 시설과의 관계

국외 노인보호제도와 시설의 기능변화 검토 / 국내 장기노인요양보호 서비스와 시설현황

III	시설기능 변화요인 — 시설기능의 변화요인 검토 / — 노인보호제도와 시설과의 관계 검토
	일본의 정책과 시설검토 — 일본의 노인보호정책과 개호보험 / — 각종 제도와 시설과의 관계 / — 일본노인시설의 변화요인과 변화방향
	국내장기요양보호 정책 — 국내 노인요양보험제도의 도입배경 / — 요양보험제도의 내용고찰 / — 제도와 시설과의 관계
	시설현황 및 문제점 — 한국 노인장기요양보호 시설현황 / — 사례시설의 제공 서비스 / — 각 시설의 기능현황

문제점 도출

노인장기요양보호시설의 기능변화 / 노인 장기노인요양보호시설 공간구성

IV · V	— 기능변화의 원칙 설정 / — 재가시설의 기능변화 / — 보호시설의 기능변화 / — 노인장기요양보호시설 확대방안 / — 새로운 유형의 노인장기요양보호시설의 필요성
	— 시설의 기능변화에 따른 역할 정립 / — 시설 간 연계방안 모색 / — 지역 관련 시설과 노인장기요양보호시설과의 관계 / — 지역기반형 노인장기요양보호시설의 공간 구성 제안

VI 결론 및 제언

[그림 2] 연구 프로세스

3. 주요용어 정의

노인장기요양보호와 노인이 이용하는 시설을 규정하는 다양한 용어들이 혼재되어 사용되고 있어 본 연구를 본격적으로 시작함에 있어 이를 정리하는 것이 필요하다. 본 연구는 제도와 관련 시설과의 관계를 고찰하는 내용으로 하기 때문에 용어의 정의에 있어 법적 용어를 우선 사용하도록 하였으며, 법적 용어가 없을 경우 일반적으로 통용되는 용어를 우선하여 사용하였다.

1) 노인장기요양보호(long - term care for the elderly)

노인장기요양보호는 우선 대상과 기간을 노인과 장기로 한정짓는 의미이며, 요양보호는 급성적인 의료적 치료와 상반된 개념으로 신체적 및 정신적 기능적으로 활동장애를 가진 사람에게 필요한 서비스 제공을 의미한다. 노인장기요양보호에 관한 자세한 정의는 2장에서 다루도록 한다.

노인장기요양보호를 위한 서비스는 크게 재가서비스와 시설서비스로 나뉘는데 이의 기준은 서비스를 제공받는 사람의 거주지 및 서비스를 받는 위치이다. 재가서비스는 자신의 가정에서 생활하며 일시적으로 시설과 서비스를 이용하는 것을 말하며, 시설서비스는 장기간에 걸쳐 자신의 거주지를 떠나 특정 전문시설에서 24시간 서비스를 제공받는 것을 말한다.

2) 노인장기요양보호시설 (long-term care facilities for the elderly)

노인장기요양보호시설은 노인장기요양보호를 위한 각종 서비스를 제공하는 물리적 실체인 시설을 의미한다. 본 연구에서는 노인장기요양보호시설을 크게 재가시설과 보호시설로 구분하여 기술하는데 재가시설은 노인복지법 및 노인요양보험법에서 제시된 재가서비스를 제공하는 시설을 의미하여, 구체적으로 주간보호시설, 단기보호시설, 가정봉사원파견시설이 재가시설에 해당된다. 보호시설은 노인복지법 및 향후 시행될 노인요양보험법에서 제시된 시설서비스를 제공하는 시설로 구체적으로 노인요양시설, 노인요양공동생활가정(그룹홈), 노인전문병원(요양병원)을 의미한다.

■ 재가시설: 재가서비스를 제공하는 시설로 주간보호시설, 단기보호시설, 가정봉사원파견시설 등을 포괄하는 용어로 사용한다.
■ 보호시설: 시설서비스를 제공하는 시설로 요양시설, 노인공동생활가정, 노인전문병원(요양병원) 등을 포괄하는 시설을 말한다. 본 연구에서는 각각의 시설을 분리하여 언급할 때는 요양시설, 전문요양시설, 요양병원의 용어를 사용하지만 이들을 통합적으로 언급할 때는 보호시설이라는 용어를 사용한다.

3) 노인장기요양보호제도 (long-term care system for the elderly)

제도가 국가나 사회 구조의 체계 및 형태를 말한다고 하면 노인장기요양보호제도는 넓게는 노인장기요양보호에 필요한 국가나 사회구조의 체계를 말하며 좁게는 노인장기요양보호를 위한 구체적인 정책과 법률을 말한다.

본 연구에서는 노인시설에 영향을 미치는 요소를 제도로 본 것은 제도가 시설에 미치는 다양한 영향요인들을 상당부분 담고 있기 때문이다. 이를 통해 시설을 둘러싼 다양한 영향요인들을 단순화하였다.

[제3절] 선행연구 검토와 본 연구의 차별성

1. 선행연구 검토

1) 단일 건축의 계획지침제시를 중심으로 한 건축계획분야

노인장기요양보호시설에 관한 건축계획적 연구는 1990년 이후 매우 활발하게 이루어져 오고 있다. 각종 노인복지시설 종류별 건축계획적 연구는 시설계획방법에 관한 연구와 시설기준에 관한 연구로 크게 나누어 진행되고 있다. 시설계획방법에 관한 연구는 노인주거시설, 요양시설, 전문병원, 노인종합복지관, 주간보호시설 등 노인시설 종류별 시설계획에 집중하고 있으며 시설기준에 관한 연구는 노인요양시설을 중심으로 시설의 적정 규모에 대한 수치적 기준을 제시하는 연구가 있다. 최근에 와서는 시설의 계획방법에 있어 치유환경에 관한 연구가 이루어져 오고 있다.

노인장기요양시설의 시설기준에 관한 연구를 구체적으로 살펴보면 권순정(1999)은 요양시설의 건축계획과 시설기준을 해외기준과 비교하여 우리나라의 시설기준의 문제점과 개선방안을 제시하였으며 이와 함께 계획기준을 제시하고 있다. 계획기준은 요양시설의 요양동을 중심으로 연구되었는데 요양동의 거주단위를 소그룹으로 할 것을 제시하여 기존의 병원건축의 간호단위와는 다른 요양동의 개념을 제시하고 있다. 본 연구에서는 시설기준에서 가장 중요시되는 면적기준을 요양시설의 부분별 면적에서 요양동의 요양실을 중심으로 검토하고 있어 요양시설의 전반적인 기준과 요양시설이 나아가야 할 방향을 제시하는 데는 다소 소홀한 측면이 있다. 노인종합복지관 건축계획을 다룬 소준영(1999)은 노인종합복지관의 공간구성과 기능별 규모, 면적기준을 제시하였으나 노인종합복지관에 주로 병설되는 주간보호시설과 단기보호시설에 관한 기준 제시는 소극적으로 처리하고 있다. 이 연구에서는 시설의 공간구성과 면적에 대한 구체적은 기준을 제시하고 있으나 노인종합복지관이 지역에 기반을 둔 시설임을 감안해 시설의 지역적 특성의 반영이 다소 소홀한 측면이 있으며 병설되는 시설의 유무에 따른 시설계획의 변화 역시 간과하고 있다. 또한 시설의 지역적 연계방안에 대한 검토는 다루고 있지 않다. 이러한 단일 건축물의 계획기준을 제시하는 연구들은 면적과 공간의 구성을 중심으로 접근하고 있으며, 면적은 거주인원당 면적을 중심으로, 공간구성은 공간별 관계에 집중하고 있다.

(1) 시설의 기능과 역할에 대한 논의 부족

기존 연구들이 제시하고 있는 시설기준과 공간구성 등은 현재 운영되고 있는 시설의 유형을 기본으로 이루어지고 있어 근본적인 한계를 내포하고 있다. 즉 요양시설, 재가시설 등은 그 역할과 기능이 노인복지정책의 변화에 따라 지속적으로 변화해 가고 있으나 시설계획은 이러한 흐름들을 반영하지 못하고 있다. 더 나아가 단일시설, 단일공간에 대한 구체적인 기준들의 제시에 집중하고 있어, 노인의 장기적 보호에서 어떠한 역할을 해야 하고 이를 위해 어떠한 기능을 갖고 있어야 하는지에 대해서는 논의하고 있지 못하다.

(2) 노인복지정책의 흐름 간과

현재 운영되고 있는 시설의 역할과 기능, 그리고 시설의 기준은 그 시설이 존재하는 시점의 각종 노인복지관련 제도와 정책의 반영물이다. 즉 건축계획에 주로 연구된 노인시설은 정부나 지방자치단체의 정책적 지원으로 건립 및 운영되기 때문에 관련 정책과 제도의 영향을 크게 받는다. 하지만 지금까지의 논의들은 이러한 큰 틀의 정책적 논의 과정이 시설의 건축계획에 미치는 영향에 관해서는 간과하고 있어, 현실성이 다소 떨어질 수 있으며 정책적 변화과정을 간과함으로써 향후 시설의 역할 변화를 소홀히 취급하고 있다.

(3) 지역사회의 시설 간 연계에 대한 계획적 논의 부족

지금까지의 건축계획적 연구가 단일시설의 계획기준에 집중하고 있기 때문에 발생하는 문제 중 다른 하나는 시설의 입지에 대한 건축계획적 접근이다. 시설의 입지에 관한 문제를 다룬 연구 중 주목할 만한 것은 임승구(2000)와 이진혁(2003)의 연구가 있는데 이들은 농촌과 도시라는 지역적 특성을 고려한 노인주거시설에 대한 연구를 진행하여 농촌과 도시라는 지역적 특수성을 노인주거시설 계획에 반영하고자 했지만 농촌과 도시라는 지역적 특수성만을 언급했을 뿐 논의의 중심은 역시 시설의 기준제시에 머무르고 있다. 지역적 특수성을 고려한 노인시설은 단일시설의 기능에 집중해서는 곤란한 측면이 있다. 즉 한 지역사회에서 노인을 보호하는 체계는 시설의 구성과 기능 간 연계에 깊은 연관성을 갖고 있기 때문에 시설 간 연계를 전제로 단일시설의 기능을 설정하고 이를 기본으로 시설의 구체적인 계획기준을 제시할 필요성이 있다.

이러한 연구 흐름과 함께 최근에 대두되는 치유환경에 대한 논의가 이루어지고 있는데 이는 시설의 물리적 환경이 노인의 신체적, 정신적 건강에 영향을 미치는 것을 중심으로 진행되고 있다. 대표적인 연구는 오은진(2000)의 '요양원 건축의 치료적 환경특성과 치매노인행동의 상호 관련성'으로 시설의 건축적 환경이 치매노인의 행동에 어떤 영향을 미치는지를 다루고 있다.

건축계획적 연구들은 주로 단일시설(노인주거시설, 요양시설, 전문병원, 노인종합복지관, 주간보호시설, 단기보호시설 등)에 대한 건축계획 기준과 계획지침에 해당하는 연구가 주류를 이루고 있다. 이는 국내 시설을 중심으로 하는 연구가 부족한 상황에서 외국과 비교된 한국적 노인시설의 계획기준이 필요했기 때문으로 판단된다.

2) 정책과 제도의 관점으로 시설을 변화에 대한 고려가 미흡한 사회복지분야

사회복지분야의 노인장기요양보호에 관련된 연구는 주로 장기요양보험제도를 중심으로 제도와 정책에 대한 연구와 관련 서비스의 연계방안 등이 주로 진행되고 있다. 즉 노인장기요양보호 관련 서비스의 유형과 전달체계 그리고 서비스 공급의 효율성에 대한 연구가 사회복지분야 연구의 주류를 이루고 있다.

정책과 제도에 관한 논의들을 살펴보면 '노인장기요양보호의 공급주체 간 역할분담 유형에 관한 비교연구: 비용부담과 보호제공을 중심으로'(석재은, 1999)에서는 노인장기요양보호에 관해 외국의 사례를 중심으로 장기보호를 둘러싼 보호제공주체의 역할과 비용부담에 관해 연구를 진행하였으며, '한국의 노인장기요양보호정책 모형'(신복기, 2000)은 현재 한국의 노인장기요양보호의 실태와 향후 정책방향에 대해서 논의하였다. 최근에 와서는 정책에 직접적으로 반영될 수 있는 비용에 관해 구체적으로 논의하는 연구가 이루어지는 등 정책과 연계되는 활발한 연구들이 이루어지고 있다. 이를 다룬 대표적인 연구는 '장기요양서비스의 경제성 분석'(김은영, 2000)인데 이 연구는 가정간호, 요양원, 요양병원 순으로 비용과 편익을 분석하였다. 이와 함께 서비스의 전달체계에 대한 논의도 이루어지고 있다. 강창현(2001)은 사회복지서비스의 공급네트워크에 대해 정부, 시장, NGO의 협조 및 공조방안을 모색하였으며, 박병일은 재가노인복지서비스의 전달체계에 대한 연구(2002)를 통해 서비스의 효율적 전달방안을 모색하였다. 이러한 서비스 전달체계에 대한 논의들을 살펴보면 서비스의 전달의 주요한 장소로서의 시설은 언급하고 있으나 시설에 대해 역할과 연계성만을 제시할 뿐 지역사회 내에서 어떻게 구체화되는지에 대해서는 언급하고 있지 않거나 소홀히 취급하고 있다. 이러한 사회복지적 측면에서의 노인장기요양보호의 거점이 되는 시설에 관한 논의가 갖는 문제점을 살펴보면 서비스의 증가에 따른 시설의 단순증가에 초점을 맞추고 있고 시설의 역할에 대한 논의는 시설계획과는 무관하게 진행되고 있다는 점을 들 수 있다.

이를 구체적으로 살펴보면 다음과 같다.

(1) 시설의 양적 증가 측면의 강조

사회복지에서는 노인장기요양에 필요한 서비스의 체계와 공급에 있어 불합리하고 이를 개선하기 위한 정책과 제도의 논의에 집중하고 있어 이러한 서비스의 양적 증가를 수용할 수 있는 현재 시설의 확충의 측면만을 강조하고 있다. 즉 효율적인 서비스 공급을 위한 시설의 역할과 기능에 대한 논의와 서비스의 확충과 서비스 체계의 효율적 전달을 위한 시설 간 연계에 대한 논의는 시설계획에서 고려할 수 있을 정도의 구체성을 띠고 있지 않다.

(2) 사회복지의 정책적 흐름에 대한 시설의 변화

사회복지분야의 논의들이 대부분 정책과 깊은 연관성을 지니고 있다. 따라서 대부분의 사회복지적 논의들은 정책적 대안을 마련하고 이를 위한 제반 조건들에 대한 연구에 집중하고 있다. 이러한 연구의 흐름에서 정책의 변화에 시설의 기능과 역할이 어떻게 변해야 하는지에 대한 연구는 미진한 실정이다. 노인장기요양보호시설에 관한 논의는 주로 시설의 양적인 증가가 필요하다는 것과 어떠한 서비스가 제공되어야 한다는 것에 주목하고 있어 이를 구체적으로 전달하기 위한 시설에 대한 구체적 안을 제시하지는 못하고 있다.

3) 제도 마련을 위한 공공연구기관

공공연구기관의 노인장기요양보호 관련 연구는 주로 정책에 집중되고 있다. 이는 노인장기요양보호가 국가의 정책과 깊은 관련을 맺고 있기 때문이다. 공공부분에서의 연구는 연구기관마다 다른 양상을 갖는데 국가 정책에 중점을 두고 있는 연구는 주로 한국보건사회연구원에서 진행하고 있으며 한국보건산업진흥원은 이를 산업적 측면에서 접근하고 있다. 국민건강보험공단은 제도 도입을 고려하여 보험제도에 관한 연구에 집중하고 있으며 한국법제연구원은 노인복지에 관한 법제도에 관한 연구를 주로 진행하고 있다.

장기요양보호제도에 관한 연구 및 각종 노인시설별 연계방안은 사회복지분야에서 활발하게 연구되어 오고 있는 주제이다. 보건사회연구원의 '장기요양보호대상 노인의 수발실태 및 복지욕구'(1998, 2004)는 전국적인 조사를 통해 우리나라 장기요양보호의 실태를 진단하고 있다. '지역별 노인복지 현황과 정책과제'(한국보건사회연구원, 2003)에서는 노인복지의 지역별 차별성에 관해 언급하고 있다. 즉 각종 노인서비스의 지역별 연계성과 지역 간 차별성에 관한 문제제기는 사회복지분야에서는 지속적으로 해오고 있음을 알 수 있다. 즉 최근의 연구는 노인장기요양보호제도 도입을 위한 정책적 준비를 위한 것이다. 하지만 제도 마련을 위한 연구를 중점으로 하기 때문에 시설에 대한 구체적인 역할에 관에서는 소홀한 측면이 있다. 또한 각각의 연구기관의 이해관계에 따라 연구의 방향이 결정되는 단점도 갖고 있다.

[표 1] 건축계획분야의 장기노인요양보호에 관한 연구

저 자	제 목	내 용	연 도
김성한 (홍익대)	노인전문병원의 건축계획 프로그래밍에 관한 연구	기존의 노인전문요양시설과 동일하게 취급되어 왔던 노인전문병원의 건축적 특성을 사례를 통해 도출하여 프로그램단계에서 공간계획에 적용하는 방안을 제시	2004
이진혁 (성균관대)	도시형 유료 노인주거복지시설의 동향과 건축계획적 제안에 관한 연구	도시의 노인들에게 기존의 삶의 터전에서 지속적으로 살 수 있게 하기 위한 적합한 도시형 유료 노인주거복지시설의 건축계획적 제안을 통하여 시행계획의 기초연구 자료 제공 건축계획적 제안을 함에 있어 이용주체인 도시노인을 대상으로 설문조사를 하여 의식조사와 함께 노인주거복지시설의 선호도를 조사하여 SPSS 통계 처리한 것이 특징	2003
임승구 (청주대)	농촌지역 노인주거시설의 계획에 관한 연구: 입지 및 시설 규모를 중심으로	농촌의 주거환경에 적합한 노인주거시설의 계획적 가이드라인을 시설의 입지와 규모, 시설의 면적 등을 중심으로 연구. 실질적인 농촌의 특징을 반영하는 데는 한계를 드러내고 있음.	2000
오은진 (연세대)	요양원 건축의 치료적 환경특성과 치매노인행동의 상호 관련성	치매노인에게 적합하고 치료적 효과를 주도록 계획된 요양환경(physical environment)의 건축적인 특성이 노인의 전반적인 생활(quality of life and functioning), 특히 치매노인의 간병을 어렵게 하는 문제 행동에 있어서의 영향을 관찰함으로 치매노인을 위한 요양시설 건축 환경의 효과를 분석	2000
소준영 (홍익대)	노인종합복지관건축의 공간구성계획에 관한 연구	노인복지시설 노인여가복지시설 중 노인종합복지관에 대한 사례조사 및 현황분석을 통해 노인종합복지관 공간구성, 규모, 면적 제시	1999
권순정 (서울대)	한국 노인요양시설의 공급량추정 및 시설계획에 관한 연구	본 연구는 크게 두 가지 측면에 주안점을 두었는데 노인인구에 대한 노인요양시설의 병상공급량을 65세 이상 노인인구와 GDP에 대한 사회보장비율 등을 고려하여 추계하고 요양시설에 관한 세부 기준을 요양실을 중심으로 제안	1999

[표 2] 사회복지분야의 장기노인요양보호에 관한 연구

저 자	제 목	내 용	연 도
지은영 (경희대)	지역사회보호를 위한 노인주거 서비스 개발방향	노인이 자신의 집에서 생활할 수 있도록 지원하 는 주거서비스의 개발방향을 모색하고자 서비스 의 내용, 비용, 연계방안 등을 검토	2003
김은영 (서울대)	장기요양서비스의 경제성 분석	장기요양서비스에 제공서비스에 따른 비용을 분 석하고 이에 대한 경제성을 가정간호, 요양원, 요 양병원 순으로 효율성을 검토	2002
박병일 (영남대)	재가노인복지서비스 전달체계 의 평가에 관한 연구: 대구, 경북의 경우를 중심으로	대구, 경북지역을 중심으로 재가노인복지서비스 현황을 분석하고 서비스를 원활히 공급하기 위한 연계방안, 보험제도의 도입필요성 검토	2002
이현숙 (동국대)	노인복지서비스의 효율적 공급 을 위한 정부와 NGO의 협조 관계에 관한 연구	노인복지서비스의 공급에 있어 공식적 공급과 비 공식적 공급측면을 현재의 사례 검토를 통해 현 재의 문제점을 극복하기 위한 정부와 NGO의 협 조관계 방안 도출	2001
강창현 (연세대)	사회복지서비스 공급네트 워크에 관한 연구: 서울시 노 인지역보호서비스의 정부, 시 장, NGO 간 협력을 중심으로	노인지역사회보호서비스 공급에 있어 정부·시 장·NGO 간 상호작용에 의한 네트워크전달체 계의 구조를 측정진단하고, 문제점 추출을 통해 네트워크형성을 위한 조건들을 탐색	2001
신복기 (대구대)	한국의 노인장기요양보호정책 모형	노인장기요양보호의 개념적 정립. 외국의 장기요 양보호제도 현황 검토를 통해 우리나라의 장기요 양보호서비스의 문제점을 도출하고 향후 한국 노 인장기요양보호정책 모형제시	2000
석재은 (이화여대)	노인장기요양보호의 공급주체 간 역할분담 유형에 관한 비 교연구: 비용부담과 보호제공 을 중심으로	장기요양보호의 비용부담 및 보호제공주체 간 역 할부담이 어떻게 이루어지고 있는가를 OECD국 가의 사례분석을 통해 비교분석. 향후 우리나라 장기요양보호정책 모형개발을 위한 자료로 활용 토록 함	1999

[표 3] 공공기관의 노인장기요양보호에 관한 연구

저 자	제 목	내 용	연 도
한국보건 사회연구원	2004년도 전국노인생활실태 및 복지욕구조사	1994년도와 1998년도에 실시한 노인생활실 태 및 복지욕구조사의 후속조사로서 노인정책 수 립에 필요한 기초자료 및 기본지표를 생산하는 것을 목적으로 하여 가구조사와 가구 내 거주하 는 65세 이상 가구원을 대상으로 한 노인개인조 사를 실시하여 발표한 자료	2005
국민건강 보험공단	노인요양보험제도 관리운영체 계 구축방안	노인요양보험제도 도입에 따른 국민건강보험 공단의 관리운영방안 검토	2004
국민건강 보험공단	노인요양보험제도 정립을 위한 관련 시설 공급 및 확충방안	노인요양보험제도 도입에 필요한 기반시설현황 을 살펴보고 이에 따른 향후 필요한 시설을 예측	2004
한국보건 산업진흥원	노인의료복지시설 시설기준에 관한 연구	노인의료복지시설의 시설기준의 비합리성을 조 정하기 위해 국내외 시설사례조사, 해외 시설기 준 조사 등을 토대로 시설의 기준을 구체적으로 제시	2003
한국보건 산업진흥원	장기요양보호 대상노인의 건강 유지증진을 위한 지역 사회 연 계모델 개발 연구	장기요양보호 대상노인의 건강유지를 위해 지 역별로 대상노인의 장애정도를 파악하고 이들에 게 적절한 서비스를 공급하는 방안을 보건소를 중심으로 모색	2002
국민건강 보험공단	선진국의 장기요양서비스 체계 자료집	향후 도입될 노인요양보험제도를 위해 선진국 (일본, 독일, 프랑스, 스웨덴, 영국)의 장기요양서 비스의 내용에 대한 설명	2002
국민건강 보험공단	장기요양서비스체계 도입방안 검토	사회보험으로서 장기요양보험제도 도입방안 검토	2002
경기개발 연구원	경기도 장기요양 보호체계 구 축에 관한 연구: 시설보호를 중 심으로	경기도 내 대상노인의 시설보호, 대상노인의 추 계와 현재 시설현황 검토를 통해 향후 필요한 시 설 추계	2002
한국보건사 회연구원	장기요양보호대상 노인의 수발 실태 및 복지욕구: 2001년도 전국 노인장기 요양보호서비스 욕구조사	전국의 5,000명의 노인을 조사하고 이들 노 인 중 장기요양보호대상자의 현황을 분석함으로 써 이들의 현황과 복지에 대한 각종 욕구를 도출 하여 향후 서비스 대상노인의 성격을 규정하는 기초자료로 활용	2001

2. 본 연구의 차별성

본 연구는 노인장기요양보호제도의 도입시점에 제도 도입과 시설의 변화양상을 고찰하는 것으로 기존의 제도와 시설에 관한 기존 연구에서 다루지 못한 부분을 상당부분 보완해 줄 수 있을 것이다.

장기요양보호와 관련된 기존 연구들은 서비스 제공과 정책에 중점을 두고 있어 서비스 제공이 구체화되는 시설에 대해서는 추상적인 기능과 양적 확충에 초점을 두어 왔다. 본 연구는 제도 도입에 따른 시설의 변화양상을 국내외 사례분석을 통해 제시함으로써 향후 시설의 변화가능성을 예측하고 이를 구체적인 건축 공간으로 제시함으로써 변화에 대비할 수 있도록 하였다. 또한 향후 도입될 제도의 취지에 맞는 시설의 형태를 현실적으로 제안함으로써 제도시행에 일정부분 기여할 수 있을 것으로 판단된다.

제2장

노인장기요양보호의
개념과 시설과의 관계

본 장에서는 연구의 기본이 되는 제도와 시설의 이론적 내용을 고찰한다.

　제도는 노인장기요양보호의 개념을 노인의 사회적 보호라는 틀 안에서 고찰하였으며, 시설은 국내 노인시설을 중심으로 제도적 틀 안에서 종류와 역할을 고찰한다. 제도와 시설을 고찰함에 있어 지역사회보호에 주목하였는데 이는 현재 노인복지에 있어 지역사회의 역할의 비중이 점차 높아지고 있기 때문이다.

노인장기요양보호의 개념

1. 인구 고령화와 노인장기요양보호의 필요성

1) 한국 노인인구 증가의 특징

고령화는 전체인구에서 노인인구의 비율이 증가하는 과정을 말하는 것으로 전 세계적으로 고령화의 추이는 증가하고 있다. 보통 국가의 고령화 정도를 파악하는 척도로 많이 쓰이는 것이 전체인구에서 65세 이상 인구가 차지하는 비중인데 노인인구 비율이 7% 이상인 국가를 고령화사회(aging society), 14% 이상인 국가를 고령사회(aged society), 20% 이상인 국가를 초고령사회(super-aged society)로 분류한다. 우리나라의 경우 지난 2000년에 그 비율이 7.2%에 이르러 고령화사회에 진입하였으며 불과 19년 후인 2019년에는 고령사회에, 그로부터 7년 후인 2026년에는 초고령사회로 진입할 것으로 전망된다.<표 4> 이러한 급속한 고령화의 주된 원인은 평균수명의 급속한 증가와 출산율의 감소[1]로 볼 수 있다. 이러한 한국의 고령화 추이는 세계에서 찾아보기 힘들 정도로 빠르게 높아지고 있다.

급속한 고령화와 함께 한국 고령화의 특징은 지역적 편차의 심화라

---

1) 한국 고령인구 증가를 가속화 시키고 있는 것 중 중요한 요인으로 출산율의 급속한 감소를 들 수 있다. 여성 1인당 가임기간 중 출산할 수 있는 출생아 수가 1990년에는 1.59에서 2004년 1.16으로 급속히 감소하고 있다. 미국과 유럽의 경우 1990년대 이후 출산율은 점차 증가하고 있는 추세와는 대조적이라고 할 수 있다.

고 할 수 있다. 2003년 국내 고령화 현황을 살펴보면 2003년 서울의 고령화 인구비율은 6.4%인 반면 전라남도는 14.1%에 이르고 있어 지역적 편차가 2배 이상인 것으로 나타났으며 산업도시인 울산의 경우 4.7%로 나타나고 있다(통계청, 2004).

[표 4] 인구 고령화속도 국제 비교

국 가 \ 고령인구 비율	도달년도			증가 소요년수		2002년 65세 이상 인구구성비(%)
	7%	14%	20%	7% → 14%	14% → 20%	
프 랑 스	1864	1979	2019	115	40	16.3
노르웨이	1885	1977	2021	92	44	14.9
스 웨 덴	1887	1972	2011	85	39	17.2
호 주	1939	2012	2030	73	18	12.7
미 국	1942	2014	2030	72	16	12.3
캐 나 다	1945	2010	2024	65	14	12.7
이탈리아	1927	1988	2008	61	20	18.6
영 국	1929	1976	2020	47	44	15.9
독 일	1932	1972	2010	40	38	17.3
일 본	1970	1994	2006	24	12	18.4
한 국	2000	2019	2026	19	7	7.9

자료: UN, 「The Sex and Age Distribution of World Population」, 각 년도 일본 국립사회보장·인구문제연구소, 「인구통계자료집」, 2003 OECD, 「OECD Health Data」, 2004

고령화의 세계적인 추이는 국가의 연령구조를 바꿔 젊은 인구층이 얇아지고 고령인구층이 두터워지고 있다. 이러한 현상은 부양비(dependency ration)[2]의 변화 추이에서 살펴볼 수 있다. <표 5>의 부양비 항목을 살펴보면 총 부양비의 증가를 주도하고 있는 것은 노년부양비임을 알 수 있다. 2020년경에 가서는 노년부양비가 유년부양비를 앞설 것임을 알 수 있다.

---

2) 부양비는 경제활동인구 1인이 부양해야 하는 유년인구와 노인인구 수.

[표 5] 우리나라 고령인구현황 및 부양비

인구항목	단위	2000	2005	2010	2015	2020	2025	2030
총인구	명	47,008,111	48,460,590	49,594,482	50,352,318	50,650,260	50,648,525	50,296,133
남 자	명	23,666,769	24,387,814	24,932,771	25,282,576	25,377,186	25,299,049	25,046,468
여 자	명	23,341,342	24,072,776	24,661,711	25,069,742	25,273,074	25,349,476	25,249,665
인구증가율	%	0.71	0.52	0.38	0.18	0.04	−0.08	−0.24
0 − 14세	명	9,911,229	9,517,521	8,551,714	7,682,494	7,034,423	6,568,078	6,217,381
15 − 64세	명	33,701,986	34,577,106	35,740,673	36,324,424	35,948,429	34,391,125	32,475,033
65세 이상	명	3,394,896	4,365,963	5,302,095	6,345,400	7,667,408	9,689,322	11,603,719
0 − 14세	%	21.10	19.60	17.20	15.30	13.90	13.00	12.40
15 − 64세	%	71.70	71.40	72.10	72.10	71.00	67.90	64.60
65세 이상	%	7.20	9.00	10.70	12.60	15.10	19.10	23.10
총부양비	%	39.50	40.20	38.80	38.60	40.90	47.30	54.90
유년부양비	%	29.40	27.50	23.90	21.10	19.60	19.10	19.10
노년부양비	%	10.10	12.60	14.80	17.50	21.30	28.20	35.70
노령화지수	%	34.30	45.90	62.00	82.60	109.00	147.50	186.60

* 2001~2050년 전국자료는 2001.11월에 작성한 장래인구 추계자료를 2005년 1월에 발표한 장래인구 특별추계 자료로 수정 보완한 자료임
자료: 통계청, 장래추계인구, 2005

연령구조의 변화원인은 출생률의 저하뿐만 아니라 사망률의 변화에서도 찾을 수 있다. <표 6>을 보면 9세 미만의 유아의 경우 사망률이 감소하고 80세 이상의 노인이 사망률이 증가하고 있는 것을 볼 수 있다. 이는 60세를 기준으로 나눈 통계에서도 알 수 있는데 60세 미만의 사망률은 감소하고 60세 이상의 사망률은 증가하고 있다. 이러한 것은 인구의 사망원인이 주로 급성, 전염성 질환에서 만성, 퇴행성 질환으로 전환하는 것을 의미한다.

[표 6] 연령계층별 사망 구성비

연령 \ 연도	전 체				남 자				여 자			
	93	02 (a)	03 (b)	증감 (b − a)	93	02 (a)	03 (b)	증감 (b − a)	93	02 (a)	03 (b)	증감 (b − a)
계	100.0	100.0	100.0	−	100.0	100.0	100.0	−	100.0	100.0	100.0	−
0 − 9세	2.4	1.8	1.6	− 0.2	2.4	1.8	1.7	− 0.1	2.5	1.7	1.5	− 0.2
10 − 19	2.0	0.7	0.7	0.0	2.4	0.9	0.9	0.0	1.4	0.6	0.5	− 0.1

연도\연령	전 체				남 자				여 자			
	93	02 (a)	03 (b)	증감 (b−a)	93	02 (a)	03 (b)	증감 (b−a)	93	02 (a)	03 (b)	증감 (b−a)
20-29	3.8	1.8	1.9	0.1	4.8	2.2	2.4	0.2	2.5	1.3	1.4	0.1
30-39	6.3	3.9	3.9	0.0	8.1	5.0	5.0	0.0	4.0	2.5	2.6	0.1
40-49	8.4	8.4	8.6	0.2	11.0	11.5	11.5	0.0	4.9	4.6	4.8	0.2
50-59	15.1	11.0	10.7	−0.3	19.0	14.7	14.2	−0.5	10.0	6.4	6.3	−0.1
60-69	18.3	19.6	19.7	0.1	19.8	23.8	24.1	0.3	16.2	14.5	14.3	−0.2
70-79	23.5	25.4	25.0	−0.4	21.2	23.4	23.1	−0.3	26.5	27.9	27.4	−0.5
80+	20.2	27.4	27.9	0.5	11.3	16.7	17.1	0.4	32.0	40.5	41.2	0.7
60세 미만	38.0	27.6	27.4	−0.2	47.7	36.1	35.7	−0.4	25.3	17.1	17.1	0.0
60세 이상	62.0	72.4	72.6	0.2	52.3	63.9	64.3	0.4	74.7	82.9	82.9	0.0

자료: 통계청, 2003, 2003 사망통계

2) 만성질환 노인의 증가

　인구가 고령화됨에 따라 노인들을 주된 대상으로 하는 질병에 대한 관심이 증가하고 있다. 노인의 만성질환 유병정도는 Frankfather, Smith 및 Caro(1981)의 연구에서 65세 이상의 80~85%는 1개 이상의 만성질환을 앓고 있는 것으로 나타났다. 노인성질환을 살펴보면 신경통, 류머티즘, 심장질환, 고혈압, 당뇨병, 치매 등을 들 수 있으며 이러한 질환들은 나이가 들어감에 따라 점차 증가한다. 노인성질환의 증가는 노인이 혼자 생활하기 힘들도록 하여 의존성을 증가시켜 지속적인 보호의 필요성이 증가한다. 즉, 만성질환은 질병 자체의 문제뿐만 아니라 이러한 질병으로 인한 가족이나 개인의 삶의 양식에 영향을 미친다(Lefton & Lefton, 1979).

　우리나라의 경우 '2004년도 전국노인생활실태 및 복지욕구조사'(한국보건사회연구원, 2005)에 따르면 주요 만성 질병으로 관절염(43.1%), 요통 및 좌골통(30.6%), 신경통(22.1%), 고혈압(40.8%), 백내장(18.1%), 빈혈(15.9%) 등이 나타나고 있다.

만성질환의 증가는 노인들의 요양관련 서비스에 대한 욕구를 증가시키고 있다. <표 7>을 보면 노인요양시설 및 서비스에 대한 이용희망률이 다른 서비스에 비해서 상대적으로 높게 나타난 것을 알 수 있다.

[표 7] 노인복지서비스에 대한 인지도, 이용경험률, 향후 이용희망률

(단위: %)

구 분	개별사업	인지율 (%)	이용경험률(%)		이용 희망률 (%)
			이용경험있음	현재 이용 중	
소득보장 및 취업관련 사업	경로연금제도	37.7			
	노인공동작업장	19.1	2.4	1.1	16.8
	노인(고령자) 취업알선센터/인재은행	20.7	1.8	–	11.1
	지역사회시니어클럽	8.0	0.3	–	6.8
	고령자취업수선업종	7.8			
노인요양시설 및 서비스	노인전문병원(요양병원 포함)	51.9	0.4	0.1	38.8
	노인(전문)요양시설/양로시설	84.4	0.2	–	29.7
	단기보호시설	8.1	–	–	14.6
	주간보호시설	9.4	0.2	–	15.8
	치매상담센터	24.9	0.7	1.0	33.0
	가사지원서비스	61.3	0.7	0.5	31.0
	경로식당/무료급식	81.2	8.5	4.9	20.2
	노인식사배달	70.5	0.8	1.9	26.9
	가정(방문)간호서비스	53.6	2.1	1.3	45.7
	보장구대여 서비스	14.0	1.2	0.7	27.9
노인여가 서비스	노인대학, 노인학교, 노인교실	90.8	8.7	3.9	22.1
	노인(종합)복지(회)관	83.9	9.8	4.8	25.5
	경로당(노인정)	99.3	15.4	32.8	47.2
기타 노인우대제도	노인교통요금할인제도	86.2	23.9	52.5	
	노인우대 할인제도	62.8	32.0	27.8	

주: 본인응답자 3,029명을 분석대상으로 하였으며 무응답 2명(항목별 다소차이)을 제외한 3,072명임
자료: 한국보건사회연구원, 2005. 2004년도 전국노인실태 및 복지욕구

3) 가족구조의 변화

노인을 둘러싼 가족의 구성은 노인에게 필요한 서비스를 예측하기 위한 중요한 지표가 될 수 있다. 국내의 경우 가족구조가 점차 핵가족화되고 노인단독세대가 증가하면서 노인을 직접적으로 보호하는 가족의 역할이 감소되고 있다. 따라서 이를 사회적으로 지지하는 방안이 요구되고 있다.

[표 8] 가구 및 가족구조 변화추이(2004, 1998, 1980)

구 분		2004(%)	1998(%)	1980(%)
가구규모	1인	16.4	13.2	4.8
	2인	24.1	20.5	10.5
	3인	20.3	20.4	14.5
	4인	27.4	31.1	20.3
	5인 이상	11.8	14.9	29.9
평균가구원수(명)		2.9	3.2	4.5
가족유형	핵가족	83.4	81.8	74.0
	직계가족	14.4	15.2	11.2
	기타	2.2	3.0	14.8
세대구성	1세대	22.4	18.4	8.3
	2세대	65.6	69.0	68.5
	3세대 이상	12.0	12.6	23.3
계		100.0	100.0	100.0
가구(개)		9,308	9,355	7,969,000

자료: 한국보건사회연구원, 2005, 2004년도 전국노인생활실태 및 복지욕구조사

우리나라 가구 및 가족구조를 살펴보면 가구는 핵가족의 형태로 정착되어 가고 있으며 3인 이내의 가구구조를 갖는 것으로 나타나고 있다<표 8>. 이러한 가구구조의 변화는 노인가구의 변화에 많은 영향을 미친다. 1998년과 2004년에 전국노인생활실태 및 복지욕구 조사를 살펴보면 노인독신가구와 노인부부가구가 증가하고 있으며 자녀동거

노인가구는 감소하고 있는 것으로 나타난다.

[표 9] 노인가구형태

구 분		2004			1998
		전 국	동 부	읍면부	
노인독신가구		24.6	22.1	30.0	20.1
노인부부가구		26.6	24.5	31.3	21.6
자녀동거 노인가구	노인＋기혼자녀	29.1	31.0	25.0	39.0
	노인＋기혼, 미혼자녀	2.7	3.2	1.5	2.1
	노인＋미혼자녀	11.7	13.5	7.6	12.1
	계	43.5	47.7	34.0	53.2
기타 노인가구	노인＋부모	0.9	0.8	0.9	0.8
	노인＋손자녀	3.7	4.0	3.0	3.6
	노인＋친척	0.5	0.6	0.3	0.4
	노인＋비혈연	0.3	0.4	0.2	0.3
	계	5.4	5.7	4.7	5.1
계		100.0	100.0	100.0	100.0
가 구		2,456	1,689	767	1,958

자료: 한국보건사회연구원, 2005, 2004년도 전국노인생활실태 및 복지욕구조사

또한 통계청 사회통계조사보고서 <표 10>을 살펴보면 1998년도와 2002년 사이에 60세 이상 인구 중 가족과 따로 살고 있는 노인의 비율이 44.9%에서 56.7%로 급속히 증가하고 있는 것으로 나타났다.

[표 10] 부모의 동거자 및 생계부양자

(단위: %)

가구주	부모 안 계심	부모 계심	부모의 동거자					부모의 생계부양자	
			가족	장남	장남 이외의 아들	딸	따로 살고 있음	가족	스스로 해결
1998	34.0	66.0	54.5	30.8	19.4	4.3	44.9	58.2	41.6
60세 이상	89.3	10.7	81.0	53.5	22.6	4.9	18.4	88.6	10.6
2002	38.0	62.0	42.7	24.6	14.5	3.6	56.7	53.3	46.3
60세 이상	89.8	10.2	72.1	44.8	22.0	5.3	26.6	84.9	13.9

자료: 통계청, 각 년도, 「사회통계조사보고서」

2. 노인장기요양보호(long term care)의 정의와 목표

1) 노인장기요양보호의 정의

　노인장기요양보호라는 용어[3]를 이해하기 위해서는 우선 급성환자보호(acute care)를 이해해야 한다. 급성환자보호는 주로 의료기관에서 의사로부터 환자의 진단과 치료가 이루어지는 것인 반면, 장기요양보호는 장기간 동안 육체적, 사회적, 심리적 능력을 상실한 사람을 위해 의료 및 사회적 서비스를 제공하는 것을 의미한다. Eustis, Greenberg & Patten(1984)은 '허약, 만성적 질병, 기타 기능적 손상으로 스스로를 돌보기 어려운 사람에게 제공되는 원조, 서비스, 주거 등'으로 규정하고 있으며, Kane & Kane(1998)은 장기요양보호를 '장애로 인해 장기간 기능적 어려움과 무능력을 경험하는 사람을 장기간 보조하는 것'으로 정의하고 있다. 노인장기요양보호는 장기요양보호의 대상을 노인으로 한정하는 것으로 이에 대한 정의는 매우 다양하지만 노인에 대한 장기적 서비스를 제공한다는 것에서는 일치하다고 할 수 있다. 즉 노인장기요양보호는 그 대상을 노인에 한정하는 것으로 하며 제공되는 서비스는 노인의 자립적 생활이 가능하도록 제공되는 생활, 의료, 상담 등의 사회복지서비스라고 정의할 수 있다.

---

3) 국내에서 장기요양보호라는 용어와 유사하게 쓰이는 용어로 '수발'과 '개호'라는 것이 있는데 수발은 순 우리나라 말로 '시중들며 보살피는 일'을 말하며 '개호(介護)'라는 용어는 일본의 개호보험 시행으로 인해 사용하고 있다. 일본의 개호보험법(介護保險法)에서는 개호가 필요한 사람을 "나이가 들어감에 따라 수반해 발생하는 심신의 변화에 기인하는 질병 등에 의해 요양 간호 상태가 되어, 입욕, 배설, 식사 등의 개호, 기능 훈련 및 간호 및 요양상의 관리 그 외의 의료를 필요로 하는 사람 등"으로 정의하고 있다.

2) 노인장기요양보호의 목표

노인장기요양보호의 목표는 크게 개인적 측면과 지역사회 및 사회적 측면으로 나눌 수 있다. 개인적 측면의 목표는 개인의 건강 유지 및 증진, 기능의 증진과 급속한 저하방지, 보호에 대한 욕구 만족, 정신적 복지 향상, 사회적 복지 향상, 독립과 자율성의 극대화, 최소한의 제한적 환경 조성, 삶의 가치 증진으로 개인의 육체적, 정신적 보호를 통해 개개인의 삶을 풍요롭게 하는 것이라고 할 수 있다. 사회적 측면에서의 목표는 장기요양호보서비스를 제공하는 공급자의 측면이라고 할 수 있다. 공급자의 측면에서는 장기요양보호에 드는 비용을 고민할 수밖에 없으며 이를 위해 장기요양보호서비스를 효율적으로 구축하고 보호에 가족을 적극적으로 개입시키는 것이다(Kane & Kane, 1998, pp.17 - 18).

3. 노인장기요양보호의 대상과 서비스의 종류

1) 서비스 대상

전통적인 장기요양보호는 가족이 주된 서비스 제공자였지만 현대는 사회적인 보호를 기반으로 하고 있기 때문에 서비스의 종류와 대상을 결정하는 것은 사회적 비용을 효율적으로 관리하여 서비스를 제공한다는 측면에서 매우 중요하다. 최근에는 가족의 지원과는 무관하게 보편주의적 원칙을 기본으로 서비스를 받는 대상자의 건강과 기능에 따라 서비스의 대상자를 결정하고 있다.

보호 대상자를 결정할 때는 대상자의 신체적, 정신적 상태를 여러 척도를 사용하여 요보호 단계를 결정하고 이에 따라 보호의 정도를 달리하고 있다. 주로 사용하는 신체적 측정 척도는 ADL Scale(Activities of Daily Living Scale)과 IADL Scale(Instrumental Activities of Daily Living Scale)를 기본적으로 사용한다.

(1) ADL Scale(Activities of Daily Living Scale)

ADL Scale은 노인의 일상생활 능력을 평가하는 척도로 노인의 보호 수요를 예측하는 데 매우 중요하다. 우선 외국의 대표적인 ADL 척도를 알아보고 이를 우리나라 현실에 적용한 척도에 대해서도 알아본다.

<표 11>은 대표적인 ADL척도로 이 중 국내에서는 Barthel Index를 가장 많이 사용하고 있다. Barthel Index는 점수로 평가하게 되어 있어 비판을 받고 있으나 수십 년간 전 세계적으로 널리 사용되어 오고 있다.

Barthel 척도는 개인의 관리와 운동능력에 관계된 기능적인 독립성을 측정하는 데 중점을 맞추고 있으며, 만성질환자에게 필요한 간호 정도를 측정하기 위해서 개발되었다. 본 척도는 의료기록, 직접관찰 혹은 의료전문가에 의해 작성된다.

[표 11] ADL Scale

	개발자	개발연도	척도	문항수	목적
PULSES profile	Eugene Moskowitz and Cairbre B. McCann	1957	서열	6	임상
Barthel Index	Florence I. Mahoney and Dorothea W. Barthel	1955	서열	10	임상
Index of ADL	Sidney Katz	1959	서열	6	임상
Kenny Self-Maintenance Scale	Herbert A. Schoening and Staff of the Sister Kenny Institute	1965	서열	85	임상
Physical Self-Maintenance Scale	M. Powell Lawton and Elaine M. Brody	1969	Guttman	6	조사 연구
Functional Status Rating System	Stephan K. Forer	1981	서열	30	임상
Medical Outcomes Study Pysical Functioning Measures	Anita Stewart	1992	서열	14	조사 연구

출처: 김명 외. 2004. 노인보건복지 이론과 실제. 집문당. 352쪽. 재인용

Barthel 척도는 크게 10가지 문항으로 구성되어 있어 각각의 항목에 도움이 필요한 정도를 측정하게 되어 있다. 문항은 음식섭취, 휠체어 이용, 개인위생, 용변, 목욕, 걷기, 계단이용, 옷 입기 등의 항목으로 구성되어 있다. 이에 관한 세부적인 사항은 <표 12>와 같다.

[표 12] The Barthel Index

	도움필요	독립적
1. 음식섭취(음식이 먹기 좋게 잘려 있어야 한다면 도움이 필요한 것임)	5	10
2. 휠체어에서 침대로 움직일 수 있고 다시 휠체어로 올 수 있음(침대에 앉는 것까지 포함)	5-10	15
3. 개인위생(세수, 머리 빗기, 면도, 칫솔질)	0	5
4. 용변보고(휴지 잡기, 닦기, 물 내리기)	5	10
5. 목욕	0	5
6. 평평한 곳에서 걷기(또는 걸을 수 없으면 휠체어 앞으로 밀기)	10	15
6-1. 걸을 수 없을 때	0	5
7. 계단 오르고 내려오기	5	10
8. 옷 입기(신발끈 매기, 벨트 매기 포함)	5	10
9. 대변보기 조절 가능	5	10
10. 소변보기 조절이 가능	5	10

출처: 김명 외. 2004. 노인보건복지 이론과 실제. 집문당. 355쪽. 재인용

(2) IADL Scale(Instrumental Activities of Daily Living Scale)

IADL Scale은 세밀한 부분의 운동능력을 측정하는 도구로 일상 업무들을 다루고 있다. 이 척도는 일반적으로 장애의 정도가 낮은 인구 집단에 적용되는 도구이기 때문에 지역사회에서의 지속적인 생활을 가능하게 하는 데 필요한 활동을 측정하는 데 쓰이기도 한다. IADL Scale은 ADL Scale과 같이 외국에서 개발된 측정도구이며 이를 변용하여 국내에 적용하고 있다.

[표 13] IDAL Scale

	개발자	개발연도	척도	문항수
Rapid Disability Rating Scale	Margaret W. Linn	1982	서열	18
Functional Status Index	Alan M. Jette	1980	서열	45
Patient Evaluation Conference System	Richard F. Harvey and Hollis M. Jellinek	1981	서열	79
Functional Activities Questionnaire	Robert I. Pfeffer	1982	서열	10
Lambeth Disability Screening Questionnaire	Donald L. Patrick and Others	1981	서열	25
Disability Interview Schedule	A. E. Bennett and Jessie Garrad	1970	서열	17
OECD Disability Questionnaire	OECD	1981	서열	16
Health Assessment Questionnaire	James F. Fries	1980	서열	20
Functional Independence Measure	Carl V. Granger and Byron B. Hamilton	1987	서열	18

출처: 김명 외, 2004, 노인보건복지 이론과 실제, 집문당, 2004, 352쪽, 재인용

(3) 선진국의 노인요양판정과 평가체계

선진국의 경우 각국의 판정기준을 근거로 의료, 보건, 복지분야의

전문가들로 구성된 판정위원회나 이를 위임받은 사례관리자(case manager)에 의해 노인의 상태를 3~6단계로 판정한다. 선진국의 장기요양대상 평가도구는 사용되는 목적에 따라 달라지는데 일본과 독일의 경우 사회보험 형식으로 대상자를 판정하기 위한 평가가 중요하기 때문에 개인의 기능제한에 의한 도움의 필요성 여부가 판단에 중요한 기준으로 작용하고 있다. 미국의 경우 공적노인요양보호체계를 갖추고 있지 않기 때문에 일률적인 장기요양대상자 평가는 없지만 Medicad 대상자의 급여 및 수가산정을 위해 MDS[4]가 보편적인 기능상태 평가기준으로 사용된다.

[표 14] 선진국의 장기요양 대상노인 평가방법

분 류	일 본	독 일	미 국
장기요양체계	보험제도를 통한 서비스 제공	보험제도를 통한 현금 및 현물 서비스 제공	의료급여자의 시설 중심 서비스 제공
평가체계	인정사정항목 평가를 통해 서비스군별 수발시간 산정	요양보험 수급여부 평가판정 도구에 의하여 수발시간 계산	MDS를 통해 자원별 노인 특성 분류(RUG)
평가목적	개호대상 인정	개호대상 인정	시설입소자의 특성에 맞는 서비스 제공 및 지역사회 노인의 예방
평가도구	63개 항목(2003)	15개의 일상생활동작과 6개의 가사활동	MDS 108개
평가기관 및 평가자	시정촌 사례관리자	건강보험공단 의사 또는 간호사	지방정부 및 각 요양시설
등 급	6등급	3등급	중증도에 따른 7개 대분류 44개 군분류

자료: 한국보건사회연구원, 2004, 공적노인보장체계 평가판정도구 개발, 115쪽, 일부 발췌

---

4) MDS(Minimum Data Set)는 요양시설 입소자의 기능상태를 평가하기 위한 도구로 RAI(Resident Assessment Instrument)라 불리는 요양시설 입소자에 대한 종합적 평가도구의 일부분이다. MDS의 자료를 바탕으로 대상자의 기능상태의 경중도에 따른 자원필요군을 분류한 후 수가산정과 연결시키는 방법이 널리 사용되고 있다.

2) 노인장기요양보호서비스 전달체계

서비스 전달체계(service delivery system)는 서비스의 공급자와 소비자(수급자) 또는 공급자와 공급자를 연결하는 조직적 장치(organizational arrangements)를 말한다(박경숙, 2000). 이를 노인장기요양시설과 연계해서 살펴보면 가정보호(home care or in-home care) 및 재가보호를 중심으로 하는 지역사회보호(community-based care)와 시설보호서비스로 나누어 살펴볼 수 있다. 이를 나누는 기준은 서비스를 제공하는 장소와 노인이 실제로 머무르는 장소의 일치여부라고 할 수 있다. 가정보호의 경우 서비스의 제공자가 외부로부터 노인이 거주하는 가정으로 와서 서비스를 제공하는 형태를 말하는 것이며, 시설보호는 노인이 전문적인 케어를 제공하는 시설에서 일시적, 영구적 서비스를 받는 것을 의미한다. 지역사회보호는 가정보호를 포함하는 의미로 노인이 가정과 같은 장소에서 생활하면서 그들의 독립성을 최대한 보장하도록 각종 서비스를 지역사회에서 제공하는 것을 의미한다. 최근에 지역사회보호가 발전하는 이유는 시설보호가 노인의 자율성과 독립성을 침해할 가능성이 높고, 시설보호보다는 지역사회나 가정보호가 경제적 효율성이 높으며, 사회적으로 시설보호의 공급의 증가가 힘들기 때문이다. 하지만 이러한 지역사회보호가 장점만을 갖고 있는 것은 아니다. 제공하는 서비스의 전달체계가 단절되기 쉬워 연속성과 통합성을 기하기 힘들고 서비스의 질을 유지하고 관리하는 것이 힘든 단점을 갖고 있다.

장기요양서비스 전달체계는 국가의 정책적 의지에 따라 달리 나타나는데 이를 Eustis 등(Eustis, Greenbery & Patten, 1984)은 노인장기요양보호서비스 전달체계의 목표로 설명한다. 즉 정책적 목표에 따라 전달체계가 달라진다. 우선 수혜자의 경우 노인의 기능을 최대한 보장하며 독립성을 유지하고 그들의 삶의 질을 최대한 확보하는 것이며, 서비스 제공자는 대상자에게 양질의 서비스를 형평성 있게 제공하고 비용을 효율적으로 하는 것에 있다. 서비스 전달체계는 시대적 흐름에 따라 국가별로 다르게 나타나고 있는데 이는 그 국가의 사회복지 수준, 경제사회적 현황, 역사적 전통이 다르기 때문이다. 하지만 앞서 언급한 가정보호, 지역사회보호, 시설보호 어느 것에 중점을 두고 있는 것에 차이가 있는 것이지 노인을 장기적 관점에서 보호하고자 하는 목표를 향하고 있는 것은 동일하다고 할 수 있다.

[표 15] 국가별 서비스 전달체계

국 가	서비스 전달체계
미 국	재활병원, 요양원, 재가간호보호
캐나다	만성질환보호 및 재활병원, 병원, 요양원, 재가보호
오스트레일리아	요양원, 호스텔(주거시설), 재가보호(강조)
영 국	노인전문병원, 요양원, 주거시설, 재가보호
스웨덴	장기요양병원, 요양원, 주거시설(서비스하우스), 재가보호
프랑스	병원(정신병원포함), 요양원, 주거시설, 재가보호
독 일	종합병원, 특수병원, 요양원, 양로원, 재가간호보호
일 본	종합병원(장기보호), 노인전문병원, 노인보건시설, 요양원
중 국	병원, 시설, 재가보호(비공식적보호 강조)
한 국	요양병원, 전문요양시설, 요양시설, 재가보호

* 각국별 서비스 전달체계 순서는 보호서비스의 강도(intensity)의 순임
* 자료: 최성재, 2000, 고령화사회의 장기요양보호, 소화, 2000, 76쪽, 재정리

3) 서비스의 종류

노인장기요양보호의 서비스의 종류와 내용은 크게 서비스가 제공되는 장소에 따라 재가보호와 시설보호로 나뉘며, 제공되는 서비스에 따라 가사지원(domestic support service), 대인적 신체수발서비스(personal care), 건강유지 및 증진서비스(health maintenance service), 사회서비스(social care)로 나눌 수 있다(선우덕, 2002). 본 연구에서는 서비스가 제공되는 시설에 주목하므로 재가보호와 시설보호로 구분하는 관점을 중심으로 서비스의 종류를 살펴본다.

(1) 재가서비스

재가서비스는 서비스의 수급자가 자신의 집에 머무르면서 필요한 서비스를 다양한 기관에서 제공받는 것이다. 이 서비스는 1946년 영국의 국민보건서비스법(National Health Service Act) 제정 후 시작되었으며 1990년 '국민건강서비스 및 커뮤니티케어법(National Health Service and Community Care Act)'[5]에 의해 구체화되어 최근까지 대부분의 국가에서 채택되며 시행하고 있다. 이러한 서비스가 발생한 이유는 시설보호중심의 보호가 가지고 있는 과도한 비용부담[6]과 시설입소가 사회와 입소자들을 분리하는 등의 문제점 때문이라고 할 수 있다.

우리나라의 경우 재가보호는 1989년 노인복지법이 개정되면서 정책적인 지원이 이루어졌으며, 현재 방문요양서비스, 주·야간보호서비스, 단기보호서비스, 방문목욕서비스 등으로 나뉘고 있으며 이외에도 식사

---

5) 이 법의 이론적 근거를 제시한 영국 보건국(Department of Health)의 '향후 10년 이후의 케어(Community Care in the Next Decade and Beyond)'는 영국 커뮤니티케어의 목표를 첫째, 가능한 한 사람들이 재가 상태에서 계속 생활할 수 있도록 하기 위한 방문서비스, 주간보호서비스, 단기보호서비스의 확충을 촉진하는 것, 둘째, 서비스 제공 기관이 수발자에 대한 실제의 원조 제공에 높은 우선순위를 둘 수 있도록 보장할 것, 셋째, 적절한 욕구사정과 케어매니지먼트의 제공, 서비스 관련 기관의 책임을 명확히 할 것, 넷째, 사업성과에 대한 보고책임을 행할 것, 다섯째, 사회적 케어의 새로운 재정구조를 도입하여 보다 효율적인 세금사용이 이루어질 수 있도록 할 것 등으로 정하고 있다.

6) 영국정부의 1986년 재정지출 중 재가복지 지출비용이 600만 파운드인 반면 복지시설입소자의 지출은 1980년대 말 기준으로 10억 파운드를 넘어서고 있으며 그 증가는 가속되고 있는 것으로 나타나고 있어 시설보호의 사회적 비용이 복지관련 재정에 큰 영향을 미치고 있어 재가보호가 강화되고 있는 측면이 있다(박광준, 2004).

배달, 상담 등의 서비스 등이 있다. 2004년 현재 우리나의 경우 재가
서비스를 제공하는 가정봉사원파견시설은 총 299개에 27,133명이 이
용하고 있으며, 주간보호시설은 280개 4,907명, 단기보호시설은 2003
년도에 비해 줄어서 82개소 865명이 이용하고 있다.

[표 16] 재가노인복지사업별 이용(국고 미지원 시설 포함, 2004년 말)

구 분	가정봉사원파견시설		주간보호시설		단기보호시설	
	2003	2004	2003	2004	2003	2004
이용인원(명)	27,133	27,295	3,274	4,907	1,225	865
시설수(개소)	228	299	178	280	66	82

자료: 보건복지부. 각 년도. 보건복지백서

단기보호시설을 제외한 가정봉사원파견시설과 주간보호시설의 이용
이 늘고 있으며 특히 주간보호시설의 이용은 급속히 증가하고 있는 것
으로 나타나고 있다.

[표 17] 한국 재가노인복지 연혁

연 도	내 용
80년대 중반	노인에 대한 시설보호중심에서 가정에 있는 노인에 대한 보호와 지원으로 전환할 필요성을 인식하고 '87년에 가정봉사원파견사업 2개소 시범 실시
1989. 12	제1차 노인복지법 개정 시 '가정봉사사업', '재가노인' 용어 사용
1993. 12	제2차 노인복지법 개정 시 '재가노인복지' 명시
1997. 08	가정봉사원 교육훈련의무 및 교육기관설치 명시, 시설평가제 도입
2003. 01	중산·서민층 노인보호를 위한 '실비주간보호사업' 실시

* 자료: 보건복지부 내부자료. 연구자 정리

① 가정봉사원파견서비스

가정봉사원 제도는 정신적·신체적인 이유로 혼자서 일상생활을 영
위하기 어려운 노인[7]이 있는 가정에 가정봉사원을 파견하여 노인의

일상생활에 필요한 각종 서비스를 제공하는 것이다.

이 서비스는 서비스 제공자가 대상자의 거주지에 직접 찾아가 신체적 수발, 일상생활 지원, 상담 및 교육 등의 서비스를 제공하는 것으로 다른 시설에 병설될 경우 시설기준이 완화되기 때문에 주로 사회복지관, 노인복지관, 재가복지센터 등에서 병설되어 운영된다. 2005년 현재 서울의 31개 가정봉사원파견시설 중 20개가 노인복지관에서 운영하는 주요 병설 기관인 것으로 나타났다.

[표 18] 가정봉사원 서비스 내용

구분 및 내용		서비스
신체수발		식사하기, 화장실 이용하기, 옷 갈아입기, 목욕하기, 머리감기, 노인수발 등
일상생활	가사지원	취사, 시장보기, 청소·주변정돈, 생활필수품 구매 등 가사에 관한 서비스
	개인활동	외출 시 부축 동행 등 개인활동에 관한 서비스
	우애	전화 및 방문, 말벗, 편지 써주기, 생활상담 등에 관한 서비스
상담 및 교육		지역사회 내에서 노인의 자립생활에 관한 상담 서비스
		장애노인 가족을 위한 상담 및 교육
지역사회		무의탁 노인 후원을 위한 결연사업
		지역사회 자원봉사자 등 인적자원 발굴 사업

* 자료: 보건복지부, 2005, 2005노인보건복지사업안내, 연구자 정리

② 주·야간보호[8]

주·야간보호는 부득이한 사유로 가족의 보호를 받을 수 없는 심신이 허약한 노인과 장애노인[9] 등을 낮 또는 밤 동안 시설에 입소시켜 노인의 생활안정과 심신기능의 유지, 향상 도모 및 부양가족의 신체적,

---

7) 파견시설을 이용할 수 있는 대상자는 일상생활 수행능력에 지장이 있는 자, 노인성질환 또는 노쇠로 인해 심신의 장애가 있는 자, 일반 질환으로 인해 일시적인 일상생활서비스가 필요한 자, 독거노인으로서 일상생활서비스가 필요한 자 등으로 정하고 있다. (보건복지부, 2005, 노인보건복지사업안내)

8) 기존의 주간보호서비스가 요양보험법 도입을 계기로 야간보호까지 확대되었다.

9) 주간보호시설의 이용대상은 일상생활 수행능력에 지장이 있는 자, 노인성질환 또는 노쇠로 인해 심신의 장애가 있는 자, 일반 질환으로 인해 일시적인 일상생활서비스가 필요한 자, 독거노인으로서 낮 동안 주간보호서비스가 필요한 자로 한정한다.(보건복지부, 2005, 노인보건복지사업안내)

정신적 부담을 덜어 주기 위한 서비스를 제공하여 노인의 독립적인 생활을 지속적으로 유지시키는 동시에 부양자의 부담을 덜어 주기 위함이다. 주·야간보호시설에서는 대상자의 건강을 지속적으로 관리하는 간호서비스, 노인의 사회성과 심리적 안정성을 위한 서비스, 그리고 노인의 의료 및 재활욕구를 충족시켜주기 위한 서비스 등을 주로 제공하며, 그 외로 여가, 이미용, 급식, 목욕, 송영(送迎) 등의 서비스를 제공한다. 우선 간호서비스는 간단한 건강 체크(혈압, 맥박, 체온 등)와 수면시간, 야뇨 등 건강관리를 하는 것으로 기본적인 것은 주·야간보호시설 자체 인력과 장소에서 시행하지만 전문적인 관리는 촉탁의 및 인근병원의 방문을 통해 이루어진다. 노인의 사회성과 심리적 안정성을 위해서는 주·야간보호실 내 프로그램실이나 거실에서 각종 프로그램을 시행하는데 이곳에서 보내는 시간이 주간보호 중 가장 많은 것으로 나타났다. 의료 및 재활서비스는 특정 병증을 갖고 있는 노인에게 기본적인 의료적 처치를 제공하고 만성적 질환의 노인에게 온열치료를 중심으로 하는 물리치료와 운동치료를 제공하는 것이다. 물리치료의 경우 기본적으로 관련 장비와 공간, 그리고 전문 인력이 필요하기 때문에 병설된 시설에서 주로 제공하고 있다. <표 19>는 서울시내 소재 노인종합복지관 내에서 운영하는 주간보호시설의 주간프로그램 일정표로, 오전에는 각종 사회성, 심리적 안전성 프로그램을 시행하고 오후에는 물리치료, 운동치료를 시행하고 있는 것을 알 수 있다.

2005년 서울에는 67개 주간보호시설이 운영되고 있으며, 총 1,259명이 시설을 이용하고 있다. 시설 이용자는 보통 10명에서 20명가량 이용하는 것으로 나타났으며 주로 사회복지관, 노인복지관에 병설되어 운영된다.

[표 19] 노인종합복지관 부설 주간보호시설 주간 일정표

요일	월	화	수	목	금
09 : 00	송영서비스, 어르신 환영				
10 : 00	은빛도담 체조, 건강 체크, 오전 간식				
10 : 30	생활공예	수지침	서예활동	덩더꿍체조	단전호흡
11 : 20	즐거운 점심시간 및 휴식시간 (위생관리, 룰루랄라 노래방, 산책, TV시청 등)				
13 : 30	원예활동	노래교실	미술치료	피부마사지	치료 레크리에이션
				주말농장	
14 : 20	오후 간식 및 휴식				
15 : 00	물리치료 및 운동치료				
16 : 00	마무리 정리 및 귀가지도, 송영서비스				

자료: 시립동작노인종합복지관(http://www.djsw.or.kr/), 2005

③ 단기보호

단기보호는 부득이한 사유로 가족의 보호를 받을 수 없어 일시적으로 보호가 필요한 심신이 허약한 노인과 장애노인[10]을 일정 시설에 단기간[11] 입소시켜 보호하고 필요한 요양서비스를 제공하는 것으로 입소기간의 차이만 있을 뿐 요양시설과 큰 차이를 갖지는 않는다. 서비스 역시 요양시설에서 제공하는 생활, 의료 및 재활, 여가 서비스를 모두 제공한다. 시설은 보통 주·야간보호 등과 같은 재가보호서비스를 함께 제공하는 독립형과 사회복지관, 노인복지관에 병설하는 경우, 노인요양시설에 병설하는 경우로 나뉜다. 2005년 서울에는 23개의 단기보호시설이 운영되고 있으며 한 시설당 10 - 20명가량이 이용하고 있다(보건복지부, 2005, 2005년도 노인복지시설 현황). 서울에는 요양시설이 부족하기 때문에 대부분 사회복지관, 노인복지관에 부설되어 운영되고 있다.

---

10) 단기보호시설을 이용할 수 있는 노인은 대상은 일상생활 수행능력에 지장이 있는 자, 노인성질환 또는 노쇠로 인해 심신의 장애가 있는 자, 일반 질환으로 인해 단기간 일상생활서비스가 필요한 자, 독거노인으로서 단기간 일상생활서비스가 필요한 자 등이다(보건복지부, 2005, 노인보건복지사업안내).

11) 입소기간은 1회 45일, 연간 이용일수는 3개월을 초과할 수 없도록 규정하고 있다.

(2) 시설서비스

대부분의 노인은 시설에 대한 부정적인 생각을 가지고 있기 때문에
자신의 삶을 자신의 가족과 함께 자신의 집에서 영위하길 원한다.
<표 20>을 보면 60세 이상의 노인의 77.2%가 자신의 집에서, 18.2%
가 자녀의 집에서 살고 싶어 하는 것으로 나타난다. 하지만 재가복지
에서 보호하기 어려운 장애의 정도가 심한 노인이나 홀로 사는 노인의
경우 시설의 필요성은 높아질 수밖에 없다. 따라서 재가복지의 서비스
의 양과 질이 높아진다 하더라도 전문적인 시설보호는 계속적으로 늘
어날 것으로 보이므로 시설에 대한 부정적 영향을 극복하고 이를 긍정
적으로 활용할 필요가 있다.

[표 20] 60세 이상 인구의 장래 살고 싶은 곳(2002)

(단위: %)

	60세 이상 인구	자기 집	자녀 집	무료양로원 및 요양원	유료 양로원 및 요양원	기타
장래 살고 싶은 곳	100.0	77.2	18.2	2.8	1.6	0.1
남 자	100.0	85.3	10.5	2.5	1.6	0.1
여 자	100.0	71.5	23.7	3.0	1.6	0.1

자료: 통계청, 「2002년 사회통계조사보고서」

우리나라의 경우 시설보호는 생활보호법(1961)의 양로시설 규정에 의
해 무의탁노인의 시설보호가 본격적으로 시작되었다. 최근에는 다양한
노인시설이 생겨나면서 노인복지법에 시설에 관한 규정이 있다. 시설
은 크게 양로시설과 요양시설로 나눌 수 있으며 시설에서 제공되는 서
비스는 양로시설은 주로 생활서비스를 제공하고 요양시설은 시설의 전
문화에 따라 의료 및 재활서비스를 제공한다. 대상노인도 시설에 따라
차이를 보이는데 요양시설인 경우 양로시설에 비해 장애정도가 심한

노인들을 그 대상으로 한다.

4) 공식보호(formal care)와 비공식보호(informal care)

장기요양보호는 크게 공식보호는 공적제공자(public provider)에 의한 공식보호와 사적제공자(private provider)에 의한 비공식보호로 구분될 수 있다. 즉 공식부문은 경쟁의 원칙이 지배하는 시장부분(market sector)과 위계적 통제가 지배하는 국가부분(state sector)을 포함하는 개념이며, 비공식부문은 가족, 친척, 친구, 지역사회 등을 포함하며 자발적인 연대, 애정, 의무, 상호존경의 원칙이 지배하는 특징을 지닌다(석재은, 1999).

우리나라의 경우 국가나 시장 위주의 보호인 공식보호보다는 가족에게 의존하는 비공식적보호에 주로 의존해 왔다. 이것은 전통적인 유교 국가라는 측면도 원인이 되지만 개발시대에는 국가나 시장이 복지 부분에 대해 크게 관심을 기울이지 않았기 때문이다. 하지만 공식보호가 보호에서 주된 역할을 수행하고 있는 현재에도 비공식적인 가족보호는 보호에서 중요한 역할을 수행하고 있다. 특히 시설보호보다는 재가보호에 관심을 기울이고 노인 한 사람을 중심으로 보호하는 케어메니지먼트(care management)가 발달하면서 노인을 둘러싸고 있는 가족의 측면이 강조되고 있다.

공식보호와 비공식보호를 바라보는 관점은 크게 두 가지로 나타나는데 하나는 어느 한 보호측면이 다른 보호측면을 대체한다는 관점이고 다른 하나는 한 측면이 다른 측면을 보완한다는 관점이다. 즉 국가나 사회가 주체가 되는 보호가 강화되면 비공식보호의 역할이 상실되면서 많은 문제점을 낳는다는 관점과 하나의 보호가 강화되면 될수록 다른 하나의 역할이 중요시된다는 관점으로 나뉜다.

최근에 논의되고 있는 노인장기요양보호제도의 경우 노인보호의 공적기능을 강화하고 제도화하는 대표적인 사례라고 할 수 있다. 하지만 노인의 보호를 공적보호에만 의존하지는 않는다. 즉 공적보호제도에는 그들의 가족, 친지, 친구, 이웃 등 사적보호를 적극적으로 개입시켜 공적보호의 효율성을 높이는 요소들이 적극적으로 개입되고 있다.

가족의 적극적 개입을 위해서는 노인을 보호함에 있어 가족과 노인과의 접촉을 최대한 확대시킬 필요가 있으며 이는 노인의 지역사회보호와 맥을 같이하는 것이라고 할 수 있다.

[제2절] 노인장기요양보호의 국제적 동향

1. 지역사회보호의 등장과 시설

1) 지역사회[12]보호의 등장

서구의 복지국가들은 50 - 60년대까지 장애정도가 심한 노인들을 주

---

12) 사회학적 용어의 개념이 그렇듯이 지역사회의 개념도 학자마다 정의가 매우 다양하다. 김종일(지역사회복지론, 2004)은 지역사회의 개념을 지역사회는 공간적 단위(spatial unit), 사회조직, 심리문화적 단위(psycho - cultural unit)로 파악하여 설명하고 있다. 공간적 단위로서의 지역사회는 지역사회를 일정한 지역적 단위로 바라보는 시각으로 지리적 한정이 지역사회를 특정 짓는 중요한 요소로 바라보는 것이며, 사회조직으로서의 지역사회는 그 사회를 이루는 여러 가지 요소들이

로 전문시설에 보호하였다. 하지만 점차 노인인구가 증가하면서 시설을 통한 노인보호에 많은 부담을 안게 되었다. 또한 노인 질병의 특성이 만성임을 감안한다면 전문적 '치료'보다는 '보호'가 더 중요하다는 인식을 갖게 된다. 따라서 시설보호중심에서 탈피하려는 시도가 일어나게 된다. 본격적인 지역사회보호에 관심을 기울인 것은 2차 세계대전 중 노인들의 가정보호가 어려워졌기 때문이다. 즉 노인을 보호해야 할 젊은이들이 전쟁에 투입되면서 지역사회의 노인보호에 대한 필요성이 야기되었다.

2) 지역사회 노인보호의 기본 이념

지역사회보호에서 추구하고 있는 기본 원칙은 "사람들은 가능한 한 지역사회 내에서 정상적인 생활을 해야 한다."(D.Challis et al, 1994)라는 것이다. 즉 기존의 시설위주의 보호가 가지고 있는 문제점을 극복하고 지역사회에서 노인을 보호해서 그들의 존엄성과 자율성을 보장해야 한다는 것이다.

지역사회보호의 공감대는 1960년대 이후 시설보호의 비인간적 행태와 고비용의 문제로 인해 형성되었다. 지역사회 보호의 이념은 크게 노인 자신이 거주하는 지역사회에 머무르면서 보호를 받을 수 있는 사회적 여건을 마련함으로써 그들의 생활방식을 존중해 주는 것이라고 할 수 있다.

_____

상호 영향을 주고받기 때문에 일정한 사회 조직을 갖추는 것으로 보는 것이다. 그리고 심리문화적 단위로서의 지역사회 구성원들은 공통된 의식을 갖는다는 것에 주목한다. 이러한 지역사회의 개념은 보는 관점에 따라 다양하고 시대적 흐름에 따라 변하기 때문에 정의하기 힘든 개념이므로 본 연구에서는 지역사회를 사회조직을 갖춘 공간적 단위에 초점을 맞추고 이에 심리문화적 요인을 참고하는 것으로 규정하고 접근한다.

고령화 관련 국제행동계획과 노인을 위한 유엔원칙(International Plan of Action on Ageing and United Nations Principles for Older Persons)[13]에서 유엔은 노인문제의 원칙을 독립, 참여, 보호, 자아완성, 존엄 등 다섯 가지로 규정하고 있다. 자세히 살펴보면 독립의 원칙은 노인은 최대한 자신의 의지로 자신에게 익숙한 환경에 머물러야 할 필요가 있으며, 이를 위한 여건이 마련되어야 함을, 참여의 원칙은 사회적 활동이 가능한 여건을 마련해야 함을, 보호의 원칙은 그들의 신체적, 정신적 상황이 악화되지 않도록 사회적으로 보호해야 함을 의미한다. 또한 이러한 모든 과정에서는 노인의 존엄성이 전제되어야 함을 말하고 있다. 이러한 원칙 안에서는 노인이 지역사회와 떨어져 보호를 받는 것이 아니라 그들의 생활환경 안에서 최대한 그들의 독립성 생활을 영위할 수 있도록 해야 한다는 것을 말하고 있는 것이다.

2. 지역사회보호의 범위와 내용

지역사회보호의 범위는 노인장기요양의 범위와 크게 다르지 않다. 다만 보호의 영역과 원칙을 어떻게 규정하느냐의 문제이며 이러한 각각의 보호가 연속성을 갖고 통합적으로 이루어져 있느냐의 문제라고 할 수 있다. 즉 기존의 이분법적 보호체계를 지역을 중심으로 통합적으로 접근하는 것이다. 보통 지역사회보호의 개념은 재가보호와 동일한 개념으로 파악하기도 하지만 시설보호 역시 지역사회에서 제공되어야 할 서비스이며, 이 시설보호가 어떠한 형태로 재가보호와 통합적으

---

13) 유엔이 규정한 원칙에 관한 자세한 설명은 http://www.un.org/esa/socdev/iyop/iyoppop.htm 에 언급되어 있다.

로 제시되어야 하는가의 문제가 발생하게 된다.

1) 시설서비스

시설서비스는 크게 지역 내의 시설과 지역과 어느 정도 떨어져 있는 시설로 나눌 수 있다. 즉 소규모의 시설로 지역주민의 요구를 수용할 수 있는 시설은 지역 내에 위치하는 것이 바람직하지만 대규모의 노인전문시설은 넓은 지역을 전담해야 하기 때문이다.

(1) 지역사회 내의 시설서비스

시설서비스 중 지역사회 내에서 역할을 할 수 있는 시설은 건강상태가 양호한 노인을 위한 노인주택과 요양을 필요로 하는 노인들을 위한 각종 노인요양시설이 있다. 노인주택의 경우 노인의 독립적인 생활을 위한 시설로 영국의 노인홈(residential home), 일본의 경비(經費)노인홈 및 케어하우스, 유료노인홈, 미국의 도움주거(assisted living facilities) 등을 들 수 있다. 각 시설은 종류가 다양한데 건강한 노인부터 일부 보조가 필요한 노인까지 이용이 가능하고 보통 생활서비스와 일부 의료 및 재활서비스를 제공한다. 이러한 시설은 보통 중간시설[14]이라고 부르는데 이는 일반주거와 요양시설의 중간형태로 요양시설로의 입소가 노인의 사회적 격리를 가져오고 노인의 독립적인 생활을 저해하고 있다는 문제의식에서 비롯되었다.

---

14) 중간시설이라는 용어는 미국의 intermediate care를 제공하는 주택에서 비롯된 명칭에서 유래된 것이며 보통 주택과 요양시설 및 요양병원과의 시설의 성격차가 너무 크기 때문에 중간의 완충적 역할을 위한 시설의 필요성에 의한 것이다. 중간시설에는 간호사 등 전문직원이 배치되어 요양서비스를 제공하지는 않지만 외부 인력을 통해 서비스의 제공이 용이하도록 한다.

요양시설을 지역사회 내의 시설보호의 관점으로 보기 시작한 것은 시설의 지역사회화에 대한 논의가 활발하게 이루어진 1970년대 이후 전개되었다. 시설의 지역사회화 배경은 시설의 급속한 양적 확대로 인한 시설에 대한 관심부족, 지역사회와의 접촉기회 상실, 시설 이용자 처우의 근대화, 시설건립에 대한 지역사회의 반대로 인한 분쟁의 심화, 지역사회복지의 등장 등을 들 수 있다(이병록, 2004, 115쪽). 따라서 최근의 요양시설은 시설의 사회적 접촉기회의 증대와 지역사회의 자원 활용 등을 목적으로 지역시설로서 건립이 이루어지고 있다. 하지만 지역사회 내의 입지마련의 문제15), 지역주민들의 반대, 지역사회 자원과의 연계부족 등으로 인해 요양시설의 지역사회 시설화는 많은 어려움을 겪고 있다.

(2) 지역사회의 관계가 밀접하지 않은 시설서비스

지역사회와 연관성이 다소 떨어질 수밖에 없는 시설은 전문적인 시설로 분류되는 노인전문병원, 치매전문센터, 대규모 노인전문요양시설을 들 수 있다. 이러한 시설도 지역사회와의 관계가 필요하긴 하지만 건립이 보통 광역으로 이루어져 지역사회와의 밀접한 관계가 어려운 시설16)이라고 할 수 있다. 이와 같은 시설은 한번 입소하면 사망 전까지 생활하는 시설로 지역사회로의 복귀가 이루어지는 경우는 거의 없어 보통 종말기케어(terminal care)의 기능도 포함된다.

---

15) 2005년 서울시 무료요양시설 7개 시설 중 2개 시설, 무료전문요양시설 10개 중 4개 시설은 경기, 강원 등 서울외곽 지역에 건립되어 운영되고 있으며 입소노인의 90%가량이 서울시 거주 노인이다. (보건복지부, 2005, 2005년도 노인복지시설현황)

16) 서울시의 경우 권역을 나누어 200~300bed 규모의 노인전문요양센터를 건립하고 있으며, 현재 동부노인전문요양센터가 250bed 규모로 건립하여 운영 중에 있으며, 서부노인전문요양센터가 같은 규모로 2006년 5월 건립예정에 있다.

[표 21] 지역사회보호의 범위와 내용

	시설보호		재가보호		
	지역사회 외	지역사회 내	시설이용	시설이용이 적음	
				공식적보호	비공식적보호
시설종류	노인전문병원 전문치매센터	노인주택 요양원	단기보호 주간보호 주간병원 노인복지관	가정봉사원파견 방문간호 식사배달 파견노인보호	생활보조
보호형태	시설에 거주하면서 전문적인 보호를 받음. 주로 전문적인 치료나 재활이 가능한 시설	시설에 거주하면서 전문적인 보호를 받음	노인에게 필요한 각종 서비스를 집에서 시설을 이용하면서 서비스를 이용	집에서 거주하면서 서비스를 이용	집에 거주하면서 지인들로부터 보조를 받음
이용기간	병원의 경우 중 단기간 보호를 받지만 전문치매센터의 경우 장기간 보호를 받음	주로 장기간 머무르면서 보호를 받음	단기보호를 제외하고는 하루 중 일부시간만을 이용	지속적으로 서비스를 받음	지속적으로 지인의 보호를 받음
비 율[1]	전체 보호의 약 3∼5%		전체 보호의 약 15%		전체보호의 80%

1 : 보호 유형별 구성 비율은 국가마다 차이를 보인다. 이는 국가별로 노인보호가 이루어지는 방식과 현황이 다르기 때문이다.

출처: 김수영 외, 2001, 노인과 지역사회보호, 양서원, 56쪽, 표 수정 및 보완

2) 재가보호

재가보호는 서비스의 수혜자와 공급자가 근접할수록 서비스의 이용 효율성이 높을 수밖에 없다. 우리나라의 경우 재가보호서비스는 1987년 민간차원에서 가정봉사원파견사업을 시작한 이래 지금에 오고 있다. 현재 재가보호서비스는 크게 사회복지법에 설립근거를 두는 재가복지봉사센터와 노인복지법에서 규정하는 재가복지시설이 있다. 2003년 실비주간보호사업 시행 전까지는 저소득층을 대상으로 서비스를 제공해 왔으며, 점차 서민과 중산층으로 이용확대가 예상된다.

노인재가보호서비스를 제공하는 장소는 보통 사회복지관에 부설되는

재가복지봉사센터와 노인복지관에 부설된 재가서비스시설, 그리고 독립시설에서 제공된다. 이러한 재가복지서비스를 서비스의 제공 장소의 측면에서 살펴보면 크게 공간의 중요도에 따라 달라지는데, 단기보호시설과 주간보호시설의 구체적인 기준의 시설이 있으며 이 시설을 이용하는 대상은 노인이 된다. 하지만 가정봉사원파견, 방문간호 등의 서비스는 구체적인 시설이 필요하지 않아 건축계획적 입장에서는 구별하여 접근해야 한다.

3. 외국의 노인보호정책과 시설

1) 영 국

영국의 노인인구는 1971년 13%에서 1985년 15%로 증가하고 2002년 이후에는 16%대를 유지하고 있다. 영국 인구 고령화는 1960년대 고령사회로 진입하기 시작해 꾸준히 진행되고 있으며, 최근에는 그 속도가 둔화되고 있다. 이로 인해 고령화에 대한 논의가 빠르게 시작된 국가라고 할 수 있다.

[표 22] 영국 연도별 총인구 및 노인인구

(단위: 천 명, %)

구 분	1985	1990	1995	2000	2001	2002	2003	2025	2050
총인구	56,685	57,561	58,612	59,756	59,978	60,200	59,200	62,900	63,700
65세 이상 노인인구	8,568	9,050	9,226	9,412	9,536	9,632	9,472	–	–
노인인구비율	15.1	15.7	15.7	15.8	15.9	16.0	16.0	–	–

자료: 1) OECD Health Data 2003, OECD
2) World Population Data Sheet, PBU(Population Reference Bureau), US

영국의 노인복지는 1942년 베버리지(Beveridge, W. H.)가 작성한 보고서[17]를 기본으로 본격적으로 시작되었다. 1970년대 이후 경제위기와 함께 1979년 집권한 보수당은 신자유주의적 이념을 복지에 도입해서 시장경제원리 활용, 서비스 공급자 간의 경쟁 수립, 개인주의와 개인 책임에 대한 강조, 국가 서비스의 축소 등이 단행된다. 이에 따라 1980년대 민간의 복지서비스 공급이 강화되기 시작한다. 1997년 집권한 노동당 정부의 기조도 신자유주의의 영향으로 기존 보수당과 크게 다르지 않게 진행되고 있다.

(1) 제도의 정비와 시설중심의 보호: 1940년대

1945년 집권한 노동당은 1942년에 작성된 베버리지 보고서를 실행에 옮기면서 본격적인 노인복지가 시작되었다. 1946년 국민보험법(National Insurance Act)제정, 1948년 국민부조법(National Assistance Act)제정, 1946년 국민보건서비스법(National Health Service Act)제정 등은 모든 국민에게 포괄적 의료서비스의 제공하기 위한 대표적인 정책이라 할 수 있다. 이 시기 노인복지서비스는 주로 시설을 중심으로 이루어졌으며 노인요양시설에 관한 논의는 너필드재단(Nuffield Foundation) 소속 Rowntree 위원회의 개인, 사회 그리고 의료적 서비스에 관한 조사로 본격화되었다. 이 위원회는 요양이 필요한 노인들에게 30~35bed 규모의 시설을 권고(Geoffrey Salmon, 1993, p3)하고 이것이 1948년 국민부조법에 반영되었다. 이후 시설 소규모화의 필요성이 제기되었으며 서비스 제공의 책임이 지방정부로 이관되었다.

---

17) 베버리지 보고서의 정식 명칭은 '사회 보험 및 관련 서비스'로 소극적 집합주의 또는 중도 우파에 속하는 경제학자 베버리지(Beveridge, W. H.)의 복지 이념을 간결하고도 상세하게 집약시킨 보고서이다.

(2) 재가서비스의 필요성 대두: 1950~1960년대

이 시기의 영국의 경제는 지속적으로 성장하였지만 공공부조(公共扶助)의 수급자 증가로 국민보건서비스의 전략적 관리가 필요한 시기였다. 이와 함께 병원의 종합적 계획이 수립되어 신축과 개축병원에 대한 정비가 이루어진 시기이기도 하다. 이 시기의 노인서비스는 시설보호가 여전히 강조되었지만 1960년대 초 지방정부에서 운영하는 주거보호시설에 대한 비판으로 보호주택, 예방의료, 재가서비스의 개발 필요성이 제기되었다. 이에 따라 지방 보건당국과 지방정부가 재가서비스를 시작하고 확대해 나가려는 시도[18]들이 1960년대 말에 시작되었다. 하지만 이러한 노력들은 노인인구에 대한 우려가 부족해 시설보호를 지역사회보호의 개념으로 변화시키지는 못했다.

(3) 커뮤니티케어의 기반마련: 1970년대

1970년대 영국의 경제사정은 그리 좋지 않았지만 1974년 보수당이 집권하고 사회보장급여가 확대되면서 정부의 재정적자와 국민의 조세부담이 증가해 공공차입이 늘어나는 결과를 낳게 된다. 이와 함께 보건조직이 개편되면서 지방보건당국의 역할이 강화된다. 즉 지방정부 내에 사회서비스국이 신설되면서 이전까지 분산되었던 사회적 서비스들이 하나의 기구 안으로 통합되어 지역사회중심의 서비스 전달이 가능해졌다. 따라서 이 시기에는 복지재정확대로 인한 정부의 우려와 노인인구의 증가로 노인서비스에 큰 관심을 갖게 되고 이로 인해 각종

---

18) 1963년에는 보수당이 지역사회보호에 관한 백서를 출간하였으며 1968년에는 공중보건법(Health Services and Public Health Act)에 따라 노인들에게 가정봉사원서비스를 제공하였다. 이렇게 지역사회보호에 관심을 기울인 것은 노인의 장기요양에 따른 정부재정의 확대가 부담되었기 때문으로 볼 수 있다.

재가서비스가 확대되었다.

재가서비스의 대두와 함께 1970년대의 큰 변화는 보호주택의 확대인데 이 보호주택은 1950년대 개발되어 1961년 주택법으로 보조금이 확대되고, 1972년 주택법이 민간주택 임차인에 대한 임대료 보조를 제도화하면서 급격히 늘어났다. 이러한 보호주택은 1980년대 이후 공공지출의 축소와 지역사회보호 이념이 확대되면서 증가가 둔화된다.

(4) 민간의 활발한 진출: 1980년대

1979년 보수당이 집권하면서 공공지출을 줄이고 직접세의 감면과 간접세의 확대정책을 추진하고 사회보장제도를 재검토하였다. 이러한 재편은 국민보건서비스의 재원 관리 및 효율성향상을 위한 것으로 그린피스보고서가 발간되면서 촉발되었다. 사회보장제도의 재편과 함께 지역사회에 대한 관심은 고령인구의 증가에 대한 우려와 민간 주거시설과 요양시설에 대한 공공재정의 압박이 점차 커지면서 높아진다. 또한 민간보호시설의 증가로 인해 사회보장비가 크게 증가하면서 지역사회보호정책과 일부 충돌을 일으키기도 하였다.

이러한 움직임과 함께 건축적으로는 주거시설과 요양시설에 대한 시설기준과 운영기준이 마련[19]된 점이 주목할 점이며 이러한 시설기준은 지방정부가 종합적으로 관리토록 하였다.

(5) 지역중심의 보건과 복지의 통합: 1990년대 이후

1990년 국민보건서비스법 및 지역사회보법이 제정되면서 NHS 조직

---

19) 주거시설과 요양시설에 대한 기준은 Residential Home Act(1984), Home Life(1985)라는 제도에 규정된다(Geoffrey Salmon, 1993).

에 시장제도를 적극적으로 도입됨으로써 관련 서비스의 공급자와 구매자가 계약을 통해 이루어져 노인을 위한 서비스가 근본적인 변화를 겪는다. 또한 이 법에 의해서 노인을 위한 사회적 서비스는 전통적 형태에서 변화하여 새로운 형태로 탈바꿈하였다. 즉 사회적 서비스는 시설중심에서 재가중심으로 변화하였으며, 표준화된 서비스는 개별적이고 욕구에 반응하는 서비스로, 관료적인 서비스에서 제공자 중심의 서비스로 바뀌게 되었다.

2000년 NHS의 개혁은 병원 등 의료시설의 비용을 억제하기 위해 지역사회 내의 노인의 자립 증진을 위한 보건서비스를 적극 개발[20]하여 지방의 보건과 복지를 통합시키려는 노력을 하고 있다.

(6) 노인시설의 변화

영국의 노인서비스는 지역사회보호가 지속적으로 발전해 오긴 했지만 1980년대까지는 시설보호에 대한 의존도가 매우 높게 나타나고 있다. 영국의 시설보호는 병원(hospital), 요양시설(nursing home), 노인홈

---

20) 영국 내 65세 이상 노인을 위한 지원시설 중 독립주거가 차지하는 비율은 2004년 56%에 이르며, 독립 요양시설이 31%에 이르는 것으로 나타나고 있다. (DH statical bulletin, community care statistics 2004, 2004, p.5)

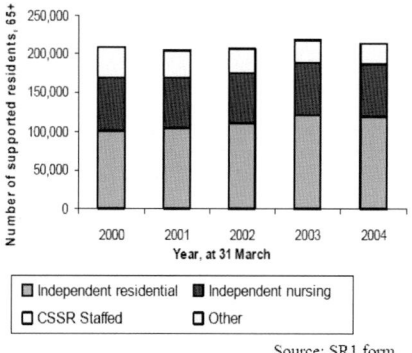

Source: SR1 form

(residential home)에서 이루어지며, 재가서비스는 가정보호서비스(home help service), 단기보호(respite care), 주간보호(day care) 등이 해당된다. 재가서비스는 별도의 시설을 두지 않고 보통 병원, 지역회관, 노인시설 등 다양한 장소에서 제공되는 특징을 갖고 있다. 이러한 영국노인시설의 변화는 크게 재가서비스의 확대를 통한 지역사회보호의 증가와 민간사업자의 적극적 참여로 요약될 수 있다. 지역사회보호는 주거 및 요양시설에 대한 사회보장비 지출이 급속히 늘어나면서 대두되었다.

영국의 1990년대 중반 이후 요양 및 거주홈 중 이중등록홈(dual registered home)의 급증이 두드러지는데 이중등록홈이란 생활서비스와 간호사에 의한 간호서비스를 동시에 제공하는 시설로 요양시설의 증가가 둔화되고 민간사업자에 의한 거주홈의 증가로 발생한 것으로 볼 수 있다.

[표 23] 영국 내 거주홈과 요양시설 현황

(단위: 개소(bed))

	1995 - 96	1996 - 97	1998	1999	2000	2001
일반요양시설 (General nursing home)	4,730 (150,900)	4,680 (154,200)	4,820 (165,800)	4,700 (160,200)	4,370 (150,700)	4,170 (144,000)
정신요양시설 (Mental nursing home)	800 (28,300)	890 (31,300)	960 (28,700)	990 (30,500)	1,070 (31,800)	1,050 (31,900)
전체요양시설	5,530 (179,200)	5,570 (185,500)	5,780 (194,500)	5,690 (190,700)	5,440 (182,600)	5,220 (176,000)
병원 및 의원 내 요양병상	(11,400)	(10,800)	(11,100)	(11,400)	(10,800)	(10,800)
이중등록홈 (Dual registered homes)	1,100	1,150	2,110	2,220	2,330	2,280
거주홈 (Residential care homes)	23,450 (323,000)	24,480 (338,100)	24,880 (347,900)	24,800 (344,000)	24,770 (345,900)	24,080 (341,200)

자료: DH Statistics(RA, RH(N), K036), UK

2) 미 국

미국의 노인인구는 2000년 기준 전체인구의 13%에 이르고 있어 다른 서구 국가보다는 그리 높지 않은 수준에 있지만 지속적으로 증가하는 추세에 있다. 미국의 노인복지제도는 연방정부와 주정부의 독립적으로 구분된 법체계를 근본으로 연방에서는 메디케어(medicare), 메디케이드(medicaid) 그리고 노령연금(pension for the aged)을 기본으로 하고 있으며, 주정부는 독자적으로 정한 주법에 따라 관련 시설을 운영하고 있다. 미국의 노인복지는 개인주의, 자유방임주의 및 지방분권주의 등의 영향으로 사회복지정책이 다른 서구 국가에 비해 비교적 늦게 시작한 편이지만 노인보호의 방향은 시설보호중심에서 지역사회보호로의 변화를 위해 재가복지정책으로 전환해 가고 있어 유사한 측면이 있다.

(1) 요양시설중심의 시설 공급: 1960년대 이전

1935년 최초의 사회보장법인 노령보험이 제정되기 전까지 미국의 노인복지제도는 큰 발전을 이루지 못하였다. 노령보험도 노인들을 위해 정책적 접근과 함께 노년층을 노동시장 밖으로 유인하고 젊은층의 고용증대를 위한 정책적 선택인 측면이 있었다. 사회보장법 제정 이전에 미국 공공부조는 지방정부의 구빈프로그램, 민간자선단체의 활동이 대부분이었다.

이 시기의 노인관련 시설에 영향을 많이 끼친 제도 중 하나는 힐버튼법안(Hill Burton Act)으로 이 제도는 전후 사회복구사업의 일환으로 공공의료시설의 대대적인 지원을 벌이는 사업으로 요양시설(nursing home)이 포함되어 시행되었다. 즉 의료시설의 한 형태로 요양시설이 포함되면서 시설기준과 운영기준이 마련되면서 급속히 늘어나게 된다. 요양시설이 급속하기 늘어난 이유 중 하나는 지역병원(community hospital)에서 장기 요양하는 노인환자가 의료비를 상승시켜 이들이 이용할 수 있는 별도의 시설을 만드는 것에 기인한다고 볼 수 있다.

(2) 노인복지의 출발: 1960 - 70년대

이때는 노인복지가 전반적인 사회복지와 함께 급속히 발전한 시기이다. 특히 1965년에 연방정부 주관 의료보험인 Medicare Act 및 주정부 관리 저소득 의료보험 Medicaid Act가 제정되고 같은 해에 미국노인복지법(Older American Act)이 제정되면서 노인에 대한 본격적인 공공서비스가 시작되었다. 미국노인복지법의 경우 노인의 소득보장 및 건강보호뿐만 아니라 노인복지서비스 전달을 규정하였다. 1973년대에는 미국노인복지법이 개정되면서 지역노인복지사소(Area Agencies on Aging)가 설립되고 이를 통해 지역사회보호의 기틀이 마련되었다.

(3) 민간의 역할 중대와 시설의 다양화: 1980년대 이후

1980년대 미국 노인복지정책은 인플레이션과 실업률의 증가로 인한 재정적 위기로 예산이 줄어드는 경향을 보이며 지방정부와 민간의 역할을 확대하는 방향으로 서비스의 방향이 선회된다. 이에 따라 미국 노인의 지역사회보호는 민간의 역할이 커서 유럽과는 다른 양상을 갖게 된다.

또한 1980년 이후 미국의 요양시설이 의료서비스를 제공해야 국가의 지원을 받게 되면서 생활서비스의 제공은 요양시설보다는 노인주거시설, 보조주택 등을 중심으로 이루어진다(권순정, 1999). 이러한 경향으로 요양시설은 증가는 둔화되고 생활서비스 중심의 일부 요양서비스를 제공하는 도움주거(assisted living home[21])가 1980년대 이후 빠르게 증가하고 있어 현재 양로시설과 함께 미국노인복지시설을 주도하고 있다. 1960－70년대에 요양시설이 급격히 증가한 시기라고 하면 1980－90년대는 보조주택이 급속히 증가한 시기라고 볼 수 있다.

[표 24] 미국 요양시설의 설립형태, 규모, 점유율 현황 (1999년)

분 류	요양시설		Beds	
	개수(개)	구성비(%)	개수(개)	시설당 병상수
All facilities	18,000	100.0	1,879,600	104.5
소유형태(Ownership)				
Proprietary	12,000	66.5	1,235,800	103.3
Voluntary nonprofit	4,800	26.7	499,500	103.9
Government and other	1,200	6.7	144,300	119.4
인허가형태(certification)				
Certified by Medicare and Medicaid	14,700	81.8	1,624,300	110.4
Certified by Medicare only	600	3.5	46,800	73.6
Certified by Medicaid only	2,100	11.9	169,900	79.5
Not certified	500	2.8	38,600	76.7
병상수				
Less than 50 beds	2,100	17.8	69,300	33.4
50－99 beds	7,000	38.7	484,500	69.7
100－199 beds	7,500	41.8	952,400	126.7
200 beds or more	1,400	8.0	373,500	259.6

자료: National Nursing Home Survey: 1999 Summary, Vital and Health Statistics, 2002, 재구성

요양시설을 중점적으로 살펴보면 1980년대 이후 시설의 수는 감소하고 있으며 규모는 커지는 경향을 보인다.[22] 이는 노인의 수가 증가

---

21) assisted living home와 유사한 시설의 명칭은 매우 다양해 assisted care community, assistive ling, adult homes, domiciliary care, personal care home, sheltered care, catered living 등의 명칭의 시설도 유사한 서비스를 제공하는 시설이라고 할 수 있다.

22) 1995년 이전의 미국 요양시설의 규모와 시설수를 살펴보면, 한 시설당 병상수는 점차 증가하고 있으나 인구 1,000당 병상수는 큰 변화가 없는 것으로 나타나고 있다.

하는 경향과는 다소 대조적인데 이것은 요양시설을 대체하는 보호시설이 발생하고 home health care가 등장했기 때문이다. 또한 병원이나 요양시설을 이용하는 것보다는 자신의 집에서 케어를 받기 원하기 때문이다(Genevieve W. Strahan, 1997, p7).

3) 일 본

일본의 정책과 시설에 관한 변화과정과 의의는 다음 장에서 구체적으로 다루며 여기서는 지역사회복지의 변천과정을 주목해서 살펴본다.

일본의 1950년대 이전의 노인보호는 가족이 돌볼 수 없는 노인에 국한되었다. 이는 전통적으로 노인보호가 가족보호에 기반을 두고 있었기 때문이다. 하지만 전후 산업화가 진행되면서 가족구조가 변화되고 여성의 사회적 진출이 늘어나면서 가족이 노인을 부양하는 것이 어려워지게 된다.

일본에서 지역사회보호가 구체적으로 언급된 것은 1969년 동경도사회복지심의회의 '동경도 커뮤니티케어의 진전에 대하여'라는 답신에서이다. 여기서 심의회는 커뮤니티케어를 노년기에 있는 사람들을 지역사회에서 머무르게 하고 지역사회는 이들을 위한 생활수단과 서비스를

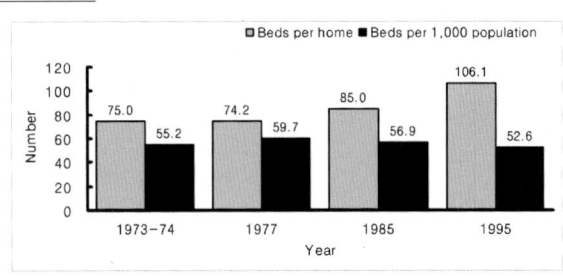

자료: Centers for Disease Control and Prevention, National Center for Health Statistics.

제공하는 것이라고 언급한다. 즉 시설중심에서 탈피하여 지역사회 보호로의 전환을 의미하고 있다. 이후 지속적으로 노인의 커뮤니티케어 중심의 노인보호정책을 확대시켜 나가고 있다.

영국, 미국, 일본의 노인복지정책과 시설의 변화를 간략하게 살펴보면 노인보호를 지역사회보호로 전환하고 서비스의 제공 관리를 기존의 중앙정부에서 지방자치단체 중심으로 이동하고 있으며, 서비스 제공주체도 민간이 적극적으로 참여하도록 함으로써 다양한 유형의 서비스의 제공이 용이하도록 하고 있다는 공통점을 갖고 있다. 특히 지역사회보호는 기존의 시설보호가 갖고 있는 비용의 문제나 사회와 격리의 문제 등을 극복하기 위한 노력으로 국가마다 차이가 있지만 본격적으로 1970~1980년대 이후에 적극적으로 도입하고 있다. 이러한 공통적 사항을 정리하면 다음과 같다.

첫째, 지역사회보호의 등장배경은 국가의 재정부담의 영향이 크다.

둘째, 중앙정부에서 각종 서비스를 제공하는 것에서 지역사회 내에서 각종 서비스를 공급하는 것으로 방향이 전환된다.

셋째, 서비스의 선택권이 서비스를 제공하는 주체에서 서비스를 받는 노인으로 이동하고 있다.

넷째, 노인을 둘러싼 인적네트워크(가족, 친구 등)의 중요성이 증가하고 있다. 특히 가족은 지역사회 노인보호에 있어 중요한 역할을 담당한다.

다섯째, 지역사회보호의 대상이 장애노인에 국한되는 것이 아니라 점차 그 대상이 확대되어 가고 있다.

여섯째, 지역사회보호와 더불어 기존의 시설보호의 역할이 재정립되고 있다.

[표 25] 외국의 노인보호정책 발전과정

구 분	도 입	전 개	전 환
영 국	1950년 후반 도입 탈시설화 논의 사회서비스법 노인복지서비스 예산 확충	공급주체의 다원화 민간영리 및 비영리부문의 확대	그린피스보고서('86) 국민보건서비스 및 지역사회보호 법 제정('90) 지역사회보호(직접급여)법('96)
미 국	1965년 탈시설화 논의	1973년 노인복지법 개정 지역복지사무소 설치	인권옹호 및 노인학대방지 프로 그램('92) 가족휴가법 제정('93)
일 본	노인복지시설확충('71 - '75) 재가서비스 확충('70년대 후반) 노인보건시설 도입('82)	골드플랜('89) 노인복지법 개정('90) 신골드플랜('94)	개호보험법 제정('97) 및 실시 (2000) 특정비영리활동촉진법 제정('98)
공통점	탈시설화 논의 노인복지시설 확충 및 수준 향상 노인보호주택 확충	분권화 공급주체의 다원화 과다한 의료비용 삭감	의료비 및 보호시설에 대한 지출 삭감

출처: 김수영 외, 2001, 노인과 지역사회보호, 양서원. p.92

[제3절] 국내 노인장기요양보호 시설의 종류와 현황

1. 노인장기요양시설의 정의

노인장기요양시설이라 함은 노인에게 장기적인 관점에서 각종 보호
서비스를 제공하는 구체적인 시설을 의미한다. 서비스는 제공유형에
따라 시설서비스와 재가서비스로 나눌 수 있는데 시설의 종류도 이와

같은 기준으로 구분할 수 있다. 본 연구에서는 노인을 대상으로 노인에게 필요한 각종 장기요양서비스를 제공하는 시설로 향후 노인요양보험의 대상이 되는 노인이 이용하는 시설을 노인장기요양보호시설로 정의한다.

의료서비스의 수준

재가시설	서비스	가정봉사원	주간보호 단기보호	가정간호	방문진료
	서비스 제공 시설	사회복지관 노인복지관 주간보호센터	노인복지관 주간보호시설 단기보호시설 요양시설	요양시설 (노인)병원	노인전문병원
입소시설		양로시설	요양시설	요양시설	요양병원 치매센터

기간

[그림 3] 노인장기요양시설의 구분

시설을 구분하기 위해서는 시설에 입소하여 서비스를 받는지, 자신의 거주지에서 서비스를 받는지, 서비스의 내용이 생활서비스인지, 의료서비스인지에 따라 구분될 수 있다<그림 3>. 최근에 지역사회보호에 대한 정책비중이 높아지면서 재가서비스시설에 관한 관심이 증가하고 있으며, 이와 시설이 어떻게 조화롭게 구성되는 것이 중요한 문제로 대두된다. 또한 지역사회보호가 노인보호의 중심이 되기 위해서는 지역사회의 다양한 시설을 활용하여 서로 연계할 수 있는 가능성을 높여야 한다. 따라서 재가시설의 경우 사회복지관, 노인복지관, 요양시설 등에 병설될 가능성이 높아지고 서로의 기능이 상호보완적 방향으로 갈 가능성이 높아진다.

2. 국내 노인장기요양보호시설 종류와 특징

우리나라 노인장기요양시설은 노인복지법을 중심으로 그 개념이 정립되어 있다. 노인장기요양이라는 개념이 등장한 것은 최근의 일이지만 노인시설에 관한 정립은 1981년 노인복지법이 제정되면서 시작되었다. 이후 1993년 노인복지법이 개정되면서 시설의 운영을 국가뿐만 아니라 민간에서 운영하는 것이 가능해졌다. 이에 따라 시설의 종류가 다양화되기 시작하였다. 최근에는 노인전문요양시설의 확충과 재가노인시설의 증가와 함께 시설의 질적 향상을 추구하고 있으며 민간 노인시설의 개발에도 많은 관심을 두고 있다. 최근에는 노인요양보험법이 도입되면서 노인시설과 서비스의 종류가 큰 변화를 겪었다.

우리나라의 노인장기요양시설의 종류를 노인복지법을 통해 알아보면 크게 노인주거복지시설, 노인의료복지시설, 노인여가복지시설, 재가노인복지시설, 노인보호전문기관으로 나누고 있다(노인복지법 제31조 노인복지시설의 종류). 이 중 노인보호전문기관을 제외한 대부분의 시설이 노인장기요양시설의 범주에 들어갈 수 있다.

본 연구에서는 노인장기요양시설의 구체적인 범주에 포함될 수 있는 노인의료복지시설(요양시설, 노인요양공동생활가정, 노인전문병원)과 노인재가복지시설(방문요양서비스, 주야간보호서비스, 단기보호서비스, 방문목욕서비스 등을 제공하는 시설)을 그 대상으로 한다. 그 외의 시설은 노인요양의 범주에 포함되지 않는 주거시설 및 여가시설이기 때문이다. 다만 위에서 언급한 재가복지시설이 부설로 되어있는 여가시설인 경우에는 함께 다루도록 한다.

[표 26] 노인복지법상 노인시설의 분류와 내용

시설구분	시설명	이용비용	대상자	서비스
노인주거 복지시설 (노인복지 법32조)	양로시설	노인복지법 시행규칙 제15조의2	노인복지법 시행규칙 제14 조 1항 참고	급식 기타 일상생활에 필요한 편의 를 제공
	노인공동생활 가정			가정과 같은 주거여건과 급식, 그 밖 에 일상생활에 필요한 편의를 제공
	노인 복지주택		단독취사 등 독립된 주거생 활을 하는 데 지장이 없는 60세 이상의 자	노인에게 주거시설을 분양 또는 임 대하여 주거의 편의·생활지도·상 담 및 안전관리 등 일상생활에 필 요한 편의를 제공
노인의료 복지시설 (노인복지 법34조)	노인요양시설	노인복지법 시행규칙 제19조의2	노인복지법 새행규칙 제18 조 1항	급식·요양 기타 일상생활에 필요 한 편의를 제공
	노인요양공동 생활가정			가정과 같은 주거여건과 급식·요 양, 그 밖에 일상생활에 필요한 편 의를 제공
	노인전문병원		노인성질환으로 치료 및 요 양을 필요로 하는 자, 임종 을 앞둔 환자	의료서비스
노인여가 복지시설 (노인복지 법36조)	노인복지관	무료 또는 저렴한 요금	60세 이상의 자	각종 상담에 응하고, 건강의 증 진·교양·오락 기타 노인의 복지 증진에 필요한 편의를 제공
	경로당	–	65세 이상의 자	친목도모·취미활동·공동작업장 운영 및 각종 정보교환과 기타 여 가활동을 할 수 있도록 하는 장소 를 제공
	노인교실	–	60세 이상의 자	취미생활·노인건강유지·소득보 장 기타 일상생활과 관련한 학습프 로그램을 제공
	노인휴양소	–	60세 이상의 자 및 그와 동행하는 자.	신의 휴양과 관련한 위생시설·여가 시설 기타 편의시설을 단기간 제공
재가노인 복지시설 (노인복지 법38조)	방문 요양서비스	노인복지법 시행규칙 제27조의2	장기요양급여수급자, 심신 이 허약하거나 장애가 있는 65세 이상의 자	노인에게 필요한 각종 편의를 제공 하여 지역사회안에서 건전하고 안정 된 노후를 영위하도록 하는 서비스
	주·야간보호 서비스			필요한 각종 편의를 제공하여 이들 의 생활안정과 심신기능의 유지·향 상을 도모하고, 그 가족의 신체적· 정신적 부담을 덜어주기 위한 서비스
	단기 보호서비스			보호시설에 단기간 입소시켜 보호 함으로써 노인 및 노인가정의 복지 증진을 도모하기 위한 서비스
	방문 목욕서비스			목욕장비를 갖추고 재가노인을 방 문하여 목욕을 제공하는 서비스
노인보호전문기관 (노인복지법39조의5)		–	–	노인학대에 관련된 각종 보호, 상 담, 교육 등

1) 노인의료복지시설

노인의료복지시설이라는 명칭에서도 알 수 있듯이 본 시설의 유형은 복지와 의료의 기능을 함께 갖추고 있는 시설을 말한다. 하지만 실제 요양시설의 의료행위는 시설기준, 의료보험 등 제도적인 문제로 인해 물리치료와 간호 등 소극적인 상태에 머물러 있는 실정이다. 노인전문병원은 의료법상 요양병원으로 분류되는 의료시설이다. 하지만 입소하는 노인의 경우 노인성질환 치료, 일시적 요양, 임종을 앞둔 자를 주 이용대상으로 하기 때문에 의료보험의 적용대상이기는 하지만 장기요양시설로 활용되고 있다. 이와 함께 최근 노인요양공동생활가정이라는 소규모 요양시설이 새롭게 법 체계안에 등장하였다.

(1) 요양시설

요양시설은 '급식·요양 기타 일상생활에 필요한 편의를 제공'하는 시설로 정의되어 있다. 즉 장애를 가지고 있는 노인이 가족으로부터 적절한 보호를 받기 힘들 때 입소하여 각종 거주에 필요한 서비스를 제공받아 장기간 요양을 하는 시설로 정의되어 있다. 시설의 규모는 10명 이상 입소하는 시설로 되어 있고 재가보호시설을 부설할 수 있도록 하고 있으며 최소한의 시설 및 인력 기준이 노인복지법에 규정되어 있다. 재가보호시설의 병설은 주로 단기보호시설과 주간보호시설을 병설하며 단기보호시설의 경우 요양동 일부를 활용하고 있으며, 주간보호시설은 지하 1층 일부 공간을 활용하는 것이 일반적이다. 입소대상 노인은 주로 치매 및 중증 이상의 장애를 갖는 노인을 대상으로 하고 있다. 노인인구가 증가하면서 치매 및 중증 이상의 노인 증가 역시 두드러지기 때문에 전문요양시설이 도입되었다고 할 수 있다.

[표 27] 치매노인수 추계

(단위: 천 명)

구 분	1997	2003	2004	2005	2010	2015	2020
65세 이상 노인수(%)	2,929 (6.4)	3,969 (8.3)	4,171 (8.7)	4,466 (9.0)	5,302 (10.7)	6,345 (12.6)	7,667 (15.1)
치매노인수(명)	243	329	346	371	456	571	690
치매출현율(%)	8.3	8.3	8.3	8.3	8.6	9.0	9.0

※ 중증 1.1%(41천 명), 중등증 2.3%(87천 명), 경증 4.9%(185천 명)
자료: 한국보건사회연구원, 1997, 치매관리 Mapping 개발연구

① 시설기준

노인요양시설의 시설기준은 입소정원 1인당 연면적 23.6㎡이상을 확보하도록 하고 있으며, 1일당 침실은 6.6㎡이상으로 하여 4인을 기준으로 하고 있다. 이 외에 프로그램실, 물리(작업)치료실, 의료 및 간호사실을 두도 있다.

[표 28] 노인요양시설 및 노인요양공동생활가정 시설 기

시설별 \ 구분		침실	사무실	요양보호사실	자원봉사자실	의료 및 간호사실	물리(작업)치료실	프로그램실	식당 및 조리실	비상재해대비시설	화장실	세면장 및 목욕실	세탁장 및 세탁물건조장
노인요양시설	입소자 30명 이상	○	○	○	○	○	○	○	○	○	○	○	○
	입소자 30명 미만 10명 이상	○		○		○	○	○	○	○	○	○	
노인요양 공동생활가정		○		○		○		○	○	○		○	

② 인력기준

노인요양시설의 필요인력은 입소자 30명 이상인 시설과 30명 미만, 10명 이상인 시설로 구분하여 제시하고 있다. 노인요양의 질을 판단할 수 있는 요양보호사의 경우 입소자 2.5명당 1명을 두고 있다.

[표 29] 노인요양시설 및 노인요양공동생활가정 인력배치

직종별 시설별		시설 의장	사무 국장	사회 복지사	의사(한의 사를 포함한다) 또는 촉탁의사	간호사 또는 간호 조무사	물리치료사 또는 작업 치료사	요양 보호사	사 무 원	영양사	조 리 원	위 생 원	관 리 인
노인 요양 시설	입소자 30명 이상	1명	1명 (입소자 5 0 명 이상인 경우로 한정함)	1명 (입소자 100명 초 과할 때 마다 1명 추가)	필요수	입소자 25명당 1명	1명 (입소자 100명 초 과할 때 마다 1명 추가)	입소자 2.5명 당 1명	필 요 수	1명 (입소자 5 0 명 이 상인 경우로 한정함)	필 요 수	필 요 수	필 요 수
	입소자 30명 미만 10명 이상	1명	1명		필요수	1명	필요수	입소자 2.5명 당 1명			필 요 수	필 요 수	
노인요양 공동생활 가정			1명			1명		입소자 3명당 1명					

국내 요양시설의 시설 및 인력기준은 간호가 중심으로 되어 있는 미국의 전문요양시설(skilled nursing home)과는 개념이 다르게 설정되어 생활지도원의 도움을 통한 수발의 개념이 강하다. 최근에는 노인장기요양보험법이 시행되면서 기존의 요양시설, 전문요양시설이 요양시설로 통합되고 소규모 요양시설인 '노인요양공동생활가정'이 신설되어 이에 대한 기준이 마련되었다.

[표 30] 미국의 요양원(skilled nursing home) 간호인력 기준

인력구분	기 준	비 고
필수인력	- 간호감독 - 간호감독보조자 - 간호교육감독자	100병상 이하의 요양원에서는 간호감독보조자와 간호교육감독자만 필요
간호사	- 6a.m - 2p.m: 입소자 15인당 1인 - 2p.m - 10p.m: 입소자 25인당 1인 - 10p.m - 6a.m: 입소자 35인당 1인	- 조리, 청소, 세탁, 서비스를 제공하기 위해 고용된 인력은 제외 - 본 비율은 최소한의 것이며 거주자의 건강 관리의 질을 높이기 위해 인력 추가 가능
간호보조원 (aide)	- 6a.m - 2p.m: 입소자 5인당 1인 - 2p.m - 10p.m: 입소자 10인당 1인 - 10p.m - 6a.m: 입소자 15인당 1인	

자료: 보건산업진흥원, 2003, 노인의료복지시설 시설기준에 관한 연구, 82쪽, 재인용

(2) 노인요양공동생활가정

노인요양공동생활가정은 그룹홈의 형태로 운영되어 왔던 소규모 요양시설을 규정한 것으로 입소정원이 5명 이상 9명 이하로 가정과 같은 분위기에서 요양을 하는 시설을 말한다.

① 시설기준

노인요양공동생활가정의 시설 규모는 입소정원 1명당 연면적 20.5㎡ 이상을 확보하도록 하고 있으며, 요양시설에 비해 그 기능을 공동으로 사용할 수 있도록 실의 기준이 완화되어 있다. 면적 및 실의 종류에 대한 기준 이외의 설비기준은 요양시설과 동일하다.

② 인력기준

노인요양공동생활가정은 입소자 3명당 1명의 요양보호사를 두게 되어 있으며, 시설장이 사회복지사를 겸할 수 있도록 하고 있다.

2) 노인재가복지시설

노인재가복지시설은 노인이 자신의 거주지에 머무르면서 각종 기관이 제공하는 서비스를 받는 시설이라고 할 수 있다. 이는 (전문)요양시설에 입소로 인한 가족 및 지역사회와의 분리에 따른 문제와 보호비용에 따른 문제를 최소화하기 위한 것이라 할 수 있다. 재가노인복지시설은 방문요양서비스, 방문목욕서비스, 주야간보호서비스, 단기보호서비스를 제공하는 시설로 나눌 수 있다.

(1) 시설의 규모

노인재가복지시설의 규모를 살펴보면 방문요양서비스 및 방문목욕서비스를 제공하는 경우에는 시설전용면적 16.5㎡(연면적 기준) 이상이 되어야 하며, 주·야간보호서비스 및 단기보호서비스를 제공하려는 시설은 정원을 5명 이상으로 하고 연면적은 각각 90㎡ 이상(이용정원이 6명 이상인 경우에는 1명당 6.6㎡ 이상의 공간을 추가로 확보하여야 한다)이 되어야 한다. 다만, 주·야간보호서비스와 단기보호서비스를 함께 제공하거나 사회복지시설에 병설하는 경우에는 공동으로 사용하는 시설의 면적을 포함할 수 있다.

(2) 시설기준

노인재가복지시설의 시설기준은 서비스에 따라 달리 적용하는데 방문요양서비스와 방문목욕서비스는 사무실, 통신설비, 집기, 이동용 욕조 또는 이동목욕차량 등이다. 주야간보호서비스 및 단기보호시버스 시설의 시설기준은 이용자 10명을 기준으로 나뉘는데 주야간보호서비스는 거실, 사무실, 작업 및 일상동작훈련실, 식당 및 조리실 등을 두록 하고 있으며, 단기보호서비스는 침실, 사무실, 작업 및 일상동작 훈련실, 식당 및 조리실을 두록 하고 있다.

① 방문요양서비스 및 방문목욕서비스 시설

방문서비스의 시설 기준은 서비스를 제공할 수 있는 최소기준과 설비를 중심으로 이루어져 있다.

[표 31] 방문요양서비스 및 방문목욕서비스 시설 기준

구분	사무실	통신설비, 집기 등 사업에 필요한 설비 및 비품	이동용 욕조 또는 이동목욕차량
방문요양서비스	1	1	─
방문목욕서비스	1	1	1

② 주·야간보호서비스 및 단기보호서비스 시설

주·야간보호서비스 및 단기보호시서비스의 기준을 살펴보면 주·야간보호서비스는 거실을, 단가보호서비스는 침실을 두도록 하고 있다.

[표 32] 주·야간보호서비스 및 단기보호서비스 시설 기준

구분		거실	침실	사무실	의료 및 간호사실	작업 및 일상동작 훈련실	식당 및 조리실	화장실	세면장 및 목욕실	세탁장 및 건조장
주·야간 보호서비스	이용자 10명 이상	1			1	1	1	1		1
	이용자 10명 미만	1				1	1	1		1
단기 보호서비스	이용자 10명 이상		1		1	1	1	1	1	1
	이용자 10명 미만		1		1		1	1		1

(3) 직원배치기준

각 서비스별 직원 배치기준 중 요양보호사를 살펴보면 방문요양서비스는 3명이상, 방문목욕서비스는 2명 이상, 주야간보호서비스는 이용자 7명당 1명 이상, 단기보호서비스는 이용자 4명당 1명 이상을 두도록 하고 있다.

[표 33] 노인재가보호시설 인력 배치 기준

구 분		시설장	사회 복지사	간호사 또는 간호조무사	물리치료사 또는 작업치료사	요양보호사	사무원	조리원	보조원 (운전사)
방문요양서비스		1명	1명			3명 이상 (※농·어촌 지역의 경우에 는 2명 이상)	필요수		필요수
방문목욕서비스		1명				2명 이상	필요수		필요수
주·야 간보호 서비스	이용자 10 명 이상	1명	1명 이상	1명 이상		이용자 7명당 1명 이상	필요수	필요수	필요수
	이용자 10 명 미만	1명		1명 이상				필요수	필요수
단기보호 서비스	이용자 10 명 이상	1명	1명	이용자 25명 당 1명	1명(이용자 30명 이상)	이용자 4명당 1명 이상		필요수	필요수
	이용자 10 명 미만	1명		1명					필요수

3. 노인장기요양보호시설과 지역사회

1) 지역기반(community - based)형 장기노인요양시설의 필요성

최근 각종 노인시설은 지역사회와의 관계가 점차 중요한 이슈가 되고 있다. 이는 지역사회가 노인시설의 인적, 물적 자원의 공급처이며 동시에 시설 이용자의 거주지이기 때문이다. 이러한 지역사회와 노인과의 관계에 대한 노인보호의 측면에서 'aging in place'라는 개념이 대두되게 되는데 이는 노인이 자신의 삶의 터전에서 자연스러운 노화의 과정을 이룰 수 있도록 해야 노인의 삶의 질을 향상시킬 수 있다는 것에서 비롯되었다. 따라서 각종 노인장기요양보호시설의 성격을 규명할 때 지역사회와의 연계성이 무엇보다 우선적으로 고려될 필요가 있는 것이다. 시설과 지역사회와의 연계성이 중요시되면서 시설사회화라는 개념이 점차 대두되기 시작하였다.

시설사회화는 입소시설이 갖는 여러 문제점이 대두되면서 그 중요성이 더욱 부각되었는데 일본에서는 다음과 같은 배경으로 나타나게 되었다(김수영, 2001, 201쪽).

첫째, 시설입소자와 그 가족들이 입소시설로 인한 격리보호로부터 벗어나 사회복귀를 하기 위해 폐쇄적 환경을 거부하기 시작하였다.

둘째, 이러한 변화를 이론적으로 인식하기 시작했고 시설관계자들은 사회화되는 것이 시설 이용자의 치료, 교육, 원조 등을 위해서 필요하다는 것을 인식하기 시작했다.

셋째, 지역주민들이 사회변동으로 인해 생활이 불안해지자 사회자원으로서 사회복지시설을 자신에게 필요한 것으로 느끼기 시작하였다.

넷째, 복지행정은 이러한 동향을 감지하거나 활용하여 지역사회복지를 지향하기 시작하였다.

이러한 사회와 시설과의 격리를 극복하기 위한 노력들은 우리나라에서도 점차 나타나고 있다.

시설이 지역사회에 열려 있어야 한다는 시설사회화의 개념은 각종 사회복지시설의 사회화라 할 수 있다. 즉 사회보장제도의 일환으로 사회복지시설이 시설 이용자의 인권보장 및 생활구조의 옹호라는 공공성의 관점에서 시설 내 처우 내용을 향상시킴과 동시에 지역사회에서 발생하는 복지욕구를 증진시키기 위하여 그 시설이 소유하고 있는 장소, 설비, 기능, 인적자원 등을 지역사회에 개방, 제공하고, 지역사회에서 이루어지는 각종 활동에 대응하는 방식으로 사회복지시설과 지역사회가 상호작용하는 과정이라고 할 수 있다(아키야마, 1978).

이러한 시설사회화의 개념은 노인장기요양시설에도 적용될 필요가 있다. 즉 노인장기요양시설은 지역사회와 밀접한 관계를 맺고 있어야 하며, 지역사회가 시설운영에 참여해 지역사회에 열려 있어야 한다. 또한 지역사회의 주민들의 요구들이 시설에 반영되어야 한다. 지역사회와 열려져 있는 시설이 되기 위해서는 우선 지역별 특성을 고려하여 시설의 종류별 공급량이 결정되어야 하며, 시설기능 역시 지역사회와 함께 할 수 있는 다양한 프로그램을 수용할 수 있어야 한다. 또한 노인장기요양시설과 지역사회 내 각종 관련 시설과의 연계성을 고려할 필요가 있다.

2) 장기노인요양시설의 종류별 지역사회와의 연계 가능성

지역사회와 장기노인요양시설은 시설의 종류에 따라 지역사회와의 연계성이 조금씩 달라질 수밖에 없다. 이는 시설이 지향하는 목적이 시설마다 다르기 때문이다. 앞서 장기노인요양시설은 크게 재가시설과 보호시설로 나눌 수 있다고 하였다. 재가시설은 지역사회와의 연계성이 매우 높은 시설이라고 할 수 있는 반면 보호시설은 재가시설에 비해 지역사회와의 연계성이 낮은 시설이라고 할 수 있다. 지역사회와 시설과의 연계성은 시설에 머무르는 기간과 시설의 성격이 좌우할 수 있다. 즉 요양시설, 노인요양공동생활가정, 노인전문병원 등 중 장기간 머무르면서 치료 및 요양을 하는 시설인 경우 지역사회와의 연계성이 떨어질 수밖에 없다.

[표 34] 지역사회와 장기노인요양시설 종류별 연계성

	지역사회와의 연계성		
	낮 음	보 통	높 음
재가시설		단기보호시설	사회복지관 노인(종합)복지관 주간보호센터 가정봉사원파견시설
보호시설	전문요양시설 치매센터	양로시설 노인전문병원	
관련 시설		병 원	의 원 보 건 소 노인상담시설

<표 29>는 노인장기요양시설과 지역사회와의 연계성 정도를 나타 낸 것이다. 재가시설 중에는 각종 여가 프로그램을 운영하는 복지관과 노인주간보호시설, 가정봉사원파견시설이 높으며 단기보호시설이 보통 인 것으로 나타났다. 보호시설은 모든 시설이 양로시설, 전문병원 등 은 보통의 연계성을 가지며 (전문)요양시설과 치매센터 등은 낮은 연 계성을 갖는다.

제3장

노인장기요양보호제도와

시설과의 관계

본 장에서는 노인장기요양보호제도가 본격화되면서 발생하게 될 노인시설의 변화를 살펴본다. 이를 위해 우선 우리나라에서 도입할 '공적노인요양보호제도'의 모델이 되고 있는 일본의 개호보험과 이에 따른 시설의 변화양상을 살펴본다. 이와 함께 국내에 도입될 노인장기요양보호제도인 '노인장기요양보험법'과 현재 우리나라의 노인장기요양보호시설의 기능적 특성을 사례분석을 통해 살펴봄으로써 향후 국내 요양보험제도의 시행으로 예상되는 시설의 변화양상을 도출한다.

장기요양보호시설의 영향요인과 제도

　노인장기요양보호시설의 기능에 영향을 미치는 요인은 매우 다양하다. 크게는 노인에 대한 사회적 인식에서부터 구체적인 노인보호의 제도와 절차에 이르기까지 매우 다양하고 복합적인 요인들이 작용된다. 이러한 다양하고 복잡한 요인들 중 본 연구는 시설의 기능에 직접적인 영향을 미치는 요양보호의 내용과 이를 구체적으로 다루는 제도에 중점을 두고 살펴본다. 요양보호의 내용과 관련된 요인들은 노인보호서비스의 공적개입정도와 가정과의 관계, 사회와의 관계정도, 제공하는 서비스의 종류와 수준으로 나누어지며 이러한 요인들을 통해 시설의 기능이 설정된다고 할 수 있다.

1. 시설변화의 영향요인

　노인장기요양보호시설의 성격을 규정하는 요인은 사회적 보호의 범위와 지역사회와의 관계, 가정과의 관계, 제공하는 서비스의 수준과 종류 등이며 이러한 사항들을 정립하는 것은 사회마다 차이가 있지만 정부의 정책과 제도로 구체화된다. 따라서 한 국가의 특정 정책과 제도의 변화는 앞서 언급한 시설의 성격을 규정하는 요인의 변화를 의미한다.

1) 공적보호의 범위와 수준

노인보호의 흐름은 사적보호의 영역에서 공적보호로 바뀌고 있으며 이러한 과정에서 공적보호의 부담을 덜기 위해 사적보호의 개입을 강화시키고 있다. 즉 사회의 복지수준이 높아지고 공적보호에 드는 비용이 증가하면서 비용의 효율성을 높이는 방안으로 사적보호의 개입을 유도하는 측면이 강화되고 있는 것이 세계적인 추세라고 할 수 있다. 공적보호의 효율성을 높이는 방안으로 사적보호의 중요성이 강화되면서 '지역사회보호'라는 개념이 발생하고 이를 위해 시설의 기능이 점차 바뀌기 시작한다.

이러한 흐름으로 인해 보호시설의 지역사회화가 강화되는 방안이 모색되고 있으며, 이러한 흐름이 대표적으로 가시화되는 것이 시설의 복합화현상이다. 이와 함께 시설의 규모는 작아지는 경향을 보여 지역사회에 건립의 가능성을 높이고 있다. 또한 재가서비스를 강화하는 방향으로 서비스를 다양화하고 재가시설의 서비스 수준을 향상시키는 방안이 모색되고 있다. 재가서비스가 활성화되기 위해서는 가정과 같은 사적보호의 지원이 전제되어야 하기 때문에 더욱더 사적보호와 공적보호의 역할은 지역사회의 노인장기요양시설의 기능에 큰 영향을 미친다.

2) 보호의 공개정도

노인보호의 공개정도란 보호가 어느 정도의 조직성을 갖고 이루어지느냐에 따라 공개적 보호(open care), 폐쇄적 보호(closed care), 비조직적 보호(unorganized care)로 구분된다(김경희, 1999, 76쪽).

공개적 보호는 노인이 자신의 거주지에 머무르면서 제반 서비스를 제공받는 것으로 사회적으로 보호의 과정들이 들어나는 것이며, 폐쇄적 보호는 일정기준을 갖춘 시설에 수용되어 보호를 받는 것을 말한다. 이 두 보호의 형태는 지역사회와의 관계와 관련이 있으나 두 가지 모두 조직적인 보호에 해당한다.

보호의 공개정도는 노인장기요양보호시설에서 노인의 독립적 생활을 중시하고, 비용의 효율적 측면이 강조되면서 시설에서 중요한 요인으로 작용하기 시작하였다. 이에 따라 재가보호서비스의 역할이 중요시되기 시작하였다. 또한 시설보호의 폐쇄성을 극복하고 지역사회와 교류하는 다양한 방안들이 모색되기도 한다.

3) 가정(home)과의 관계

가정과의 관계란 노인이 어디에 머무르고 있으면서 어디에서 서비스를 받느냐의 문제이다. 우선 자신의 가정에 머무르면서 서비스를 받는 것, 자신의 가정에 머무르면서 서비스를 받기 위해 다른 장소로 이동하는 것, 자신의 거주지를 다른 곳으로 옮겨 그곳에서 서비스를 받는 것 등 3가지 형태로 나뉜다. 자신의 가정에서 머무르는 것을 전제로 서비스를 제공받는 것을 재가서비스라고 하며 이를 위해서는 주간보호, 단기보호 등의 시설이 필요하며, 자신의 거주지를 옮기는 것은 특정 시설을 이용하는 것으로 가정을 옮기는 것을 말한다.

이러한 가정과의 관계를 중요시하는 이유는 노인에게 가정의 역할과 의미가 다른 어느 것보다도 중요하기 때문이다. 이러한 집으로 대표되는 거주성의 강조는 노인장기요양보호시설의 기능을 변화시키는 주요한 요인으로 작용해 왔다. 특히 시설의 경우 지속적으로 자신의 집과 같은 기능을 수행할 수 있도록 끊임없이 변화해 가고 있다.

4) 서비스의 종류와 수준

서비스의 종류와 수준은 사적보호보다는 공적보호에 해당하는 것으로 사회적으로 노인에게 어떠한 종류의 서비스를 어떻게 제공하느냐에 관한 문제이다. 즉 노인에게 서비스는 생존을 위한 치료적 서비스와 삶의 질을 높이기 위한 서비스로 나눌 수 있으며 이러한 두 종류의 서비스가 어떠한 방식으로 어느 곳에서 제공되는가에 따라 이 서비스를 제공하는 시설의 기능이 변화된다. 이러한 서비스의 제공 방식을 결정짓는 요인은 직접적으로 노인보호에 관한 국가의 정책과 제도라고 할 수 있다. 즉 치료적 서비스가 의료의 범주에 들어가는지와 삶의 질을 높이기 위한 서비스의 제공이 어느 범위 안에서 어떠한 제도체계를 통해서 제공되는가는 시설의 기능을 결정짓는 중요한 요인이 된다. 이러한 서비스의 종류와 수준은 노인의 소득정도와 결합하면서 각종 노인복지정책을 수립하는 데 영향을 미치게 된다.

2. 국내 노인장기요양보호제도 도입과 일본의 사례분석의 필요성

국내 노인장기요양보호제도의 도입은 2003년 정부가 공적 노인요양보장제도의 도입을 발표하면서 본격화되었으며 2004년에 제도의 실행모형을 개발하고, 이를 토대로 2005년부터 시범사업을 거쳐 2008년 단계적으로 제도를 도입하는 것으로 되어 있다. 2005년 10월 19일에는 '노인수발보장법률'의 입법을 예고하였으며, 2007년 4월 '노인장기요양보험법'이라는 명칭으로 법률을 제정하여 2008년 7월부터 시행되었다.

국내 노인장기요양보호제도는 일본의 개호보험과 독일의 수발보험을 모델로 삼고 있어 향후 제도가 미치는 국내 노인요양환경과 시설에 미치는 영향을 앞서 시행한 국가를 통해 살펴보는 것은 큰 의미가 있을 것으로 보인다. 본 연구에서는 노인장기요양보호제도 중 일본의 개호보험과 국내에 도입될 제도를 비교하여 분석함으로써 향후 제도 도입에 따른 시설의 변화에 주목한다. 이는 국내에 도입될 제도가 독일보다는 일본과 유사하며, 사회적 여건도 독일보다는 일본과 우리나라가 유사하기 때문이다.

국내에 도입될 장기요양보호제도와 일본의 제도를 비교해 보면 공통점은 관리체계, 급여대상은 거의 동일하나 재원조달 중 본인의 부담이 일본은 10%인 반면 국내 제도는 20%(재가 15%, 시설 20%)로 높게 정해져 있는 것이 다르다. 서비스의 종류와 급여의 형태도 일본과 국내에 도입될 제도는 거의 흡사하여 현물급여를 원칙으로 재가서비스와 시설서비스를 공급하는 방식을 취한다<표30>. 이러한 제도의 유사성으로 인해 일본의 제도시행 전후 시설의 변화양상을 살펴보는 것은 국내 제도 도입이 시설에 미치는 영향을 파악할 수 있을 것으로 판단된다.

[표 35] 외국의 노인장기요양보장제도의 내용

	일 본	독 일	영 국	한 국
제도명	공적개호보험(2000. 4)	수발보험(1995. 1)	별도제도 없음 (국가보건서비스 일부)	노인장기요양보험법 (2007. 4. 제정, 2008. 7. 시행)
관리 체계	사회보험방식 시정촌	사회보험방식질병금고	일반조세방식 시군구	사회보험방식 시군구
급여 대상	• 65세 이상 노인(1호) • 40~64세: 15개 노 인성질환 대상(2호)	• 6개월 이상 요양이 필요한 전 국민	• 남성은 65세 이상, 여성은 60세 이상	• 65세 이상 노인 • 치매, 뇌혈관성 질환 등 대통령이 정하 는 노인성 질병을 가 진 64세 이하인 자
재원 조달	• 보험료: 45% • 정부지원: 45% – 중앙 22.5% – 지방 22.5% • 본인부담: 10%	• 보험료: 100% • 본인부담: 숙박비·식 비는 전액 본인부담	• 국가보건서비스 재원 에서 부담 * 본인부담금 2%	• 보험료: 80% • 본인부담: 15% – 20% * 정부지원은 건강보험 국고부담체계와 동일 수준 * 공공부조자는 정부재 원 100%
보험료 부과	• 근로자: 0.9% – 노사 각 50% 분담 • 자영자: 정액 – 본인 100%	• 근로자: 1.7% – 노사 각 50% 분담 • 자영자: 본인 100% • 연금자 – 본인과 연금보험자 50%씩 분담	• 별도 보험료 없음	• 의료보험료 체계와 유사
서비스 종류·급 여형태	• 각종 재가서비스 • 시설보호 – 특별양호노인홈, 노 인보건시설, 요양병 동 등 • 현물방식(예외적으로 현금인정)	• 각종 재가서비스 • 시설보호 – 노인집합주택, 요양 홈, 노인종합시설 등 • 현물 및 현금방식(현 금 80% 수준)	• 각종 재가서비스 • 시설보호 – 노인홈, 노인보호주 택, 요양원 등 • 현물 및 현금 혼용	• 재가급여 • 시설급여 • 특별현금급여 – 가족요양비 – 특별요양비 – 요양병원간병비

자료: 공적노인요양보장추진기획단. 2004. 공적노인요양보장체계 최종보고. 연구자 재구성

개호보험(介護保險)도입에 따른 일본
노인장기요양보호시설의 변화

본 절은 일본의 노인복지의 변천과정을 제도를 중심으로 제도의 변천과정에 노인시설이 어떠한 영향을 받아 어떻게 변천되어 왔는지를 살펴본다. 일본을 사례로 든 것은 우리나라의 현 제도와 정책이 일본의 영향을 많이 받아 많은 유사성을 갖고 있기 때문이다. 최근에 우리나라에서 시범, 시행되고 있는 노인요양보호제도 역시 일본의 개호보험제도를 모델로 하고 있어 일본의 사례를 살펴보는 것은 우리나라의 향후 제도 변천에 따른 시설기능의 변화를 예측하는 데 큰 시사점을 제시해 줄 수 있을 것으로 판단된다.

1. 노인복지정책의 흐름과 시설변화

1) 일본 노인복지의 태동과 재가시설의 발생

(1) 노인복지법과 요양시설의 발생: 1963년

일본은 2차세계대전 이후 고령자의 증가, 산업구조의 변화, 가족구성의 변화 등을 겪으면서 고령자들에게 폭넓은 복지혜택을 줄 필요성이 발생하게 된다. 이러한 이유로 1963년에 '노인복지법'이 제정되었다.

이 노인복지법은 기존의 저소득층을 중심으로 하는 생활보호법을 전환하여 소득수준에 관계없이 고령자를 대상으로 복지혜택을 주는 보편성의 원리를 갖고 있는 노인복지의 획기적인 전환점이었다고 할 수 있다.

　노인복지법과 함께 발생한 시설적인 변화는 기존의 생활보호법에 의해 지원을 받았던 양로시설이 요양노인홈으로 이어지고 새롭게 특별요양노인홈과 경비(經費)노인홈이라는 시설이 발생하게 된다. 즉 양로시설은 요양시설로 바뀌고 전문요양시설의 기능을 갖는 특별요양노인홈이라는 유형이 발생한다. 경비노인홈은 일정소득 이하인 노인을 대상으로 자택에서 생활이 곤란한 경우 저렴한 비용으로 입소할 수 있도록 한 시설이며 독립적인 생활을 기본으로 하고 A형과 B형 두 가지 타입[23]으로 나뉜다.

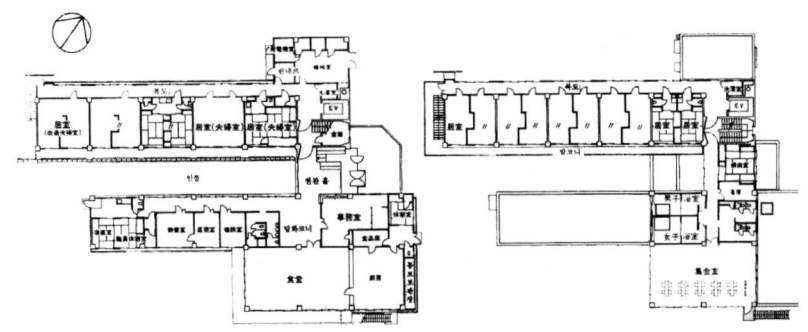

자료: 건축자료연구회 역, 1992, 건축설계자료집 노인의 주거환경, 도서출판보원, 129쪽

[그림 4] A形 經費老人홈 사례

(2) 재가보호서비스 시작: 1970년대 중반~1980년대 후반

　1973년에는 일본의 복지원년이라고 부를 수 있는 큰 변화가 생긴다. 노인의료비가 무료화가 되는데 이는 70세 이상의 고령자의 의료보험 본

---

23) 경비노인홈 A형은 생활상담, 긴급 시의 대응, 급식, 개호서비스를 제공하지만 B형은 식사서비스를 제공하지는 않는다.

인부담금을 국가와 지방자치단체가 조세로 지급하도록 하는 것이다. 이로 인해 노인의료비가 급증하여 보험 재정에 어려움을 겪는다. 이러한 문제로 인해 1982년에 노인보건법이 제정되는데 노인보건법은 70세 이상 노인이 진료를 받을 때 본인부담금을 정액으로 부담하게 하여 과도한 진료를 예방하여 세대 간 부담의 형평성을 도모하였다. 또한 40세 이상의 주민을 대상으로 건강상담, 기능훈련 등을 실시하여 예방, 치료, 재활, 재택요양에 이르는 통합된 보건의료서비스를 제공하는 것이라고 할 수 있다. 1970년대 중반 이후 재택개호서비스라고 불리는 재가보호시설이 발생하는데 이는 주간보호, 단기입소생활보호, 방문개호 등이다. 즉 1970년대 중반 이후로는 재가보호에 대한 인식이 점차 높아지는 시기라고 볼 수 있다. 시설보호에 대한 변화는 1986년에 발생하는데 노인보건법을 개정하여 고령자에게 의료적인 케어와 일상생활서비스를 제공하는 노인보건시설이 만들어진다. 이때까지는 재가보호서비스가 있긴 했지만 그리 활성화되지 않고 시설보호를 중심으로 서비스가 진행되었다.

(3) 본격적인 고령자의 개호에 대한 논의: 1980년대 후반

인구의 고령화와 이에 따른 문제점을 극복하기 위해 노인복지정책은 1980년대에 큰 변화를 꾀한다. 흐름의 변화는 1985년 7월에 '장수사회대책관계각료회의'가 설치되면서 본격화되고 1986년 '장수사회대책요강'이 책정되었다. 이는 노인의 고용, 소득보장, 건강 및 복지, 학습과 사회참여, 주택 및 생활환경 등 고령자의 생활전반을 포괄하고 있다. 이러한 정책적 논의를 거쳐 1988년 10월에 후생노동성은 '복지비전-장수, 복지사회를 실현하기 위한 시책방향과 목표에 대하여'를 발표한다. 이는 사회전체의 시스템의 중심에 노인복지를 맞춘 것이라고 할 수 있다. 고령자 개호에 관한 논의들은 1990년대 급속도록 부각되는데 이는 개호가 필요한 노인의 수의 급증과 가족보호의 한계, 지금까지의 제도로는 개호문제에 적극적으로 대처하기 힘들다는 점, 그리고 고령자 개호에 관한 사회적 비용의 증가가 그 원인이라고 할 수 있다

(4) 골드플랜(고령자보건복지추진10개년전략)의 수립: 1989년

① 골드플랜 개요

1989년 12월 후생성, 대장성, 자치성 등 3성(省)의 합의에 의해서 골드플랜(Gold Plan)이 수립되어 1999년까지 10년간 총사업비 6조 엔 이상을 투입하기로 하고 구체적인 사업을 제시하고 있다. 이 골드플랜의 목표를 구체적으로 살펴보면 첫째, 재택복지대책의 긴급 정비, 둘째, 와상노인 제로작전, 셋째, 장수사회복지기금 설치, 넷째, 시설의 긴급 정비, 다섯째, 고령자의 사는 보람 대책추진, 여섯째, 장수과학연구 추진 10개년 사업, 일곱째, 고령자를 위한 종합적 복지시설 정비 등이다. 골드플랜의 중요한 의미를 장병원(2003)은 재택복지서비스의 실질적 증대, 보건의료와 복지의 연계체계 확립, 재정이 뒷받침된 장기플랜에서 찾고 있다. 골드플랜의 작성으로 인해 개호의 사회적 뒷받침의 기초가 확립되었다고 할 수 있으며 1989년 '개호대책 검토회'에 의해 현재의 개호보험이 검토되기 시작하였다.

② 골드플랜의 주요내용

골드플랜의 주요내용은 우선 '재택복지의 추진 10개년 사업'과 '시설대책추진 10개년 사업'으로 재가복지와 시설복지의 두 축을 동시에 정비하는 것이다. 우선 재가복지 부분은 홈헬퍼 10만 명, 단기보호 5만 명, 주간보호 10만 명, 재택개호지원센터의 창설과 확충이며 시설부분은 특별요양노인홈 24만 병상신설, 노인보건시설 28만 병상신설,

케어하우스 10만 명분 정비, 과소지역고령자생활복지센터 400개 정비를 주요 골자로 한다.

재가복지를 위해서는 기존의 주택에서 노인들의 독립적인 생활을 최대한 보장해야 하기 때문에 '주택개조'에 대한 지원이 활발히 제기되었다.

(5) 신골드플랜

골드플랜이 고령자 개호서비스의 기반정비에 진전을 보이기는 했으나 그 달성도가 떨어져서 이를 보완하기 위해 1994년 12월에 골드플랜의 목표치를 높인 신골드플랜을 발표하기에 이른다. 주요내용은 개호를 위한 종합적 서비스 공급시스템 도입, 고령자 자신과 전문가의 의견을 통합적으로 고려한 선택적인 서비스 제공, 다양하고 건전한 경쟁시스템 도입, 개호비용을 국민 전체가 공평하게 부담하는 시스템, 시설재택을 통한 공평한 비용부담 등이다.

2) 시설의 변화양상

(1) 시설의 급속한 증가

1989년 골드플랜이 시행된 이후 일본장기요양보호시설은 급속한 증가를 보인다. 양호노인홈의 경우 1965년 이후 큰 변화를 보이지 않고 있지만 특별양호노인홈은 지속적으로 큰 폭의 증가를 보이고 있으며 경비노인홈은 2000년 이후 빠른 증가를 보이고 있다.

또 하나의 특징은 노인복지센터, 노인주간개호시설 등 재가보호시설이 1980년대 이후 급격히 증가했다는 것이다. 이러한 현상도 골드플랜의 영향이라고 할 수 있다.

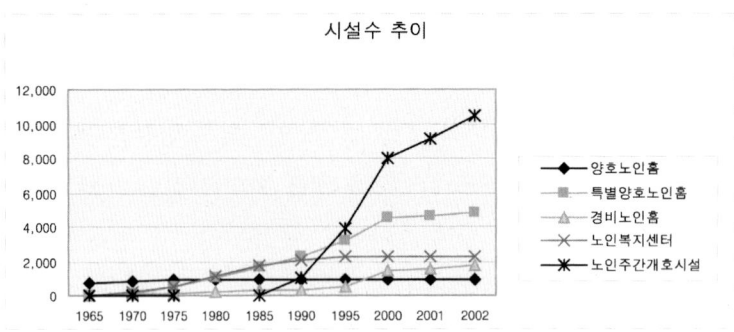

[그림 5] 종류별 시설수 추이

[표 36] 노인복지시설 추이

(단위: 개, 명)

년 도		양호노인홈	특별양호노인홈	경비노인홈	노인복지센터	노인주간 개호시설
1965	시설수	702	27	36	30	
	입소자	51,569	1,912	2,259		
1970	시설수	810	152	52	180	
	입소자	60,812	11,280	3,305		
1975	시설수	934	539	121	561	
	입소자	71,031	41,606	7,527		
1980	시설수	944	1,031	206	1,173	
	입소자	70,450	80,385	12,544		
1985	시설수	944	1,619	280	1,767	
	입소자	69,191	119,858	16,855		
1990	시설수	950	2,260	295	2,024	977
	입소자	65,036	160,476	16,419		
1995	시설수	947	3,201	551	2,214	3,948
	입소자	64,263	218,769	24,465		
1997	시설수		3,713			
	입소자		251,893	29,529		
2000	시설수	949	4,463	1,444	2,271	8,037
	입소자	64,026	296,082	56,068		
2001	시설수	951	4,651	1,580	2,270	9,138
	입소자	63,681	309,740	61,451		
2002	시설수	954	4,870	1,714	2,263	10,485
	입소자	63,780	326,159	66,659		

출처: http://www.stat.go.jp, 일본의 통계 연도별 자료

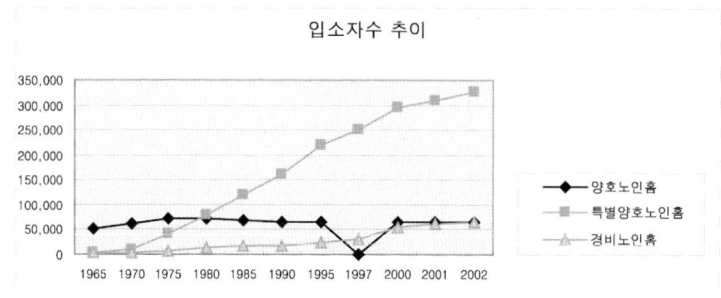

[그림 6] 종류별 시설입소자 추이

(2) 재가보호 기능 강화

재가보호서비스를 종류별로 제공하는 장소를 다양하게 함으로써 서비스의 선택의 폭을 넓히고 재가보호의 기능을 확대하여 중증 이상의 노인도 이용할 수 있도록 하고 있다. 즉 재활과 의료의 범주에 들어가는 시설은 노인보건시설에서 담당하도록 하고 있으며 노인의 생활개호는 특별양호노인홈, 단기입소시설 등에서 제공한다.

일본의 경우 재가서비스 이용인원이 시설서비스의 이용인원의 3배 가량으로 매우 높은 것으로 나타났다. 이러한 현상은 현재 시설 인프라가 부족한 우리나라의 실정을 생각한다면 요양제도를 도입할 경우 이러한 현상은 우리나라에 더욱 커질 것이 예상된다.

(3) 요양시설의 거주기능 강화

일본의 노인요양시설의 경우 크게 두 가지 흐름을 갖고 시설의 평면형태가 변화해 가고 있다. 우선 규모는 소규모로 가는 흐름이며 다른 하나는 주택의 모습과 유사한 주거시설의 형태로 변화해 가고 있다. 이러한 평면의 형태변화는 노인의 보호에 대한 관점과 방식에 따른 자연스러운 변화라고 할 수 있다.

우선 초창기의 요양시설은 그 모델을 병원의 병동에서 빌려왔으며, 차츰 요양환경에 대한 변화를 평면에서 그룹을 나누는 방식으로 해결해 나가고 있다. 최근에 와서는 규모가 큰 요양시설을 소그룹으로 나누고 이를 그룹홈의 방식으로 구성하고 있다. 개호보험 시행 이후에는 노인의 케어매니지먼트에 중점을 둔 유니트케어방식이 생겨나고 있다.

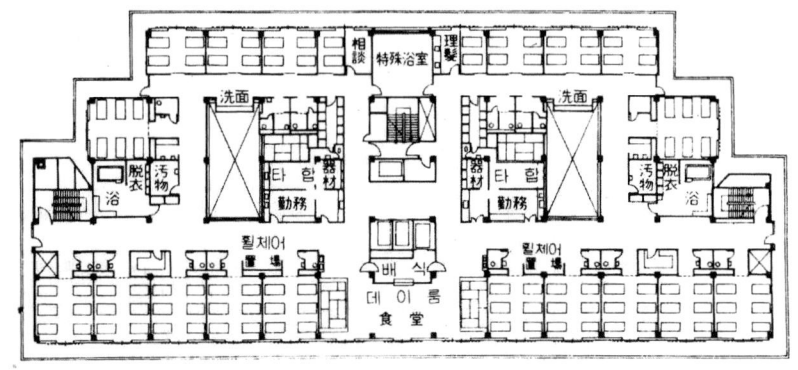

자료: 건축자료연구회역, 1992, 건축설계자료집성6, 보원

[그림 7] 1970년대 특별양호노인홈 사례(1972)

① 대규모 병동형 요양동 – medical plan

일본 초창기(70~80년대)의 요양동의 형태는 모델을 병원의 병동에서 빌려와서 사용했다. <그림 7>은 이러한 대표적인 시설로 1972년에 건립된 시설이다. 요양실은 6인실을 중심으로 4인실이 나타나고 있는 상태며 요양동 내의 모든 이용자들이 공용으로 사용하는 식당으로 구성되어 있다.

요양동의 단위가 커서 시설적인 분위기가 지배적이며 요양동 내의 대부분의 생활이 요양실을 중심으로 이루어진다.

② 단계별 병동형 요양동

단계별 병동형 요양동 구성은 일정 규모의 요양실을 요양단위로 구성하고 요양단위와 요양단위가 함께 쓰는 공용공간을 구성하는 방식으로 공간이 단계별 위계를 갖고 있다.

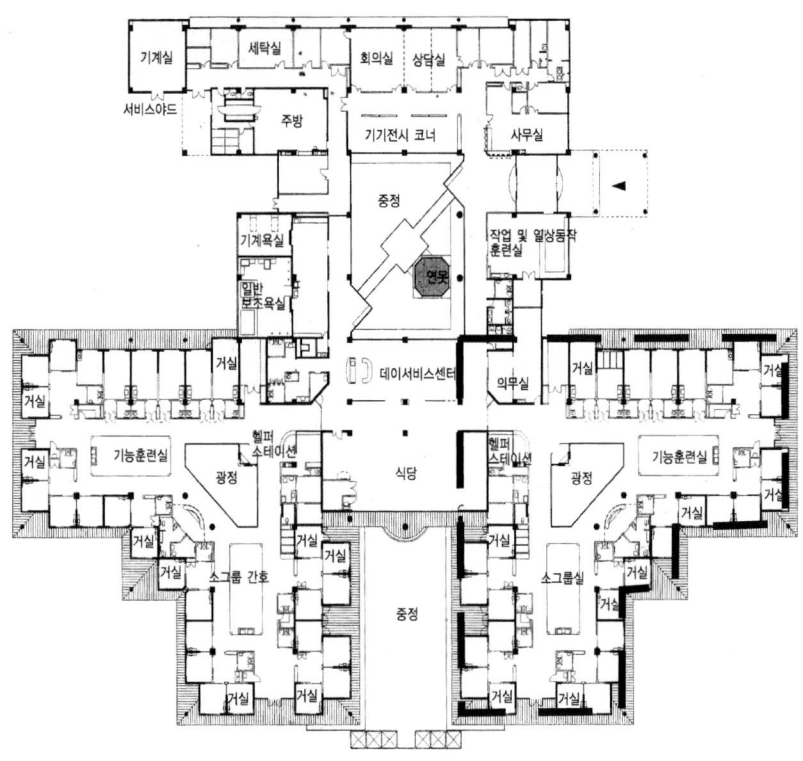

자료: 일본건축학회 편, 2003, 건축설계자료집성 - 복지·의료

[그림 8] 오라하우스 우나즈끼 평면(특별노인요양홈 + 데이케어센터 + 주택간호지원센터, 1994)

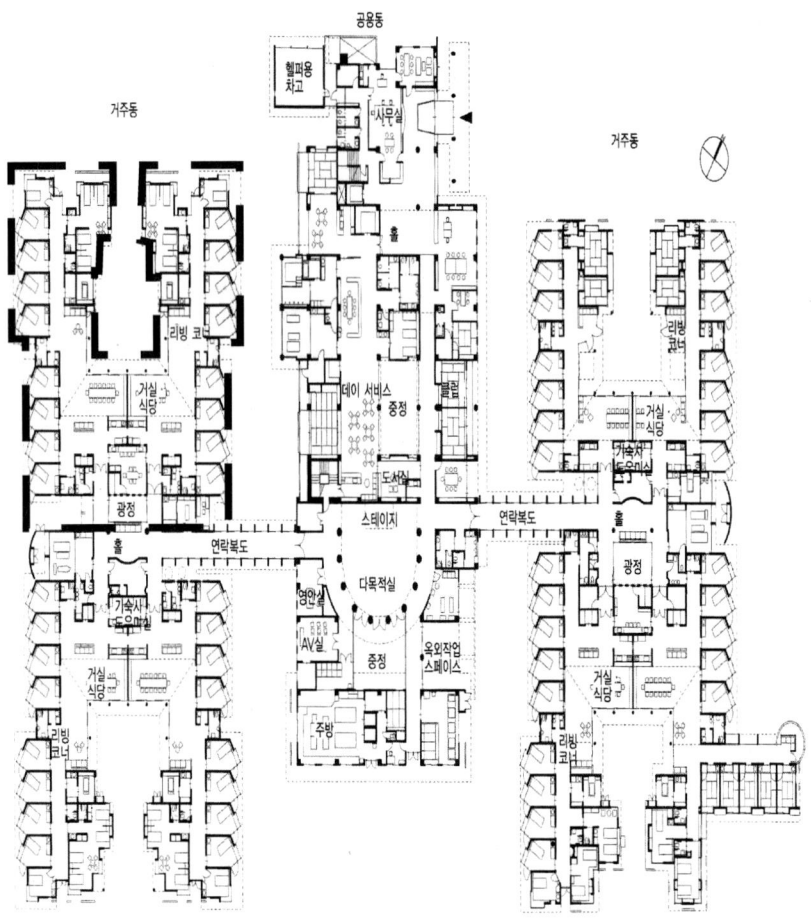

자료: 일본건축학회 편, 2003, 건축설계자료집성 - 복지 · 의료

[그림 9] 토카미 쿄우세이온 평면(특별양호노인홈, 1997)

이러한 평면 양식들은 병원평면에서도 나타나는데 요양시설에서는
단계별 공간의 최소 단위를 가정과 같은 형태로 일부 구성하기 시작한
다. 이는 시설적 이미지를 탈피하고 노인의 독립적인 생활양식을 존중
하기 시작하면서 시작되었다.

③ 개실 중심의 유니트케어형[24)

유니트케어형의 특징은 개실과 소규모의 식당 및 휴게실로 공간을 구성한다는 점이다. 이러한 형태는 2000년 이후에 등장했는데 개실의 선호와 케어메니지먼트의 중요성이 인식되면서 발전하고 있다. 보통 하나의 생활단위를 개실 10개 내외로 구성되는 것이 일반적이며 적어질 수도 있다. 이 단위와 식당, 거실, 목욕실 등이 함께 구성된다.

---

24) 유니트케어는 1994년 한 특별양호노인홈에서 수십 명의 노인이 함께 식사를 하고 있는 모습에 의문을 품은 시설장이 입소자와 함께 음식을 만들고, 쇼핑도 같이하는 등 보통 가정의 생활방식을 택한 것에서 비롯되었다. 이 시설은 정원 50명의 시설을 4개의 그룹으로 나누어 그룹마다 직원이 함께 생활하도록 하였다. (후생성, 2005, 2015년의 고령자 개호)

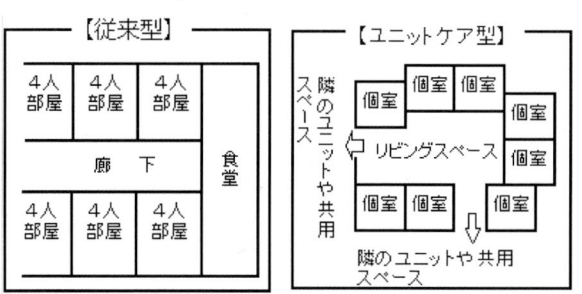

특별양호노인홈 내 유니트케어형 거실배치 예(후생성, 2005, 2015년의 고령자 개호)

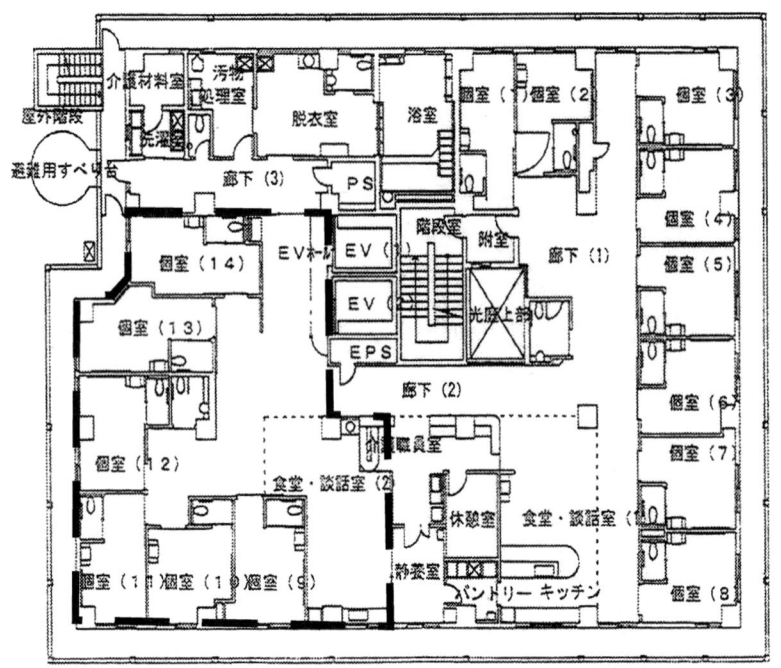

자료: 日本醫療福祉建築學會, 2004, 保健・醫療・福祉施設建築情報シート集2003

[그림 10] 2층 평면(특별양호노인홈＋치매성노인시설, 2003)

유니트케어 평면형태는 시설의 개보수에도 영향을 줘서 다인실을 중심으로 한 기존 구성에서 개실을 중심으로 한 구성으로 평면의 형태가 변화해 가고 있다<그림 11, 12>.

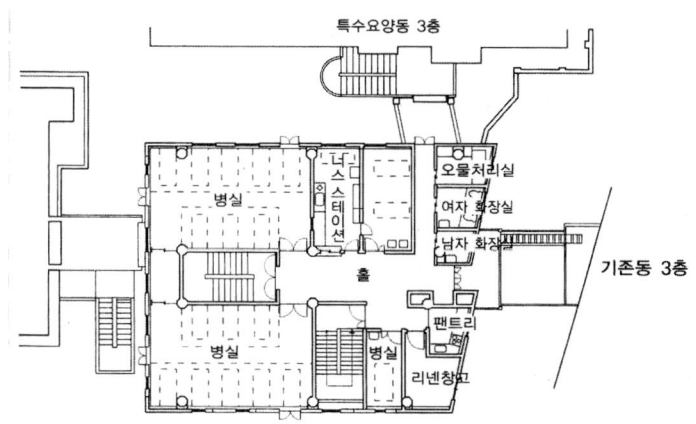

[그림 11] 시세이홈 개수 전

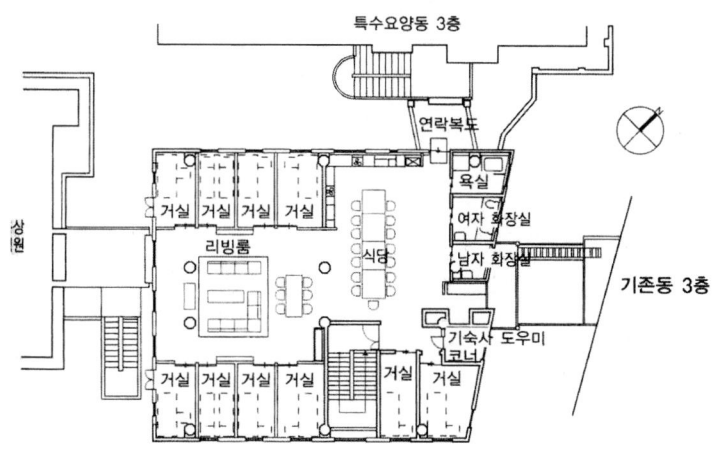

[그림 12] 시세이홈 개수 후

④ 다기능시설의 등장

최근 일본은 기능이 각각 분리되어 독립된 서비스를 제공하는 시설
에서 다양한 노인장기요양보호서비스를 함께 제공하여 보호의 연속성
을 기하는 시설이 점차 증가하고 있다. <표 32>는 2003년에 건립한
고령자생활지원시설로 단기, 주간, 요양을 동시에 담고 있는 복합시설

이다. 층별로 기능을 구분하고 한 층에서도 기능을 수평적으로 구분하여 사용하고 있다.

[표 37] 공립개호복지시설 (고령자생활지원시설＋단기입소생활개호＋통소개호＋치매전용개호, 2004)

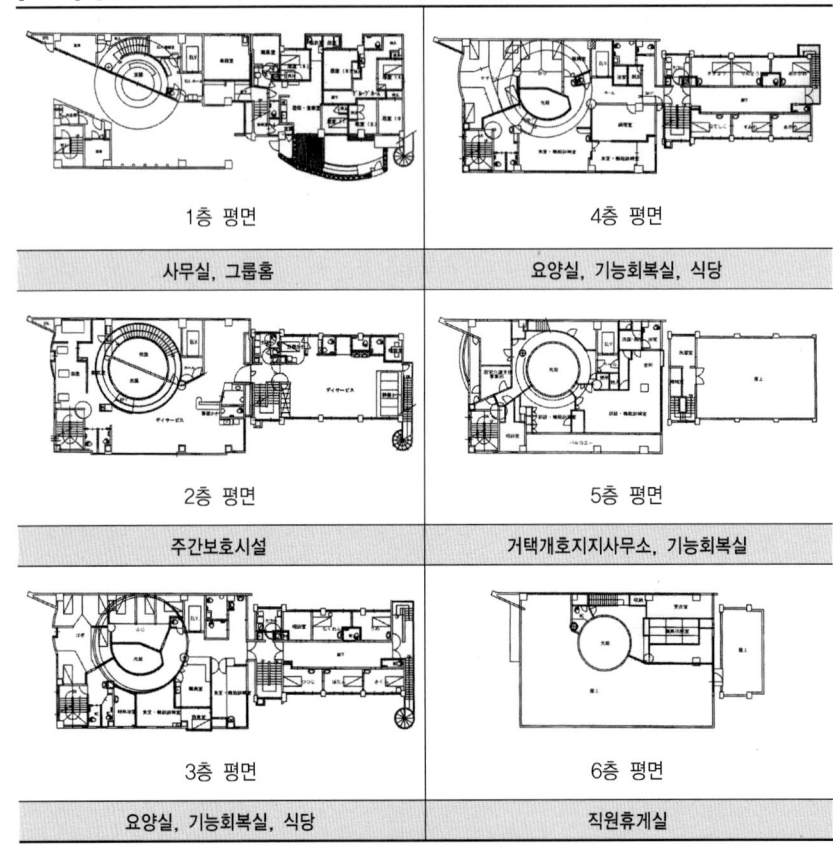

1층 평면	4층 평면
사무실, 그룹홈	요양실, 기능회복실, 식당
2층 평면	5층 평면
주간보호시설	거택개호지지사무소, 기능회복실
3층 평면	6층 평면
요양실, 기능회복실, 식당	직원휴게실

자료: 日本醫療福祉建築學會, 2004, 保健・醫療・福祉施設建築情報シート集2003

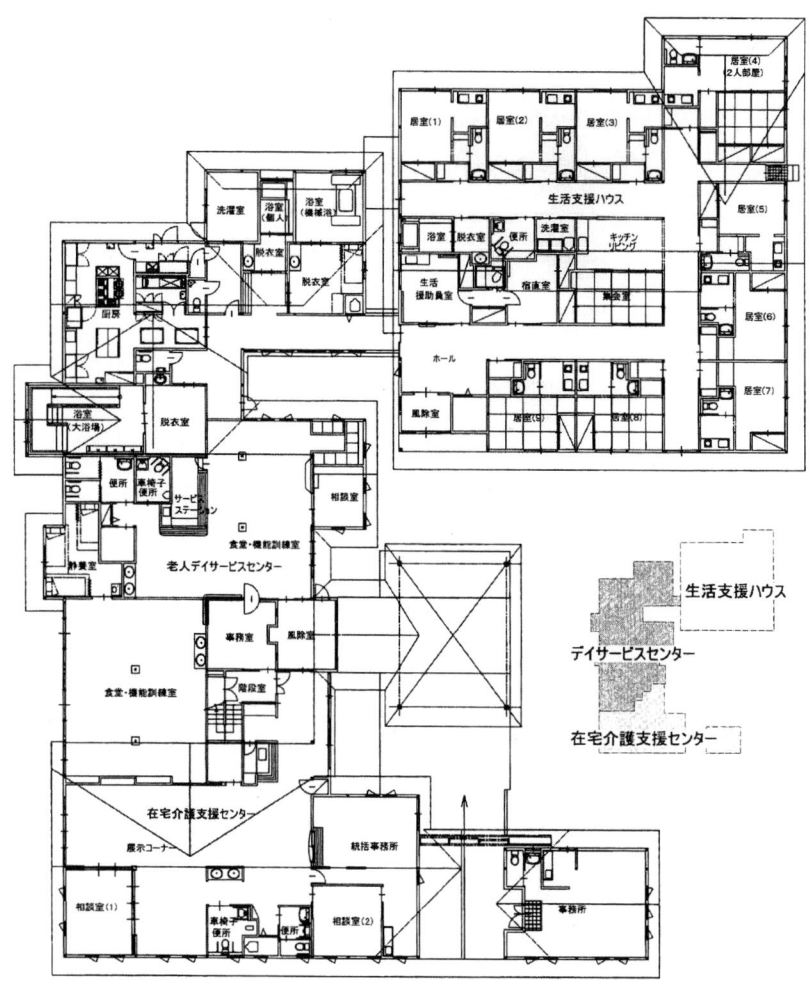

서실내 세부 텍스트 (평면도 내 라벨):

居室(1) 居室(2) 居室(3) 居室(4)(2人部屋) 居室(5) 居室(6) 居室(7)

生活支援ハウス

洗濯室 浴室(個人) 浴室(機械池) 脱衣室 脱衣室 廚房

浴室 脱衣室 便所 洗濯室 キッチンリビング
生活援助員室 宿直室 集会室
ホール
風除室 居室(8)

浴室(大浴場) 脱衣室 便所 車椅子便所 サービスステーション

静養室 食堂・機能訓練室 相談室

老人デイサービスセンター

事務室 風除室

食堂・機能訓練室 階段室

在宅介護支援センター

展示コーナー 統括事務所

相談室(1) 車椅子便所 便所 相談室(2) 事務所

生活支援ハウス
デイサービスセンター
在宅介護支援センター

자료: 社團法人 日本醫療福祉建築學會, 2004, 保健・醫療・福祉施設建築情報シート集2003.

[그림 13] 총합복지 방문간호시설 1층 평면

<그림 13>은 2003년에 건립된 시설로 1층에 재가개호지원센터, 데이서비스센터, 생활지지하우스가 있고 2층에 그룹홈이 있는 시설로 요양, 재가서비스, 방문서비스 등 복합적인 서비스를 제공하는 시설이다.

(4) 시설의 복합화

일본 시설변화의 다른 한 양상은 다양한 종류의 시설이 복합적으로 건립되는 복합의 양상을 들 수 있다. 시설의 복합화가 노인시설에 대두되는 배경을 살펴보면 노인은 신체적 변화가 지속적으로 이루어지며, 자신의 거주공간에서 삶을 지속적으로 영위하길 바라고 다양한 세대들과 함께 살아가야 한다는 점(淺沼由紀 외, 2002, 24쪽)을 들 수 있다. 시설의 복합화의 장점은 거주환경의 변화를 최소화함으로써 노인이 신체적·정신적 충격을 최소화할 수 있으며, 노인을 보호하는 사람이 인근에 위치할 가능성이 높기 때문에 정신적 안정감을 줄 수 있고, 노인 자신이 자기에게 필요한 각종 요양정보를 취득할 수 있으며, 다양한 사람들과의 교류가 가능하다는 것을 들 수 있다.

노인시설의 복합화는 크게 노인시설 간 복합화와 노인시설과 다른 종류의 시설과의 복합화로 구분된다. 노인시설 간의 복합화는 노인이 24시간 거주하는 시설(보호시설)과 일시적으로 이용하는 시설(재가시설)과의 복합화를 들 수 있으며, 노인시설과 다른 시설과의 복합화는 장애인, 부녀자복지시설 등 복지시설과의 복합화가 일반적이다.

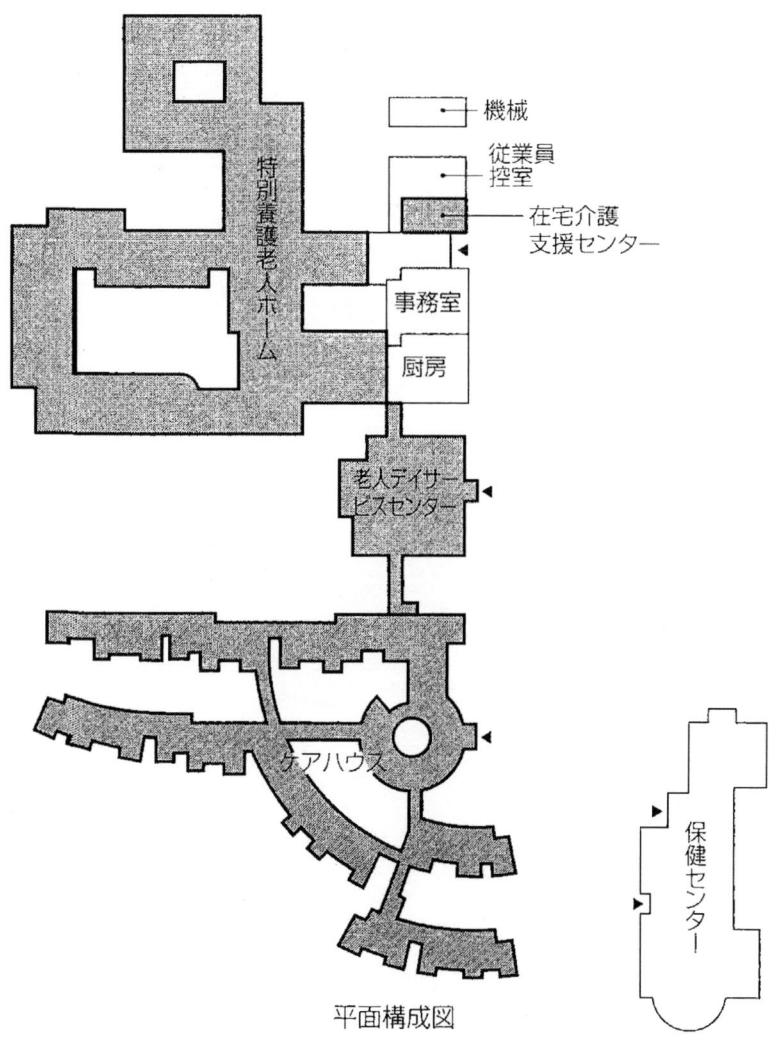

자료: 浅沼由紀高 외, 2002, 齡者複合施設,, 市ケ谷出版社, P.66

[그림 14] 특별요양노인홈＋케어하우스＋노인데이센터

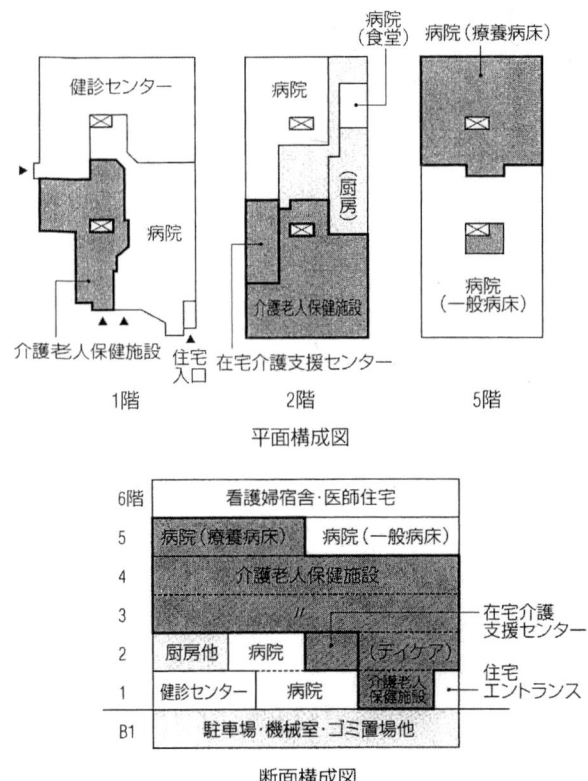

자료: 淺沼由紀高 외, 전개서, 2002, p.74

[그림 15] 노인개호보건시설＋데이케어＋재가개호 지지센터＋병원(요양병상 및 일반병상)

① 보호의 연속성을 위한 복합화

보호의 연속성을 위한 복합화는 독립적인 생활에서 전문시설에 입소하여 생활하는 과정을 자연스럽게 이어질 수 있게 하는 것으로 형태는 고령자의 거주시설과 재가시설과의 복합화와 고령자거주시설과 요양시설과의 복합화 등으로 나눌 수 있다. <그림 14>는 케어하우스와 노인데이센터, 특별요양노인홈의 복합화 사례시설로 케어하우스와 특별양호노인홈이 노인데이센터를 공유하고 있다. 또한 인근에 보건센터가 함께 있어 노인의 연속적 보호를 가능하게 한다.

② 노인개호의 연계를 위한 복합화

노인개호를 요양시설과 재가시설을 복합하여 입소, 통소(데이서비스, 데이케어), 재택개호(방문서비스) 등의 노인개호서비스 간 연계가 가능하도록 하는 복합화의 양상이다. <그림 15>는 노인의 원활한 개호를 위해 개호보건시설, 데이케어, 재택지지센터, 병원, 진료센터 등을 한 시설에 병설함으로써 노인의 자연스러운 개호의 흐름이 가능토록 한 시설이다.

③ 세대 간 교류를 위한 복합화

세대 간 교류를 위한 복합화는 노인전용만의 공간에서 탈피하여 노인과 지역사회의 다양한 사람들과 교류를 촉진시키는 복합화로 크게 아동시설과의 복합화와 지역문화복지시설과의 복합화로 나뉜다.

2. 개호보험의 도입에 따른 시설의 변화

1) 개호보험제도의 내용과 특징

(1) 개호보험제도의 검토와 정책과정

개호보험제도의 본격적인 검토는 1994년부터 개호법안이 국회에 제출된 1996년 11월까지 활발하게 진행되었다. 이를 구체적으로 살펴보면 우선, 1994년 개호보험제도가 국회에 제출되면서 후생성을 주도로 검토되기 시작하였으며 이때는 주로 정부주도로 국민의 여론을 형성하는 단계였다. 1995년부터 1996년 4월경까지는 제도의 검토기로 노인보건복지심의회의를 중심으로 논의가 전개되고 심의회의 3차례 보고와 관계단체의 의견청취 및 연구회가 활발히 진행되었다. 이때를 중심으로 개호보험제도의 광범위한 논의가 본격적으로 시행되었다고 할 수 있다. 1996년 5월부터 법안이 국회에 제출된 1996년 11월까지는 제도안을 정치적으로 이해·조정하고 지정안을 확립된 단계이다.

개호보험의 정책과정의 특징은 첫째, 성청 주도형 정책과정의 특징과 한계가 드러난 것으로 보험제도 체제에 대한 다양한 이견들을 정부에서 조화롭게 조정하지 못하여 관련단체의 관심, 연립여당의 조정, 후생성 내 프로젝트팀에 의한 활발한 토론이 전개되었다. 둘째, 관련단체의 적극적인 의사표명이 이루어졌으며 연구회 등이 활발하게 진행되었다. 셋째, 연립여당의 조정과 협력이 이루어졌다는 것이다(장병원, 2003, 112 - 114쪽).

(2) 개호보험의 대상

① 보험자

일본 개호보험의 보험자는 시정촌(市町村)으로 설정되어 있다. 이는 지방자치의 이념으로 보건복지를 통합하기 위함이라 할 수 있다. 보험자는 피보험자의 자격관리, 보험료 설정과 징수, 요개호 인정, 보험급부, 재정운영 등에 관한 업무를 담당한다.

② 피보험자

개호보험의 피보험자는 시정촌에 주소를 갖고 있는 65세 이상인 자(제1호 피보험자)와 시정촌에 주소를 갖고 있는 44세 이상 65세 미만의 의료보험가입자(제2호 피보험자)이다. 제1호와 제2호 피보험자의 차이는 보험급부의 범위와 보험료부담, 부과징수방법의 차이에 따라 달라진다.

(3) 개호의 인정과 보험급여

보험급여는 개호가 필요하거나 개호상태가 될 우려가 있는 경우에 피보험자에게 제공된다. 피보험자가 보험급여를 받기 위해서는 먼저 개호가 인정되어야 하며 이를 통해 케어메니지먼트의 케어플랜 작성을 통해 서비스가 제공된다. 요개호의 인정은 우선 피보험자의 신청으로 이루어진다. 개호신청은 본인 또는 가족이 하거나 재택개호지원사업자나 개호보험시설이 대행한다. 신청이 있으면 시정촌의 방문조사원이나 위탁을 받은 개호지원전문원이 피보험자를 방문하여 요개호상태를 조사한다. 요개호상태의 조사가 끝나면 개호서비스 계획이 작성되는데 이를 케어매니지먼트(care management)라고 한다. 이를 통해 피보험자에게 필요한 서비스를 종류와 양을 판단하여 피보험자에게 제공한다.

[표 38] 요개호 인정등급별 지급한도액

구 분	상 태	요개호인정 등 기준시간 (1일 기준)	재택서비스 지급한도액(1개월)
요지원	요개호상태로 인정되지 않지만 사회적 지원을 필요로 한다.	25분 이상 − 30분 미만	61,500엔
요개호1	부분적 개호를 필요로 한다.	30분 이상 − 50분 미만	165,800엔
요개호2	경도(輕度)의 개호를 필요로 한다.	50분 이상 − 70분 미만	194,800엔
요개호3	중고도(中高度)의 개호를 필요로 한다.	70분 이상 − 90분 이상	267,500엔
요개호4	중도(重度)의 개호를 필요로 한다.	90분 이상 − 110분 이상	306,000엔
요개호5	최중도(最重度)의 개호를 필요로 한다.	110분 이상	358,300엔

출처: 장병원, 2003, 상기서, 126쪽

(4) 보험급여의 내용과 이용자 부담

개호보험의 보험급여는 크게 개호급여와 요지원자에 대한 예방급여 그리고 시정촌이 독자적으로 제공하는 시정촌 특별급여 등 3종류이다. 개호보험법에 의한 보험급여는 현물급여를 기본으로 하고 있다. 보험급여는 크게 재택급여와 시설급여로 구분된다.

① 재택서비스

재택서비스는 방문개호(home help service), 방문목욕서비스, 방문간호, 방문재활 및 거택요양관리지도 등 5개가 있으며 통원서비스(day service)는 통원개호, 통원재활 등 2종류가 있다. 그리고 단기입소서비스(short day service)는 단기입소생활개호와 단기입소요양개호로 나누어진다. 이 외에도 치매대응형 공동생활개호(group home), 특정시설입소자 생활개호가 있으며, 거택개호서비스, 복지용구대여, 특정복지용구구입비의 지급 및 주택개수비의 지급 등의 서비스가 있다.

ⅰ) 방문개호

노인이 거주하는 주택에서 개호복지사 등으로부터 받는 입욕, 배설, 식사 등의 개호 그 외의 일상생활상에 필요한 서비스를 공급

ⅱ) 방문입욕개호

노인이 거주하는 주택에서 노인에게 목욕서비스를 제공

ⅲ) 방문간호

주택에서 방문간호사 등으로부터 받는 기본적인 진료 서비스를 제공

ⅳ) 통소개호

노인데이서비스센터 등의 시설을 방문하여 입욕, 식사, 재활훈련 등 일상생활상에 필요한 서비스를 이용

ⅴ) 통소사회복귀요법

개호노인보건시설, 병원・진료소에서 받는 심신의 기능의 유지 회복을 꾀해 일상생활의 자립을 돕기 위한 이학요법, 작업요법 등의 사회복귀 훈련에 필요한 서비스를 제공

ⅵ) 단기입소생활개호

특별양호노인홈 등의 시설이나 노인단기입소시설에 단기간 입소하여 입욕, 배설, 식사 등의 개호 및 그 외의 일상생활상에 필요한 서비스를 제공

ⅶ) 단기입소요양개호

개호노인보건시설, 개호요양형의료시설 등에 단기간 입소하여 간호, 의료 및 재활서비스를 제공

ⅷ) 치매대응형공동생활개호

비교적 안정된 상태에 있는 치매환자의 요양을 위해 간호자가 노인과 함께 거주하며 입욕, 배설, 식사 등 일상생활상에 필요한 서비스를 제공

ⅸ) 복지용구대여

일상생활상의 편의를 위한 용품, 기능 훈련을 위한 용품, 일상생활 자립을 위한 용품을 대여하는 서비스

ⅹ) 주택개호지원

재택서비스 등을 적절히 이용할 수 있도록 노인, 가족 등에게 필요

한 서비스 종류 및 내용을 계획하고 관리하여 서비스를 제공하는 측과 협의하는 서비스를 제공

② 시설서비스

시설서비스에는 개호노인복지시설, 개호노인보건시설, 개호요양형의료시설 등 3가지 종류가 있다. 이는 각각의 시설에서 제공하는 서비스와 이를 관할하는 법규에 의해 구분된다. 이들 시설을 통합하여 개호보험시설이라고 부른다.

ⅰ) 개호노인복지시설

노인복지법으로 규정된 특별양호노인홈이 해당되며 개호보험법에 의해 도도부현 지사의 지정을 받은 시설이다. 본 시설은 노인에게 서비스 계획에 따라 입욕, 배설, 식사 등의 개호 서비스를 제공하며, 일상생활상 보조, 기능 훈련, 건강관리 등 노인요양을 목적으로 하는 시설이다.

ⅱ) 개호노인보건시설

개호보험법에 의해 도도부현 지사의 개설 허가를 받는 시설이며, 서비스 계획에 근거해 간호, 의학적 관리를 한다. 또한 노인개호 및 기능 훈련 그리고 의료 및 일상생활상에 필요한 서비스를 제공하는 시설이다.

ⅲ) 개호요양형의료시설

의료법으로 규정하는 의료시설이며, 개호보험법에 의해 도도부현 지사의 지정을 받은 시설이다. 입원하는 노인에게 서비스 계획에 의해

요양, 간호, 의학적 서비스를 제공하고 그 외에 기능훈련 등의 서비스를 제공하는 의료 중심의 시설이라고 할 수 있다.

(5) 이용자 부담

서비스 이용 시 사용자가 지불하는 비용은 개호보수 비용의 10%를 기본으로 하고 월 부담액의 상한선을 두고 있다. 이러한 비용책정은 개호서비스의 수급자와 비수급자의 형평성을 도모하기 위한 것이라고 할 수 있다.

(6) 서비스 제공주체

주택 서비스 사업소를 개설 주체별로 보면 방문개호, 치매대응형공동생활개호, 복지용구대여는 「영리 법인」이 많으며 방문입욕개호, 통소개호, 단기입소생활개호는 「사회복지 법인」, 방문간호, 통소사회복귀요법, 단기입소요양개호는 「의료법인」이 많은 것으로 나타났다.

개호보험시설을 개설주체별로 보면, 개호노인복지시설은 「사회복지법인」이 88.9%로 가장 많고, 개호노인보건시설 및 개호요양형의료시설은 「의료법인」이 73.1%, 74.7%로 가장 높은 것으로 나타났다.

[표 39] 2003년 경영주체별 재가노인시설

	사업소수	구성 비율 (%)									
		총계	지방공공단체	공적사회보험관계단체	사회복지법인	의료법인	사단/재단법인	협동조합	영리법인(회사)	특정비영리활동법인(NPO)	그 외
주택 서비스 사업소											
(방문계)											
방문개호	15,701	100.0	1.5	–	33.0	9.0	1.8	4.2	44.8	4.7	1.0
방문입욕개호	2,474	100.0	2.0	–	63.2	3.1	1.1	1.1	28.7	0.6	0.2
방문간호 스테이션	5,091	100.0	4.9	1.9	9.7	49.3	16.6	5.7	10.9	0.6	0.5
(통소계)											
통소개호	12,498	100.0	3.6	–	61.9	7.9	1.0	1.7	19.1	4.0	0.8
통소사회복귀요법	5,732	100.0	3.4	1.4	8.6	73.3	3.1	–	0.1	–	10.0
개호노인보건시설	2,960	100.0	5.0	2.1	15.8	73.2	3.1	–	·	–	0.7
의료시설	2,772	100.0	1.7	0.7	0.9	73.3	3.1	–	0.3	–	20.0
(그 외)											
단기입소생활개호	5,439	100.0	5.8	–	91.7	1.1	0.1	0.2	0.9	0.1	0.2
단기입소요양개호	5,758	100.0	5.1	1.8	8.5	74.5	3.0	–	0.1	–	7.1
개호노인보건시설	2,980	100.0	5.0	2.1	15.7	73.4	3.1	–	·	–	0.7
의료시설	2,778	100.0	5.1	1.4	0.8	75.7	2.8	–	0.1	–	13.9
치매대응형공동생활개호	3,665	100.0	0.5	–	27.3	22.4	0.4	0.2	42.8	6.2	0.2
복지용구대여	5,016	100.0	0.3		4.7	2.8	0.3	3.8	87.0	0.7	0.5
주택개호지원사업소	23,184	100.0	4.6		34.1	23.6	4.8	3.7	26.0	1.9	1.2

자료: 일본 후생노동성, 2004, 2003년도 개호 서비스시설·사업소 조사 결과의 개황

[표 40] 개설주체별 시설수의 구성 비율

	시설수	구성 비율 (%)									
		총계	국·도도부현	시구읍면	광역연합일부사무조합	일본적십자사·사회보험관계 단체	사회복지협의회	사회복지법인	의료법인	사단/재단법인	그외의법인	그 외
개호보험 시설											
개호노인복지시설	5,084	100.0	1.1	6.3	3.3	0.1	0.2	88.9	–	–	–
개호노인보건시설	3,013	100.0	0.1	3.9	1.0	2.1	0.0	16.0	73.1	3.1	0.7	–
개호요양형의료시설	3,817	100.0	0.1	4.8		1.3		1.0	74.7	2.7	1.0	14.4

자료: 일본 후생노동성, 2004, 2003년도 개호 서비스시설·사업소 조사 결과의 개황

2) 개호보험제도 도입에 따른 요양환경의 변화

(1) 이용자 증가추이와 시설의 선호

개보보험이 시작한 이후 4년간의 서비스 이용증가추이를 시설서비스의 증가보다 재가서비스의 증가가 상대적으로 큰 것으로 나타났다. 이러한 현상은 시설에 입소하는 희망이 크게 늘어나지 않은 것이 아니라 시설 부족으로 인한 현상이라고 할 수 있다.

[표 41] 개호서비스 유형별 이용자비율 추이

(단위: 명, %)

수급자수	2000.12	2001.12	2002.12	2003.12
재가서비스	1,296,922(67.5)	1,593,520(70.6)	1,913,627(73.0)	2,204,092(74.8)
시설서비스	623,925(32.5)	664,580(29.4)	708,747(27.0)	741,118(25.2)
합 계	1,920,847(100)	2,258,100(100)	2,622,374(100)	2,945,210(100)
수급자율	75.0	75.5	76.1	78.3
노인인구대비율	2000.12	2001.12	2002.12	2003.12
재가서비스	5.9	7.0	8.1	9.1
시설서비스	2.8	2.9	3.0	3.1
합 계	8.7	9.9	11.1	12.2

자료: 선우덕. 2005. 일본 장기요양보험제도의 운영실적과 시사점. 보건복지포럼 2005년 5월호. 142쪽 표3. 재인용

실제로 시설의 입소희망비율은 커서 도시를 중심으로 위치한 시설은 입소를 희망하는 대기자가 상당히 존재하고 있다. 시설을 선호하는 이유 중 하나는 보험급여의 문제점에도 한 원인이 되고 있는데 동일한 개호등급을 받더라도 시설서비스급여가 재가서비스급여보다 높고 자기부담금은 적기 때문이다.

(2) 치매대응형공동생활개호의 급증과 의료적 욕구의 증가

재가서비스와 시설서비스의 이용별 이용자 추이를 살펴보면 2001년과 2004년에 재가와 시설 모두 증가를 보이지만 치매대응형공동생활개호와 복지용구대여 이용자의 보험급여액이 가장 많이 증가하고 있다. 이는 시설의 부족으로 인해 치매노인들이 쉽게 이용할 수 있는 시설을 찾고 있기 때문으로 보인다. 보험급여액의 구성 비율을 보면 재가서비스 중에서는 방문개호가 11.1%로 가장 높고, 다음으로 주간보호가 9.9%, 주간재활이 5.3%로 높은 것으로 나타났다. 시설서비스에서는 노인보건시설과 요양형병상군의 요양비용의 증가율(2001년~2004년)을 보면 노인보건시설과 요양형병상군이 더 높게 나타나는 것을 알 수 있는데 이는 고령화가 진척될수록 생활개호보다는 보건의료적인 욕구가 늘어나기 때문으로 보인다(선우덕, 2005).

(3) 개호예방에 대한 중요성 인식

개호가 필요하더라고 일상생활에서 개개인의 능력을 최대한 보장해주려는 노력들이 발생하고 있다. 이는 지금까지의 시설의 일정부분 사회복귀를 전제로 했지만 이것이 제대로 기능하고 있지 않기 때문이다. 따라서 사회복귀요법과 같은 재활기능도 개호보험급료에 포함시키는 방안들이 적극적으로 검토되고 있다. 따라서 재가서비스 중 재활 프로그램이 점차 강화되고 있다.

(4) 지역에서 시설의 이용을 용이하게 하는 다양한 방안 모색

시설은 지속적으로 서비스를 제공할 수 있는 시설이며, 인적·물적 자원이 재가시설에 비해 상대적으로 우수하다. 현재에도 특별양호노인홈 등에서 다양한 재가서비스를 제공하지만 이는 한계를 갖고 있다는 판단으로 시설의 물적·인적 자원을 시설이 위치하고 있는 지역에 영향을 미칠 수 있도록 하는 방안 등의 모색이 필요할 것으로 판단하고 있다. 이를 위해 시설을 중심으로 재가시설을 분점형으로 함께 구성하는 방식 등이 다양하게 모색되고 있다.

3) 개보보험 시행 이후 시설변화와 요구

개호보험이 시행되고 일본노인시설의 변화는 크게 재가보호시설의 확충과 규모가 작고 다양한 기능을 갖는 시설을 적극적으로 도입하고 있다는 것이다. 특히 요양시설의 경우 개인실의 설치가 늘어나고 유니트케어(unit care)를 제공할 수 있도록 내부를 바꾸고 있다. 재가시설 역시 홈헬퍼, 주간보호, 단기보호, 일시거주 등의 다양한 기능을 갖는 재가요양지원시설의 확대를 계획하고 있는 것으로 나타났다.

개호보험시행 이후의 노인시설의 변화를 살펴보면 다음과 같다.

(1) 다기능 서비스 공급 시설의 필요성 대두

고령자가 자신의 거주지에서 지속적으로 생활하기 위해서는 자신의 거주지에서 다양한 개호서비스를 지속적으로 제공받을 필요가 있다. 따라서 기존의 재가서비스, 시설서비스가 통합적으로 지역사회 내에서 소규모로 제공될 필요성이 제기되었다. 이러한 시설공급의 필요성은 '지역밀착형 서비스'[25]라는 원칙에 의해 제기된 것인데, 이는 현행 개

---

25) 지역밀착형서비스는 일본어를 단순 번역한 용어이며, 지역사회를 기반으로 하는 서비스를 말하는 것으로 이러한 서비스에는 소규모 개호노인복지시설, 치매성고령자그룹홈, 소규모 / 다기능형 거택개호, 지역야간방문개호 등을 말한다.

호보험서비스가 전국적으로 획일화된 서비스이기 때문에 지역적 특성
의 고려가 다소 떨어질 우려가 있어 각 시정촌의 특성에 부합되는 서
비스를 구축하는 것으로 볼 수 있다.

(2) 시설기능을 지역사회 보급

다양한 인력과 설비를 갖추고 있는 시설을 거점으로 지역사회에 서
비스를 밀착해서 제공할 수 있는 시설의 마련이 필요로 하게 되었다.
이러한 사항들은 노인에게 지속적으로 전문적인 서비스를 밀착해서 제
공하고자 하는 큰 틀에 부합한다고 볼 수 있다.

(3) 재가보호의 강화로 인한 시설기능의 변화

재가보호와 개호예방이 강화되면 요양시설에 입소하는 노인들의 중
증도는 지속적으로 높아질 것이다. 이러한 현상은 2001년부터 2003년
까지의 개호보험시설별 개호수준별 환자구성에서 나타나는데 개호노인
복지시설의 경우 요개호 1, 2단계의 비율은 감소하는 반면 요개호 4,
5는 늘어나는 것을 알 수 있다. 따라서 노인간호의 역할이 강화될 것
이며 후에는 말기치료(terminal care)의 역할도 함께 병행하는 시설이
증가하고 있다.

[표 42] 개호보험시설 입소자 구성비율(요양단계별)

(단위: %)

요개호 수준	개호노인복지시설			개호노인보건시설			개호요양형의료시설		
	2003년	2002년	2001년	2003년	2002년	2001년	2003년	2002년	2001년
계	100.0	100.0	100.0	100.0	100.0	100.0	100.0	100.0	100.0
요개호(要介護) 1	7.8	9.1	10.0	12.3	13.0	13.2	3.4	4.7	4.7
요개호(要介護) 2	13.2	15.0	15.0	19.6	21.3	21.3	5.9	8.1	8.1
요개호(要介護) 3	18.3	18.2	18.2	23.7	22.9	23.5	11.4	12.1	11.9
요개호(要介護) 4	29.3	28.2	28.4	26.7	25.8	25.8	28.9	28.0	28.9
요개호(要介護) 5	31.1	28.9	27.7	17.4	16.7	16.0	49.5	44.2	43.3
기 타	0.3	0.5	0.8	0.3	0.3	0.2	0.9	2.9	3.2

자료: 統計情報部「平成15年介護サービス施設・事業所調査」

(4) 개실의 증가

기존의 요양실당 입소인원은 4인실과 1인실을 중심으로 이루어져
있으나 1인실은 점차 증가하는 추세로 있으며 4인실은 감소하고 있다.
개호노인복지시설 요양실당 정원을 살펴보면 1인실은 2001년 전체
정원의 30.7%에서 2003년 35.3%로 5%가량 증가했으며, 4인실은 47.1%
에서 44.0%로 감소하여 대조를 이루고 있다.

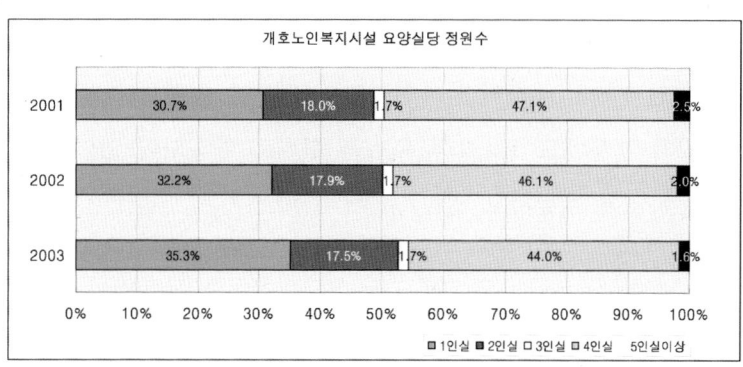

자료: 일본 후생노동성, 2003, 2002, 2001년도 개호 서비스시설·사업소 조사 결과의 개황

[그림 16] 개호노인복지시설 요양실당 정원수

이는 앞서 언급했던 유니트케어와 같이 케어메니지먼트의 개념이 적용되면서 늘어난 측면이 있으며, 시설의 수익을 증가시키기 위한 방안 때문이기도 하다.

[표 43] 개호보험시설의 실별구성비율(정원별)

(단위: 개, %)

	개호노인복지시설			개호노인보건시설			개호요양형의료시설		
	2003	2002	2001	2003	2002	2001	2003	2002	2001
총수	133,615	123,743	117,793	98,504	91,328	87,369	46,904	45,247	38,889
독실	47,145	39,868	36,153	30,360	26,139	24,723	9,310	8,759	7,361
	35.3%	32.2%	30.7%	30.8%	28.6%	28.3%	19.8%	19.4%	18.9%
2명실	23,316	22,207	21,221	15,646	14,969	14,344	8,590	8,400	7,344
	17.5%	17.9%	18.0%	15.9%	16.4%	16.4%	18.3%	18.6%	18.9%
3명실	2,242	2,080	1,991	2,120	2,035	1,984	4,907	4,795	4,125
	1.7%	1.7%	1.7%	2.2%	2.2%	2.3%	10.5%	10.6%	10.6%
4명실	58,821	57,100	55,454	50,378	48,185	46,318	23,083	21,233	17,767
	44.0%	46.1%	47.1%	51.1%	52.8%	53.0%	49.2%	46.9%	45.7%
5명 이상실	2,091	2,488	2,974	–	–	–	1,014	2,060	2,292
	1.6%	2.0%	2.5%	–	–	–	2.2%	4.6%	5.9%

資料: 統計情報部「平成15年介護サービス施設・事業所調査」, 각 년도 10월 1일 기준

<그림 17>은 이러한 1인실의 증가추세를 보여주는 사례라고 할 수 있는데 도면 좌측은 특별노인요양홈이며, 우측의 별동은 경비노인홈의 다른 명칭인 케어하우스이다. 1인실이 상당부분 차지하고 있으며 2인실, 3인실의 경우에도 1인실과 유사한 형태로 계획되어 있어 향후 변화가 가능하도록 계획하고 있다.

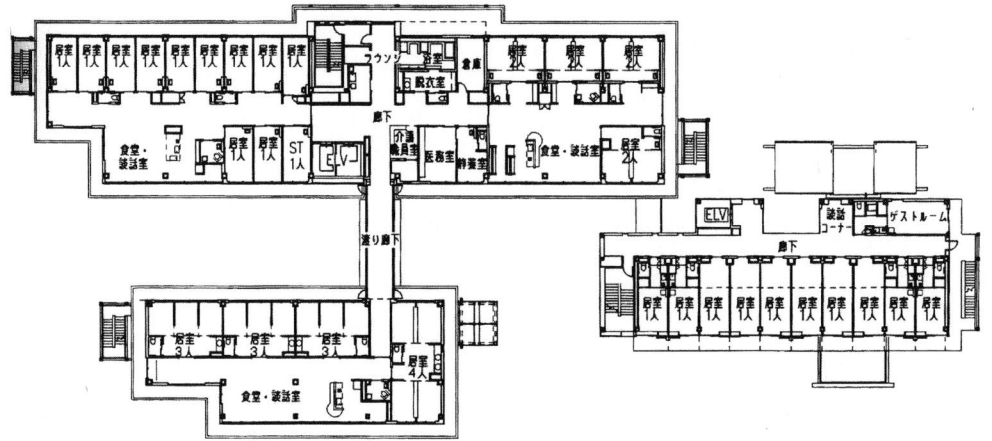

자료: 社團法人 日本醫療福祉建築學會, 2004, 保健・醫療・福祉施設建築情報シート集2003

[그림 17] 2003년 건립된 일본 특별노인요양홈 + 케어하우스 2층 평면

[제3절]
한국의 노인장기요양 보호제도와시설

1. 노인장기요양보호정책의 발전과정

1) 노인복지정책의 종류

　노인복지정책은 노인의 신체적, 지적퇴화에서 오는 여러 가지 문제점을 감소시켜 사회에서 바르게 적응하고 살아갈 수 있도록 정부에서 취하는 여러 가지 조치들이라고 할 수 있다. 노인복지정책은 크게 노

인의 소득을 보장해 주는 방안, 노인의 건강을 보장해 주는 방안, 복지서비스를 확대하는 방안 그리고, 각종 문화적 혜택을 주는 방안 등을 들 수 있다. 최순남(2000)은 이러한 노인복지정책을 크게 소득보장, 의료보장, 재가복지, 시설복지, 주택복지 등으로 구분하였다. 소득보장은 각종 사회보험, 경로연금, 생활보호, 경로우대제 등을 들 수 있으며, 의료보장은 의료보험제도를 통한 의료보장을 말한다. 재가복지 및 시설복지는 일정 기준이 되는 노인을 대상으로 각종 서비스를 제공하는 것이며, 주택복지는 우리나라의 경우에는 미비하지만 노인의 주거환경을 보호하기 위해서 제공되는 정책을 말한다. 최근 정부는 노인의 주거환경에 관한 사항에 관심을 두고 있는데, 이는 지역사회의 노인시설과 연계하여 자립생활을 높여야 한다는 인식에서 출발하고 있다. 대표적인 정책으로는 국민임대주택 건설 시 노인 및 장애인 주택 공급시행, 65세 이상 노인부양 가구에 대해서 주택관련 지원제도를 운영하는 것 등을 들 수 있다.

2) 한국노인복지정책의 흐름

한국의 노인복지정책은 1981년 노인복지법이 제정되기 전까지는 거의 전무한 실정이었다. 이는 낙후된 경제상황에서 사회의 소외계층에 대한 배려가 미흡할 수밖에 없는 사회적 상황이 큰 이유라고 할 수 있다. 노인복지법이 제정되기 전의 노인복지는 양로원 운영, 어버이날의 제정(1956), 경로우대제 실시(1980) 등이 유일했다고 할 수 있다. 이 당시의 노인복지시설은 민간 중심의 양로원이 유일한 시설이었다. 대표적인 양로원은 1921년 설립된 서울 용산구 동자동의 천주교양로원, 1927년 청운양로원의 전신인 경성양로원[26]이 설립되면서 각종 종교단체에서 운영하는 시설이 생겨 오늘에 이르고 있다.

[표 44] 한국 노인복지제도 정립과정

일 자	내 용
1981. 6. 5	노인복지법 제정(법률 제3453호)
1981. 11. 2	가정복지과 노인복지계 신설(대통령령 제10565호)
1986. 3.	노인공동작업장 설치 · 운영
1987. 3.	재가노인복지사업 시범 실시(2개소)
1988. 5. 18	유료양로시설 설치 및 관리운영규정 제정
1988. 9. 5	실비노인요양시설 설치 및 관리운영규정 제정
1989. 12. 30	노인복지법 1차 개정(법률 제4178호): 노령수당, 대책위원회 설치 등 근거 마련

노인복지법이 제정된 이후 노인의 소득보장을 위한 노인공동작업장 설치 및 운영이 1986년도에 제정되어 현재까지 운영되고 있으며 이후 재가보호에 대한 사회적 관심이 증가하면서 1987년도에 재가노인복지사업이 시범 실시되게 된다. 이는 시설보호에 드는 많은 재원을 절감하면서 노인복지에 대한 효율성을 증대시키기 위한 방안이라고 할 수 있다. 이러한 재가복지관심 증가는 시설보호에 대한 문제점으로 인해 발생한 서구의 원인과는 차이가 있다. 서구의 경우 시설이 어느 정도 확보되고 이에 대한 예산이 과다하게 지출되는 경향과 시설보호에 따른 사회와의 격리라는 문제점으로 재가보호에 관심을 두었다면 국내의 경우 보호시설이 현저하게 부족한 실정에서 서구의 노인보호의 경향을 받아들인 측면이 크다. 따라서 국내의 경우 보호시설의 확충과 재가보호서비스시설이 동시에 확충되는 특징을 갖고 있다. 이후 1988년 유료

---

26) 경성양로원은 1927년 경성부 청운동산 4-3번지에서 무의탁 여성노인 6명을 보호하면서 시작하여 1952년 청운양로원으로 명칭을 바꿔 운영한다. 청운양로원은 1996년 청운노인요양원을 신축하면서 지금에 이르고 있다.

양로시설, 실비노인요양시설 등 노인이 생활하는 시설에 관한 설치와 운영기준이 마련되었다.

1990년부터는 노인복지에 대한 필요성을 정부에서 절감한 시기라고 할 수 있다. 1989년 노인복지법을 개정하면서 발족한 노인복지대책위 원회가 1990년도에 발족하면서 노인복지에 대한 체계적 접근이 이루 어지기 시작하였다. 1991년 주간보호 및 단기보호 사업이 본격적으로 시작하였으며 1993년 재가 및 유료노인복지사업에 관한 사항이 노인 복지법에 추가되었다. 치매노인에 대한 사회적 관심이 증가하면서 최 초의 노인전문요양시설인 중계노인복지관<그림 18>이 1995년에 개 원하여 현재까지 운영해 오고 있다.

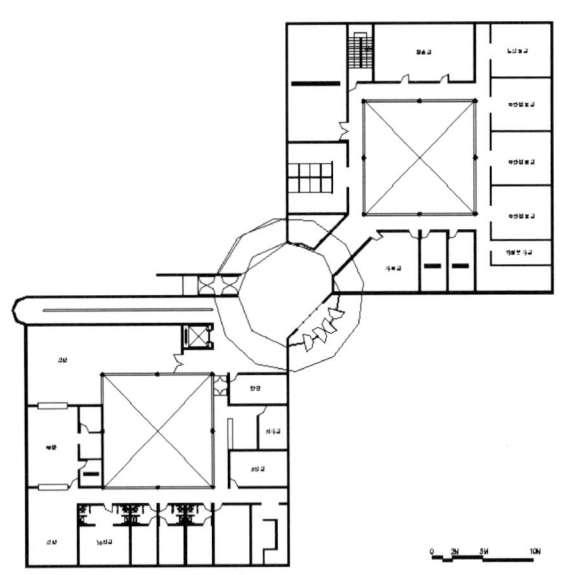

[그림 18] 국내 최초의 노인전문요양시설인 중계노인복지관 1층 평면

노인요양시설의 등장은 기존의 주거를 중심으로 하는 양로원에서는 노인의 보호가 적절히 이루어질 수 없다는 인식에서 비롯되었다. 따라

서 1980년대 후반에서 1990년대를 거치면서 무료노인요양 및 전문요양시설은 지속적으로 증가하고 있는 반면 무료양로원은 감소하는 경향을 보이고 있다.

1990년 후반으로 접어들면서 노인에 대한 기본적인 보호에서 벗어나 노인의 삶의 질을 향상시키고자 하는 다양한 정책들이 시행된다. 우선 노인복지종합타운의 건립이 추진되고 공공병원에 치매원격진료 사업도 시행되었다. 1997년 노인복지법이 개정되면서 치매, 중풍노인에 대한 체계적 관리가 정비되면서 각종 노인복지관련 사업들이 증가한다. 이에 따라 정부의 관련예산도 급격히 늘어나게 되는데 1995년 168억이었던 노인복지예산은 2004년 5,005억에 이르고 있어 10년 사이에 30배가량 증가하였으며, 정부예산에서 차지하는 비율도 2004년 0.42%에 이르고 있어 1995년 0.11%에 비해 4배가량 늘어났다.[27]

---

27) 노인복지예산의 증가추이

(단위: 억 원, %)

	'94	'95	'96	'97	'98	'99	'00	'01	'02	'03	'04
노인복지관련예산	462	618	847	1,300	1,691	1,917	2,809	3,089	3,786	4,011	5,005
보건복지부 예산대비	2.61	3.12	3.57	4.56	5.43	4.61	5.29	4.14	4.89	4.72	5.42
정부예산대비(%)	0.11	0.12	0.14	0.19	0.22	0.23	0.32	0.31	0.35	0.34	0.42

자료: 통계청, 2004, 2004 고령자통계

[표 45] 한국 노인복지제도 구축 과정

일 자	내 용
1990. 9. 30	노인복지대책위원회 1차 회의 개최
1990. 11. 4	노인복지과 신설(대통령령 제1004호)
1991. 7.	주간보호 및 단기보호사업 실시
1993. 12. 27	노인복지법 2차 개정(법률 제4633호): 재가 및 유료노인복지사업 실시근거 마련
1995. 6. 7	노인복지대책위원회 2차 회의 개최
1995. 9.	치매전문요양시설 최초 개원(중계노인복지관)
1996. 3. 28	『삶의 질 세계화를 위한 노인복지종합대책』 수립, 세추위 보고
1996. 6. 17	노인복지종합타운 시범설치지역 선정(5개 지역: 경기도 남양주, 강원도 춘천, 전북 김제, 경북 경산, 경남 진주)
1996. 9. 24	치매원격진료 시범사업 개통(3개 기관: 서울대병원, 인천영락원, 서울북부노인복지회관)
1997. 8. 22	노인복지법 3차 개정(법률 제5359호): 경로연금제도 및 구상권제도 도입, 시설 운영 및 이용체계 개선, 치매, 중풍 등 중증 및 만성퇴행성 질환노인 관리체계 구축, 노인지역봉사지도원제 도입, 가정봉사원 교육훈련 등의 근거 마련
1998. 6. 20	노인복지법시행령 제4차 개정(대통령령 제10731호): 노인복지시설에 대한 차등지원근거 마련
1998. 9. 4	노인복지법시행규칙 제2차(전문) 개정(보건복지부령 제714호): 무료시설에 생보노인이 아닌 저소득노인을 정원의 20% 범위 내에서 실비입소 허용, 치매상담신고센터 보건소 설치 의무
1999. 1. 27	노인복지장기발전계획 수립 대통령 업무보고 및 노인회의 개최(세계 노인의 해 기념)
1999. 2. 8	노인복지법 제4차 개정(대통령령 제16356호): 정부위원회 정비계획에 의거 노인복지대책위원회 폐지, 경로연금지급대상자 선정기준 조정(소득 및 재산기준 동시충족), 가정봉사원 교육에 관한 규정 신설
1999. 5. 24	노인보건과 신설(대통령령 제16356호)

1999년에는 앞서 1990년 설립된 노인복지대책위원회는 노인복지법이 개정되면서 폐지되고 재가노인복지의 큰 틀인 가정봉사원 제도가 신설되었으며 아울러 각종 노인복지시설에 관한 지원과 입소노인의 기준이 정비되었다. 이로써 재가보호의 틀은 어느 정도 확보되었으나 이용대상자는 주로 저소득층을 중심으로 이루어지는 한계를 갖고 있었다.

2000년대에 들어오면서 노인의 장기요양에 관심을 두기 시작하였으며, 이에 정부가 노인장기요양보호정책기획단을 구성하여 본격적인 논의를 시작하였다. 즉, 2000년대는 노인의 문제를 근본적으로 극복하기 위한 통합적 접근이 이루어지고 있는 시기라고 할 수 있다. 이를 위해 재가노인복지서비스의 확대, 각종 노인보호시설의 확대와 아울러 노인학대의 문제까지 정부에서 접근하기 시작했다. 또한 노인의 문제를 저출산의 문제와 함께 보고 극복해야 할 사회적 문제로 접근하기 시작하였다.

2003년에는 공적노인요양보장추진기획단을 발족하면서 노인장기요양보호의 제도적 기반이 되는 장기요양보장제도에 대한 구체적인 기준을 마련하였다. 노인의 요양을 공적제도에 의해 정립하고자 하는 가장 큰 이유는 노인의 가족보호가 현실적으로 불가능한 측면과 노인의료비의 상승[28]으로 인한 의료보험 재정의 위협과 노인의 보호를 위해서는 의료, 복지, 보건 등이 통합적으로 이루어져야 함에도 불구하고 지금까지는 별도의 제도체계로 운영되어 왔다는 점을 들 수 있다.

3) 노인장기요양보호정책의 흐름

정부의 노인장기요양보호 정책은 2000년 노인장기요양보호정책기획단이 발족되면서 구체화되었다. 고령화사회에 대비하기 위해 요양보장체계에 중점을 두고 있는 이유를 장병원(2004)은 네 가지로 들고 있는

---

28) 노인의료비 증가추이를 살펴보면 전체의료비에서 노인의료비의 구성이 1990년에 10.8%에서 2003년 21.3%로 그 비중이 매우 높은 것을 알 수 있다.

(단위: 백억 원, %)

	1990	2000	2001	2002	2003	전년대비 증감
전체의료비	222	1,314	1,782	1,906	2,053	7.7
노인의료비	24	229	317	368	437	18.8
구성비	10.8	17.4	17.8	19.3	21.3	2.0%

자료 : 건강보험심사평가원, 「건강보험심사평가통계연보」, 각 년도

데 첫째, 고령화사회에서의 요양보호는 노인 누구에게 일어날 수 있는 보편적 리스크(risk)라는 점과 둘째, 급격히 증가하는 노인요양비용을 감당해 내기 위해서는 사회적 분담이 필요하다는 점, 셋째, 지금까지의 제도로는 고령화사회의 노인요양을 감당하기 힘들다는 인식, 넷째, 고령화사회 초기에 종합적인 요양보장체계가 필요하다는 점을 들 수 있다. 이러한 인식아래 구체화되고 있는 제도적 논의를 시기적으로 살펴보면 다음과 같다.

(1) 노인장기요양보호종합대책

2000년 노인장기요양보호정책기획단이 발족하면서 노인장기요양보호에 관한 연구를 1여 년 동안 진행하여 2001년 2월에 노인장기요양보호종합대책을 발표한다. 대책은 크게 노인장기요양보호 수요의 추계, 노인장기요양기본 정책방향을 재가 및 지역서비스 제공으로 정립, 시설서비스와 재가서비스의 양면에서 단계적 기반정비 추진 및 효과적인 서비스 제공, 요양시설의 확충 등의 내용을 담고 있다. 구체적으로 살펴보면 장기요양보호인구를 2000년에 노인인구의 20.9%인 74만 명으로 보고 2010년에는 110만 명으로 전망하였으며, 노인인구의 2%가 이용할 수 있는 요양시설의 확충을 제시하였다. 이로써 노인요양에 대한 사회적 논의를 이끌어 내고, 향후 노인장기요양보호의 기초적 자료로 활용할 수 있도록 한 것이 큰 의미라고 할 수 있다.

(2) 요양보험제도에 관한 논의

2002년에 완료된 노인장기요양보호종합대책은 크게 장기요양보호의 수요를 측정하는 것이고 다른 하나는 이러한 수요를 충족시키기 위한 구체적인 정책을 제시하는 것이라고 볼 수 있다. 구체적인 정책 중 가장 중요한 것이 요양보험제도의 도입이다. 이를 위해 정부는 2001년과 2002년에 기획단이 노인장기요양에 관한 두 가지 연구를 진행하는데 하나는 '장기요양수요와 시설 및 인력인프라의 장기수급추계'에 관한 연구이며 다른 하나는 '노인장기요양보험제도 도입방안 연구'(보건사회연구원)로 다른 나라의 제도를 검토하고 우리나라에 적합한 보험방식을 제안하는 연구이다. 이를 시작으로 보험제도의 도입에 관한 구체적인 도입방안을 검토하고 재원조달방식 등을 검토하기 시작하였다. 제도 도입에 관한 논의는 현재까지 진행되고 있다.

[표 46] 한국 공적노인요양보장제도 구축 과정

일 자	내 용
2000. 4. 8	거동불편 저소득재가노인 식사배달사업 실시
2001. 6. 8	지역사회시니어클럽 지정기관 5개소
2002. 7. 15	노인보건복지종합대책 수립(국무조정실 및 관계부처 합동)
2002. 10. 2	노인보건복지종합대책 실행계획 국무회의 보고
2002. 11. 27	지역사회시니어클럽 20개소로 지정 확대
2002. 12. 20	노인복지법시행규칙 개정(보건복지부령 제231호): 무료시설에 기초생활보장 대상 노인이 아닌 저소득 노인을 정원의 30% 내에서 실비입소 허용, 30인 이하 시설기준 완화
2003. 3. 17	공적노인요양보장추진기획단 발족
2003. 9. 19	고령사회대책및사회통합기획단규정 공포(대통령훈령 제111호): 인구·고령사회대책팀 발족('03. 10. 24)
2004. 1. 15	저출산·고령사회 대응을 위한 국가실천전략 수립
2004. 1. 29	노인복지법 개정(법률 제7152호): 긴급전화 및 노인보호전문기관의 설치 운영 등 노인학대 예방을 위한 관련법적 근거 마련(시행: 2004. 7. 29부터)
2004. 2. 9	고령화및미래사회위원회규정 공포(대통령령 제18280호)

(3) 고령화사회에 대비한 노인보건복지종합대책

2002년 7월 고령화사회에 대비한 노인보건복지종합대책이 발표된다.

이 대책은 2001년 9월 국무총리실 산하 노인보건복지대책위원회가 설치되면서 논의한 사항을 구체화시킨 것이다. 이 대책을 살펴보면 우선 노인소득보장 및 고용촉진, 노인건강보장, 교육 및 문화, 여가기회 확대, 실버산업 활성화, 노인보건복지 추진체계 구축 등 5개 분야로 나누어 제시하였다. 이와 아울러 노인요양보험제도를 제안하고 있다.

(4) 공적노인요양보장체계 구축

2000년 이후 꾸준히 제기되던 노인요양보험제도를 구체화하기 위해 2003년 공적노인요양보장추진기획단을 발족하면서 연구를 진행하였으며 이를 2004년 2월 최종보고서로 발표하였다. 이 보고서에서 밝힌 제도체계의 원칙은 요양보호가 필요한 모든 노인을 포괄할 수 있는 보편적인 체계, 서비스의 권리성·선택성이 보장되는 이용자 중심의 서비스 체계, 국가, 가족, 지역사회, 기업 등 다양한 주체의 참여 시스템, 사회적 연대에 의한 요양보호비용의 확보 체계, 증가하는 노인의료비 증가에 효율적으로 대처할 수 있는 시스템, 가정 및 재가복지 우선 및 예방, 재활에 중점을 둔 체계, 욕구에 맞는 서비스 제공, 보건의료 및 복지서비스의 효율적인 제공을 위한 케어매니지먼트(care management) 체계로 하였다. 이러한 원칙을 통해 제도의 시안을 마련하였는데 제도는 사회보험방식과 조세를 기본으로 하는 재원조달과 급여대상자를 45세 이상으로 하되 65세 이상 노인을 중점으로 하고 제도 도입을 2007년부터 하는 것으로 제안하였다.

[표 47] 공적노인요양보장추진기획단 제도 기본골격

구 분	내 용
재원조달방식	사회보험방식 + 조세
급여대상자	45세 이상으로 하되, 65세 이상 노인부터 우선 적용 ※ 중증 이상 노인, 농어촌 및 공공부조 노인 우선 적용
재원분담	- 일반: 보험료 50%, 조세 30%, 본인 20% - 공공부조: 조세 90%, 본인 10% 수준(수급자 무료)
보험료부담	건강보험가입자(부조대상은 조세에서 지원)
공공부조대상자	기초생활보장 수급권자 및 차상위계층 ※ 부조대상자 선정기준은 추후 결정
제도 도입 및 확대방안	- 1단계(07~08): 65세 이상 최중증(단 농어촌 및 부조대상자는 중증 이상) - 2단계(09~10): 65세 이상 중증 이상(단 농어촌 및 부조대상자는 경증 이상) - 3단계(11~12): 65세 이상 경증 이상 - 4단계(13~): 65세 이상 경증치매 이상 및 45세 이상 노인성질환 대상자
관리운영주체(보험자)	건강보험공단(잠정) ※ 보험가입자, 보험료부과·징수는 건강보험법 준용

한국노인복지의 정책흐름을 보면 1980년대 이전은 공적보호의 수준
이 저소득을 위한 최소한의 지원에 머무르는 단계였으며 1990년대 이
후에는 노인보호의 체계적 접근을 시작하면서 재가보호에 대한 관심을
기울인 시기라고 할 수 있다. 이러한 시기를 거치면서 노인보호를 위
한 보호시설과 재가시설이 동시에 증가하고 있다. 특히 보호시설은 노
인의 만성질환과 치매 및 중풍질환자의 보호의 필요성으로 요양시설의
급증현상을 보이고 있으며, 상대적으로 양로시설과 같은 보호시설은
증가는 둔화되고 유료양로시설로 전환하는 경향을 보인다<그림 19>.

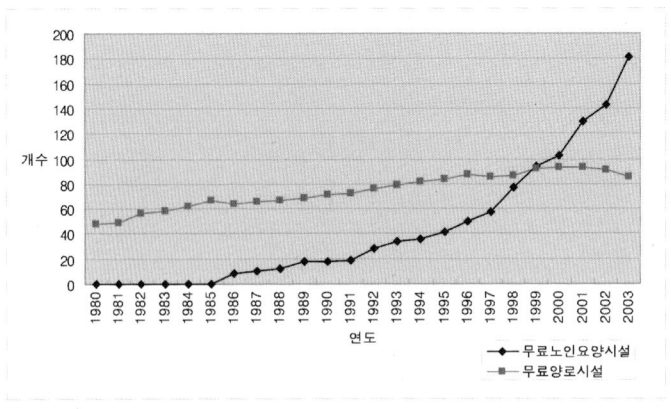

[그림 19] 국내 무료노인요양시설 및 양로시설 증가추이

재가시설은 1991년 주간보호시설 및 단기보호시설이 생기면서 주간
보호시설은 사회복지관을 중심으로 단기보호시설은 요양시설에 병설되
면서 지금에 이르고 있다. 이러한 흐름은 2000년 이후 노인장기요양보
호제도의 도입으로 큰 변화를 예고하고 있다. 노인장기요양보호제도가
도입되면 기존의 저소득층을 중심으로 하는 보호대상이 대폭 확대되며
서비스의 공급방식도 큰 변화를 겪어 기존의 시설에도 큰 영향을 미칠
것으로 예상된다. 이러한 제도 도입에 따른 노인장기요양관련 환경의
변화는 현재 논의가 구체적으로 진행되고 있으며 시범시행되고 있는
노인요양보호제도를 통해 살펴본다.

2. 국내 장기요양보험제도가 시설에 미치는 영향

국내 공적노인요양제도의 시행은 요양대상의 보편화, 지역의 공공

및 민간, 보건의료 및 복지자원의 연계강화를 통한 사회적 지원시스템의 강화를 목표로 2008년 7월 시행되었다. 이에 따라 노인의 요양환경에 대한 변화가 불가피할 것으로 예상되며 이는 요양서비스를 제공하는 시설에도 큰 영향을 줄 것이다. 따라서 본 절에서는 현재 시행중인 법률을 기초로 요양환경의 변화를 검토하고 이 변화가 시설환경에 끼치는 영향을 고찰한다.

1) 제도 운영방식과 관리주체

국내 도입된 공적노인요양보호제도의 명칭은 노인장기요양보호의 개념을 반영하고 생활서비스, 기능훈련 및 간호, 요양관리 등 의료적 서비스를 포괄할 수 있도록 '노인장기요양보험'라고 정하였다. 이를 통해 보험제도의 주 대상을 노인으로 한정하고 '보험'제도임을 명시하고 있다.

제도의 운영방식은 다른 사회보장제도와 독립된 '노인요양보험제도'를 별도의 법률인 '노인장기요양보험법(2007. 4. 입법, 2008년 7월 시행예정)'[29]을 제정하여 운영하는 것으로 하고 있으며 일본과 독일의 방식과 같이 독립적인 제도의 틀로 구성된다. 제도의 관리운영은 국민건강보험공단으로 하여 급여 및 재정 관리의 주체를 일원화하도록 하여 책임성과 효율성을 기하도록 하였으며, 기존의 건강보험체계를 활용하도록 하고 있다.

본 제도에 있어 보험료를 부담하는 가입자(피보험자)는 국민전체를 대상[30]으로 하여 사회적 연대감을 강조하고 있으며 향후 제도 도입에

---

29) 노인장기요양보험은 입법예고 시 '요양' 대신 '수발'이라는 용어를 사용했으나 법률 제정은 '요양'이라는 용어로 사용하였다.

30) 독일의 경우 피보험자를 전 국민으로 하고 있지만 일본의 경우 40세 이상의 수급대상자만 가입

따른 국민적 공감대를 얻어내는 과정이 요구되는 것은 이 때문이기도 하다.

2) 요양급여체계

(1) 수급권자

제도를 통해 혜택을 받는 수급권자는 우선 65세 이상 노인 및 65세 미만으로 노인성 질환을 가진 자이다. 대상자를 한정한 것은 보험 재정 및 인프라 부족을 고려한 것이다.

요양수급권자를 어디까지 보느냐는 제도시행 후 필요로 하는 시설 및 서비스 인프라를 산정하는 중요한 기준이 된다. 공적노인요양보장제도실행위원회의의 요양필요자 산정<표 43>에 따르면 2007년에는 718,582명이 대상자가 되고 이 대상자는 증상별로 구분되어 예측하고 있으며, 이에 따라 관련 시설의 필요량을 추계하고 있다. 수급대상자는 보험의 정착에 따라 변화될 가능성이 높기 때문에 관련 연구를 추가로 시행하여 추계할 필요가 있을 것으로 판단된다.

대상노인을 중증도별로 구분하여 예측한 것은 중증도에 따라 요양병원, 전문요양시설, 요양시설, 재가시설의 수요를 예측하기 위함이다. 이를 기본으로 관련 시설이나 서비스 이용대상자를 추계하면 2007년을 기준으로 요양이 필요한 718,582명 중 시설대상자는 92,355명(시설보호를 대상노인의 2%로 가정)이며 재가대상자는 626,277명으로 예상된다. 이를 보면 향후 보호시설과 재가시설의 급격한 증가가 필요할 것으로 예상된다.

하도록 하고 있다.

[표 48] 연도별 요보호대상 노인수 추정

(단위: 명)

구 분	2007	2009	2010	2012	2013	2015
65세 이상 노인수	4,792,429	5,148,224	5,302,095	5,690,731	5,917,615	6,345,400
계(요양필요자)	718,582	771,345	794,164	851,799	885,446	948,887
최 중 증 (1.68%)	82,618	88,595	91,180	97,709	101,521	108,708
중증 (3.24%)	161,034	172,561	177,547	190,139	197,490	211,350
경증 (4.98%)	238,663	256,382	264,044	283,398	294,697	316,001
치매(경증)(4.93%)	236,267	253,807	261,393	280,553	291,738	312,828

자료: 공적노인요양보장제도실행위원회 7차 회의자료. 2004. 12

[표 49] 요양수급권자 한일제도 비교

	한 국 (노인장기요양보헙법 2007. 4. 제정, 2008. 7. 시행)	일 본 (개호보험법 2002. 10. 2)
법률 내용	제1조(목적) 이 법은 고령이나 노인성 질병 등의 사유로 일상생활을 혼자서 수행하기 어려운 노인 등에게 제공하는 신체활동 또는 가사활동 지원 등의 장기요양급여에 관한 사항을 규정하여 노후의 건강증진 및 생활안정을 도모하고 그 가족의 부담을 덜어줌으로써 국민의 삶의 질을 향상하도록 함을 목적으로 한다. 제2조(정의) 이 법에서 사용하는 용어의 정의는 다음과 같다. 1. '노인등'이란 65세 이상의 노인 또는 65세 미만의 자로서 치매·뇌혈관성질환 등 대통령령으로 정하는 노인성 질병을 가진 자를 말한다. [시행일 2007.10.1] 제12조(장기요양인정의 신청자격) 장기요양인정을 신청할 수 있는 자는 노인 등으로서 다음 각 호의 어느 하나에 해당하는 자격을 갖추어야 한다. 1. 장기요양보험가입자 또는 그 피부양자 2. 「의료급여법」 제3조 제1항에 따른 수급권자(이하 '의료급여수급권자'라 한다) [시행일 2007.10.1] * 자세한 사항은 보건복지부령으로 제정하여 결정토록 함	제9조(피보험자) 다음 각호에 해당하는 자는 시정촌 또는 특별구(이하 「시정촌」이라 한다)가 실시하는 개호보험의 피보험자로 한다. 1. 시정촌 구역 내에 거주하는 65세 이상인 자(이하 「제1호피보험자」라 한다) 2. 시정촌 구역 내에 거주하는 44세 이상 65세 미만의 의료보험가입자(이하 「제2호피보험자」라 한다) 제32조(요지원인정) 1. 제1호 피보험자 요개호상태가 될 우려가 있는 상태에 해당하는 경우 2. 제2호 피보험자 요개호상태가 될 우려가 있는 상태에 해당하는 경우 및 그 상태의 원인인 신체적, 정신적 장애가 특정질병에 의해 발생한 경우 제7조(정의) 이 법에서 「요개호상태」란, 신체적 또는 정신적인 장애가 있어 입욕, 배설, 식사 등 일상생활 기본활동의 전부 또는 일부에 관해 후생노동성령으로 정한 기간 동안 지속적인 개호가 필요하다고 예상되는 상태이며, 개호의 필요 정도에 따라 후생노동성령으로 정한 분류 중 1(이하 「요개호상태분류」라고 한다)에 해당하는 것을 말한다. ② 이 법에서 「요개호상태가 될 우려가 있는 상태」란 신체 또는 정신적인 장애가 있어서, 후생노동성령으로 정한 기간 동안 일상생활 운영에 지장이 있을 것으로 예상되는 상태(후생노동성령으로 정한 정도로 제한한다)로, 요개호상태 이외의 상태를 말한다.

	한 국 (노인장기요양보험법 2007. 4. 제정, 2008. 7. 시행)	일 본 (개호보험법 2002. 10. 2)
심사	노인요양평가관리원 설립하고 등급판정위원회는 시군구에 설립	시정촌에 개호보험인정심사회를 두어 개호인정
특징	요양급여 대상자의 연령은 유사하나 일본의 경우 요개호상태가 될 우려가 있는 상태의 사람까지 인정함으로써 개호예방 강조	
시설영향	'생활보호대상자, 저소득층, 일부 의료보험 등으로 한정적 수혜대상이 일반적 수혜대상으로 확대되어 요양대상자의 급격한 증가 예상	

(2) 급여절차

요양급여는 요양등급판정기준[31)에 의해 요양등급판정위원회가 우선 요양보호 대상자를 선정하고 등급을 판정한 후 케어플랜이 작성된다. 이후 제공주체와 서비스 공급계약을 맺고 서비스를 이용하는 절차를 거

31) 요양판정기준은 ADL 11개 항목, 간호처치 및 재활 21개 항목, 인지기능 8개 항목, 문제행동 22개 항목 등 총 62개 항목으로 구성되며 이 기준에 따라 5개 등급으로 요양등급이 나뉜다.

영 역	항 목	
신체기능	K – ADL(12항목)	
	● 옷 벗고 입기 ● 양치질하기 ● 세수하기 ● 목욕하기 ● 식사하기 ● 일어나 앉기 ● 체위변경하기 ● 옮겨 타기 ● 방밖으로 나오기 ● 대변 조절하기 ● 화장실 사용하기 ● 소변 조절하기	
인지 · 정신 기능	**인지기능영역(8항목)**	**문제행동영역(10항목)**
	● 단기 기억장애 ● 시간에 대한 지남력 장애 ● 장소에 대한 지남력 장애 ● 사람에 대한 지남력 장애 ● 생년월일이나 나이 인지 ● 지시이해능력 장애 ● 하루일정표에 대한 이해능력 상실 ● 판단력 장애	● 망상 ● 공격성 ● 환각 ● 밖으로 나가려 함 ● 불면증 ● 돈 / 물건 감추기 ● 초조 ● 부적절한 옷입기 ● 길방향 잃음 ● 불결행동
간호처치 욕구	간호처치(11항목)	
	● 기관지 절개관 간호 ● 산소요법 ● 경관영양 ● 정맥주사요법 ● 장루간호 ● 복막투석 및 간호	● 흡인 ● 욕창간호 ● 통증간호 ● 도뇨관리 ● 상처간호
재활욕구	● 마비(4항목): 좌 / 우측하지, 좌 / 우측상지	● 구축(6항목): 어깨, 팔꿈치, 손목, 고관절, 무릎, 발목

자료: 보건복지부 노인요양보장기반조성팀. 2005. 요양인정업무 세부 매뉴얼

치게 된다. 케어플랜은 간호사 등 자격을 갖춘 요양관리사(care manager)에 의해 작성되며 대상자의 신체적, 정신적 상태, 가정환경, 본인 및 가족의 의사 등을 고려한다.

(3) 요양급여의 종류와 이용자 부담

요양급여는 노인의 신체적·정신적 상태에 따라 일상생활서비스, 요양관리, 간호 및 재활, 기타 복지서비스 등을 제공한다. 서비스급여는 크게 시설서비스와 재가서비스로 구분되며 현물서비스 제공[32]을 원칙으로 하고 있다.

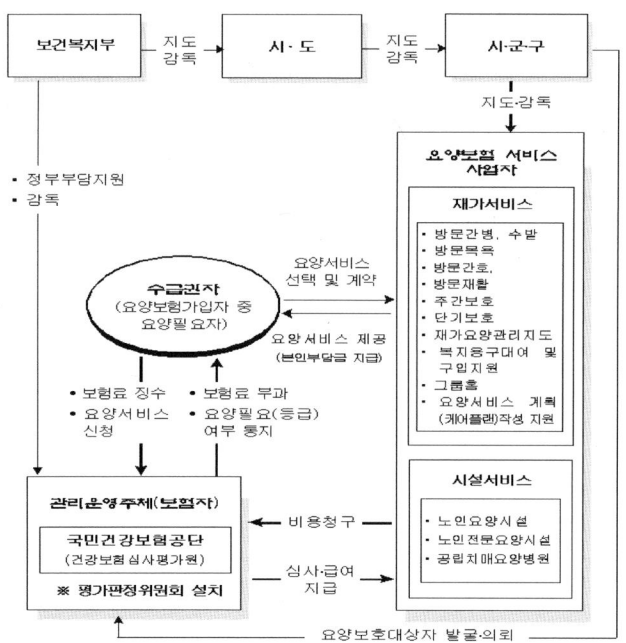

자료: 공적노인요양보장제도 실행위원회, 2005, 공적노인요양보장제도 실시 모형연구

[그림 20] 노인요양보험제도 개요 및 이용흐름

---

32) 일정한 요건을 갖춘 가족이 간병 및 수발을 제공하거나 산간, 도서벽지 등 서비스 공급이 어려운 지역에 한해 제한적으로 현금급여를 인정하고 있다.

시설서비스는 노인복지법상 노인의료복지시설(노인전문병원 제외)로 하고 재가서비스는 방문요양, 방문목욕, 방문간호, 주·야간보호, 단기보호, 기타 재가급여로 하였으며 특별급여로 가족요양비, 특례요양비, 요양병원간병비[33] 등이다.

이와 같은 서비스 제공에 있어 이용자의 부담은 비용의 20% 수준(일본은 시설 및 재가가 10%이며 독일은 시설이 50–60%, 재가는 30%)으로 정해지며 공공부조 대상자는 제외된다. 서비스 제공기관은 노인복지법, 사회복지법 등에 의한 사업주체를 기본으로 하며 민간사업자와 비영리법인 및 단체의 참여가 가능하도록 하고 있다. 요양급여에서 재가서비스의 종류가 확대될 경우 현재 재가서비스에서 제공하는 소극적인 서비스의 수준은 대폭 확대될 것이 예상된다. 서비스를 제공하는 기관은 현재 노인복지법, 사회복지사업법에 의한 사업주체를 기본으로 하지만 서비스의 효율성을 위해 민간의 참여를 적극적으로 유도하고 있어 향후 기관은 공공과 민간 및 비영리법인 및 단체들로 확대될 것이다.

---

33) - 방문요양: 장기요양요원이 수급자의 가정 등을 방문하여 신체활동 및 가사활동 등을 지원하는 장기요양급여
 - 방문목욕: 장기요양요원이 목욕설비를 갖춘 장비를 이용하여 수급자의 가정 등을 방문하여 목욕을 제공하는 장기요양급여
 - 방문간호: 장기요양요원인 간호사 등이 의사, 한의사 또는 치과의사의 지시서(이하 '방문간호지시서'라 한다)에 따라 수급자의 가정 등을 방문하여 간호, 진료의 보조, 요양에 관한 상담 또는 구강위생 등을 제공하는 장기요양급여
 - 주·야간보호: 수급자를 하루 중 일정한 시간 동안 장기요양기관에 보호하여 신체활동 지원 및 심신기능의 유지·향상을 위한 교육·훈련 등을 제공하는 장기요양급여
 - 단기보호: 수급자를 보건복지부령으로 정하는 범위 안에서 일정 기간 동안 장기요양기관에 보호하여 신체활동 지원 및 심신기능의 유지·향상을 위한 교육·훈련 등을 제공하는 장기요양급여
 - 기타 재가급여: 수급자의 일상생활·신체활동 지원에 필요한 용구를 제공하거나 가정을 방문하여 재활에 관한 지원 등을 제공하는 장기요양급여로서 대통령령으로 정하는 것

[표 50] 요양급여 한일제도 비교

한 국 (노인장기요양보험법 2007. 4. 제정, 2008. 7. 시행)	일 본 (개호보험법 2002. 10. 2)
제23조(장기요양급여의 종류) ① 이 법에 따른 장기요양급여의 종류는 다음 각 호와 같다. 1. 재가급여 　가. 방문요양: 장기요양요원이 수급자의 가정 등을 방문하여 신체활동 및 가사활동 등을 지원하는 장기요양급여 　나. 방문목욕: 장기요양요원이 목욕설비를 갖춘 장비를 이용하여 수급자의 가정 등을 방문하여 목욕을 제공하는 장기요양급여 　다. 방문간호: 장기요양요원인 간호사 등이 의사, 한의사 또는 치과의사의 지시서(이하 '방문간호지시서'라 한다)에 따라 수급자의 가정 등을 방문하여 간호, 진료의 보조, 요양에 관한 상담 또는 구강위생 등을 제공하는 장기요양급여 　라. 주·야간보호: 수급자를 하루 중 일정한 시간 동안 장기요양기관에 보호하여 신체활동 지원 및 심신기능의 유지·향상을 위한 교육·훈련 등을 제공하는 장기요양급여 　마. 단기보호: 수급자를 보건복지부령으로 정하는 범위 안에서 일정 기간 동안 장기요양기관에 보호하여 신체활동 지원 및 심신기능의 유지·향상을 위한 교육·훈련 등을 제공하는 장기요양급여 　바. 기타 재가급여: 수급자의 일상생활·신체활동 지원에 필요한 용구를 제공하거나 가정을 방문하여 재활에 관한 지원 등을 제공하는 장기요양급여로서 대통령령으로 정하는 것 2. 시설급여: 장기요양기관이 운영하는 「노인복지법」 제34조에 따른 노인의료복지시설(노인전문병원은 제외한다) 등에 장기간 동안 입소하여 신체활동 지원 및 심신기능의 유지·향상을 위한 교육·훈련 등을 제공하는 장기요양급여 3. 특별현금급여 　가. 가족요양비: 제24조에 따라 지급하는 가족장기요양급여 　나. 특례요양비: 제25조에 따라 지급하는 특례장기요양급여 　다. 요양병원간병비: 제26조에 따라 지급하는 요양병원장기요양급여 ② 제1항 제1호 및 제2호에 따라 장기요양급여를 제공할 수 있는 장기요양기관의 종류 및 기준과 장기요양급여 종류별 장기요양요원의 범위·업무·보수교육 등에 관하여 필요한 사항은 대통령령으로 정한다. ③ 장기요양급여의 제공 기준·절차·방법·범위, 그 밖에 필요한 사항은 보건복지부령으로 정한다.	제40조(개호급부의 종류) 개호급부는 다음에 언급하는 보험급부로 한다. 1. 거택개호서비스비의 지급 2. 특례거택개호서비스비의 지급 3. 거택개호복지용구 구입비의 지급 4. 거택개호주택수리비의 지급 5. 거택개호서비스계획비의 지급 6. 특례시설개호서비스계획비의 지급 7. 시설개호서비스비의 지급 8. 특례시설개호서비스비의 지급 9. 고액개호서비스비의 지급 제52조(예방급부의 종류) 예방급부는 다음에 언급한 보험급부로 한다. 1. 거택지원서비스비의 지급 2. 특례거택지원서비스비의 지급 3. 거택지원복지용구 구입비의 지급 4. 거택지원주택개수비의 지급 5. 주택지원서비스계획비의 지급 6. 특례주택지원서비스계획비의 지급 7. 고액 거택지원서비스비의 지급

법률내용

	한 국 (노인장기요양보험법 2007. 4. 제정, 2008. 7. 시행)	일 본 (개호보험법 2002. 10. 2)
시설	요양시설은 노인복지법상의 노인의료복지시설로 한정	개호보험시설과 서비스 제공자를 동법에 명기
특징	국내의 경우 노인복지법과, 의료법의 체계 안에서 이루어지고 있는 반면 일본의 개호보험법은 세부적인 항목을 구체적으로 명기하고 있으며 급부도 개호와 예방으로 구분되어 있으며 그 내용도 국내 법률보다 세부적으로 정의	
시설 영향	기존 서비스의 비용을 보험급여로 받을 수 있도록 조치하고 있으며, 방문간병, 방문요양, 간호 등 방문 서비스 등 재가서비스의 역할을 강조하고 있다.	

[표 51] 요양시설 한일제도 비교

	한 국 (노인장기요양보험법 2007. 4. 제정, 2008. 7. 시행예정)	일 본 (개호보험법 2002. 10. 2)
법률내용	제25조(특례요양비) ① 공단은 수급자가 장기요양기관이 아닌 노인요양시설 등의 기관 또는 시설에서 재가급여 또는 시설급여에 상당한 장기요양급여를 받은 경우 대통령으로 정하는 기준에 따라 당해 장기요양급여비용의 일부를 당해 수급자에게 특례요양비로 지급할 수 있다. ② 제1항에 따라 장기요양급여가 인정되는 기관 또는 시설의 범위, 특례요양비의 지급절차, 그 밖에 필요한 사항은 보건복지부령으로 정한다.	제79조(지정거택개호지원사업자의 지정) 제46조 제1항의 지정은 후생노동성령으로 정한 바에 따라 거택개호지원사업을 실시하는 자의 신청으로 거택개호지원사업소(이하 「사업소」라고 한다)마다 실시한다. ② 도도부현 지사는 전항의 신청이 있는 경우, 다음 각 호의 1에 해당하는 때는 제46조 제1항의 지정을 하여서는 아니 된다. 1. 신청자가 법인이 아닌 때. 2. 해당 신청에 관계된 사업소의 개호지원전문원(요개호자 등의 상담에 응하고 요개호자 등의 심신상황 등에 따라 적절한 거택서비스 또는 시설서비스를 이용할 수 있도록 시정촌, 거택서비스사업자, 개호보험시설 등과의 연락조정 등을 행하며, 요개호자 등이 자립한 일상생활을 영위하는 데 필요한 원조에 관한 전문 지식 및 기술을 가진 자로, 정령으로 정한 자를 말한다. 이하 같다)의 인원이 제81조 제1항의 후생노동성령으로 정한 정수를 충족시키고 있지 않은 때. 3. 신청자가 제81조 제2항에 규정한 지정거택개호지원사업의 운영에 관한 기준에 따라 적정한 거택개호지원사업 운영을 할 수 없다고 인정될 때. 제86조(지정개호노인복지시설의 지정) 제48조 제1항 제1호의 지정은 후생노동성령으로 정한 바에 의하여 노인복지법 제20조의 5에 규정한 개호노인복지시설(특별요양노인Home)로서, 개설자의 신청으로 행한다. ② 도도부현 지사는 전항의 신청이 있는 경우에서 개호노인복지시설이 다음 각호의 1에 해당하는 때에는 제48조 제1항 제1호의 지정을 하여서는 아니 된다. 1. 제88조 제1항에 규정한 인원을 충족하지 아니할 때. 2. 제88조 제2항에 규정한 지정개호노인복지시설 설비 및 운영에 관한 기준에 따라 적정한 개호노인복지시설의 운영을 할 수 없다고 인정할 때.

	한 국 (노인장기요양보험법 2007. 4. 제정, 2008. 7. 시행예정)	일 본 (개호보험법 2002. 10. 2)
용어		이 법에서 「거택서비스」란 방문개호, 방문입욕개호, 방 문간호, 방문재활, 거택요양관리지도, 통원개호, 통원재 활, 단기입소생활개호, 단기입소요양개호, 치매대응형공 동생활개호, 특정 도도부현지입소자생활개호 및 복지 용구대여를 말하고, 「거택서비스사업」이란 재택서비스를 실시하는 사업을 말한다.
특징	국내의 경우 특례요양비 개념을 적용하여 요양서비스 제공기관의 다양성을 인정하는 것으로 하였으 며, 이는 보건복지부령으로 정하도록 하고 있다. 일본의 경우 지정거택개호지원사업자와 지정개호노 인복지시설로 구분하고 있다. 특히 일본은 방문과 통소서비스를 하나의 개념으로 보고 있으며 국내 법률은 시설을 관점으로 나누고 있음		
시설 영향	보건복지부령의 제정에 따라 차이가 있지만 다양한 요양관련 서비스가 증가할 것으로 보이며 향후 법률 제정에 따라 관련 시설의 그 종류가 늘어날 가능성이 높음		

3) 시범사업

본 제도의 시행에 앞서 운영체계의 검증을 위한 시범사업을 2005년 7월부터 2007년 6월까지 2년간 시범으로 시행한다. 시범사업은 법적 근거가 없기 때문에 공공부조자를 대상으로 하여 사업을 진행한다.

시범사업은 1년 단위로 2단계로 진행되는데 1단계는 평가판정 및 수가체계, 케어플랜, 비용 산정 등 운영시스템 전반을 검증하며, 2단계는 1차 시범사업 결과를 토대로 대상지역, 적용대상, 서비스 내용 등을 확대하여 시스템 전반을 검토하는 것을 진행된다.

4) 제도 도입이 국내 시설에 미치는 영향

제도 도입에 따른 시설관련 변화를 살펴보면 우선 수요의 급속한 증가로 인한 필요서비스의 급속한 증가와 이에 따른 시설 및 인력의 확충이 가장 크다. 이와 함께 서비스를 선택할 때 가족 및 본인의 의사가 반영되기 때문에 서비스를 제공하는 제공자가 서로 경쟁하게 되는 여건이 마련되게 된다. 또한 민간사업자의 사업 참여가 확대될 가능성이 있기 때문에 다양한 형태의 요양서비스 공급이 가능하게 된다. 즉 기존의 사회복지법인, 의료법인을 중심으로 하는 서비스 공급이 개인, 민간 등 다양화될 가능성이 높아지며 이에 따라 다양한 형태의 시설이 생겨날 가능성이 높아진다.

본 연구에서는 앞서 일본의 개호보험 도입전후의 시설의 변화와 국내 노인장기요양보험제도의 특징을 고려하여 제도 도입이 시설에 미치는 영향을 크게 시설의 급속한 증가와 이에 따른 급속한 인프라 구축의 필요성, 재가보호시설의 기능 강화, 지역사회에서의 연속적 보호를 위한 시설 복합화의 가속화, 보호시설의 거주환경강화 등으로 나누어 고찰한다.

(1) 노인요양보호제도 도입에 따른 요양대상노인을 위한 시설의 급증

노인요양보호제도가 도입되면 기존의 서비스를 받을 이용대상자를 예측하고 이를 위한 시설인프라의 확충이 전제되어야 한다. 정부에서는 제도 도입의 급여대상자를 65세 이상 노인인구의 14.83%로 추정(선우덕 외, 2001, 노인장기요양보호 욕구실태조사, 한국보건사회연구원)하고 있으며, 이 중 시설이용대상자를 20%(전체 노인인구의 2%가량) 내외로 예측하고 있다. 이에 따라 요양대상노인의 수를 예측하면 2007년에는 시설보호대상자가 92,355명, 재가대상자가 626,227명이 된다.

[표 52] 요양대상자 추계

(단위: 명)

구 분	노인인구의 **2%** 시설이용의 경우					
	2007	2009	2010	2012	2013	2015
요양필요자	718,582	771,345	794,164	851,799	885,446	948,887
시설대상자	92,355	98,627	101,340	108,192	112,192	119,733
요양병원	16,898	18,153	18,695	20,066	20,866	22,374
전문요양시설	35,901	38,410	39,495	42,236	43,836	46,853
요양시설	39,555	42,064	43,149	45,890	47,490	50,507
재가대상자	626,227	672,718	692,825	743,608	773,255	829,153

구 분	노인인구의 **2.7%** 시설이용의 경우					
	2007	2009	2010	2012	2013	2015
요양필요자	718,582	771,345	794,164	851,799	885,446	948,887
시설대상자	128,585	137,548	141,424	151,214	156,929	167,705
요양병원	24,144	25,937	26,712	28,670	29,813	33,541
전문요양시설	50,394	53,979	55,529	59,445	61,731	69,187
요양시설	54,048	57,633	59,183	63,099	65,385	72,841
재가대상자	589,996	633,798	652,741	700,586	728,518	781,182

자료: 보건복지부, 2005, 공적노인요양보장제도 실시모형 개발연구, 118쪽

정부는 제도 도입에 따른 대상노인에게 적절한 서비스를 제공하기 위해 관련 시설 인프라의 확충계획을 세우고 있다. 정부의 인프라확충계획은 재가보호를 70~80%, 시설보호를 20~30%로 구성하고 있으며 민간의 참여를 확대하는 방향으로 제시하고 있다. <표 48>, <표 49>는 정부가 밝힌 입소시설과 재가시설의 확충계획이다. 정부의 확충계획을 보면 시설과 서비스가 지속적으로 늘어나고 있으며, 민간과 병상기능전환의 의존도가 높은 것을 알 수 있다. 특히 시설보호보다는 재가보호의 경우 민간의 역할을 강조하고 있음을 알 수 있다.

[표 53] 단계별 보호시설 확충계획

(단위: 개소, 병상)

구 분			2004	2005	2006	2007	2008	2009	2010	2011
추진계획	공공부문	소 계	265 (19,919)	333 (24,672)	437 (32,072)	520 (37,942)	615 (44,632)	710 (51,322)	805 (58,094)	900 (64,784)
		요양시설	105 (7,329)	111 (7,770)	118 (8,260)	125 (8,750)	132 (9,240)	139 (9,730)	146 (10,220)	153 (10,710)
		실비요양시설	22 (1,541)	45 (3,150)	82 (5,740)	118 (8,260)	152 (10,640)	186 (13,020)	220 (15,400)	254 (17,780)
		전문요양시설	114 (7,996)	132 (9,240)	169 (11,830)	186 (13,020)	210 (14,700)	234 (16,380)	258 (18,060)	282 (19,740)
		실비전문요양시설	–	–	13 (910)	30 (2,100)	54 (3,780)	78 (5,460)	102 (7,140)	126 (8,820)
		요양병원	24 (3,053)	45 (4,512)	55 (5,332)	61 (5,812)	67 (6,272)	73 (6,732)	79 (7,274)	85 (7,734)
	민간부문	소 계	74 (4,586)	105 (6,680)	136 (8,770)	167 (10,860)	198 (12,950)	229 (15,040)	260 (17,130)	291 (19,220)
		병상기능전환	20 (1,932)	29 (2,926)	38 (3,916)	47 (4,906)	56 (5,896)	65 (6,886)	74 (7,876)	83 (8,866)
		유료시설	54 (2,654)	76 (3,754)	98 (4,854)	120 (5,954)	142 (7,054)	164 (8,154)	186 (9,254)	208 (10,354)
합 계			24,505	31,352	40,842	48,802	57,582	66,362	75,224	84,004

주 1. '노인의료복지시설 확충 10개년계획'을 기준으로 신축 지원에서 운영까지 2년간의 시차가 발생하고, 병상기능전환의 경우에는 1년간의 시차가 발생한다는 가정하에 당해연도 실제 운영 가능 개소수를 기준으로 계산
　2. 민간 중 병상기능전환의 경우 당초 기대와 달리 2003년 목표치(20개소, 1,932병상) 달성이 어려워 2004년도 예산이 9개소(994병상)로 축소되었으므로 이를 반영, 이후 9개소(990병상)씩 확대되는 것으로 가정
　3. 유료시설의 경우 '노인복지시설 현황(보건복지부 자료)'에 따라 2002년→2003년 변화치인 22개소(개소당 정원 50명)를 기준으로 확대되는 것으로 가정
　4. 현재 미신고시설 입소노인 약 7,000명, 민간 요양병원 확충속도 등을 감안할 경우 충족률은 더 늘어날 수 있을 것으로 판단됨.
자료: 공적노인요양보장제도 실행위원회, 2004, 노인요양보장체계 공청회 자료집

시설의 인프라확충은 장기요양보호제도 도입을 위한 전제 사항이기 때문에 제도 도입 전에 인프라확충은 어느 정도 이루어져야 한다. 일본의 경우 요양제도 도입 전에 골드플랜을 시행함으로써 관련 인프라를 급속도로 확충한 예를 보면 알 수 있듯이 보험제도를 위해서는 관련 인프라의 급속한 증가가 필수적이다. 하지만 현재의 국내 상황은 제도 도입과 시설 인프라확충을 동시에 진행하고 민간의 의존율이 클 뿐 아니라 시설의 예상 증가율도 일정 비율로 동일하게 적용함으로써

현실성이 떨어지고 있다. 이러한 문제점을 갖고 있지만 분명한 것은 제도 도입으로 인해 관련 시설의 급속한 증가는 불가피하다.

[표 54] 단계별 재가서비스 확충 목표

(단위: 개소, 명)

구 분		2004	2005	2006	2007	2008	2009	2010	2011
목 표					2,792 (100,208)	2,904 (104,208)	8,722 (313,384)	8,982 (322,751)	12,399 (445,646)
공공	소계	612	623	787	839 (30,062)	872 (31,262)	2,618 (94,015)	2,696 (96,825)	3,720 (133,694)
	방문개호	152	152	208	264	274	823	848	1,170
	주간보호	179	190	246	301	313	941	969	1,337
	단기보호	35	35	71	106	110	330	339	468
	방문간호	246	246	246	132	137	412	424	585
	그 룹 홈	–	–	16	36	38	112	116	160
민간	소계	–	–	–	1,953 (70,146)	2,032 (72,946)	6,104 (219,369)	6,286 (225,926)	8,679 (311,952)
	방문개호	–	–	–	614	639	1,920	1,977	2,730
	주간보호	–	–	–	702	730	2,194	2,260	3,120
	단기보호	–	–	–	246	256	768	791	1,092
	방문간호	–	–	–	307	320	960	989	1,365
	그 룹 홈	–	–	–	84	87	262	269	372

주 1. 재가보호대상자 중 70%는 방문서비스, 30%가 통원(주간)서비스 제공
2. 방문개호는 주간보호 대상(전체의 30%)을 제외한 대상 80명당 1개소
3. 주간보호는 개소당 입소인원 30명
4. 단기보호는 방문개호 대상의 10%(개소당 20명)
5. 그룹홈은 방문개호 대상의 1.7%(일본 개호보험의 서비스 청구건수 기준, 개소당 10명)
6. 방문간호·재활은 방문개호 대상 160명당 1개소
7. 단계적 목표는 시행대안 중 3안을 기준으로 하였음.
8. 방문간호 수요가 2006년에서 2007년에 줄어드는 것으로 나타난 이유는 현재 모든 보건소에서 방문간호사업을 하고 있다고 전제하였기 때문이며, 2007년 이후 개소수는 목표량임.
자료: 공적노인요양보장제도 실행위원회, 2004, 노인요양보장체계 공청회 자료집

(2) 재가보호서비스의 다양화와 지원시설의 필요성

국내 법률에 도입될 장기요양보호제도인 '노인요양보험법'에서 제공하는 재가보호서비스는 방문요양, 방문목욕, 방문간호, 주·야간보호, 단기보호, 기타 재가급여 등으로 방문서비스와 시설이용서비스로 나뉜

다. 정부는 이러한 서비스를 통해 요양대상자의 80%가량을 담당하도록 하고 있다.

현재 재가보호서비스는 요양시설과 지역에 있는 복지관에서 주로 제공하고 있어 위의 다양한 서비스를 제공하는 데는 한계를 갖고 있다. 따라서 다양한 서비스의 공급이 가능하도록 재가보호서비스의 거점역할을 할 수 있는 시설이 추가적으로 설치될 필요가 있다. 일본의 경우 재가서비스를 제공하는 시설은 노인통소개호시설(老人通所介護施設: 노인데이서비스센터), 노인복지센터(특A형, A형, B형), 개호지지시설(介護支持施設: 在宅介護支持센터, 노인방문간호스테이션, 헬퍼스테이션), 생활지지하우스(生活支持하우스: 고령자생활복지센터) 등 매우 다양하다. 이를 통해 다양한 서비스의 공급이 가능할 뿐만 아니라 이용자의 접근성을 높이고 있다. 이러한 시설은 독립적으로 존재하기도 하지만 일반적으로 다른 시설과 복합화 운영된다. 따라서 국내의 경우 제도가 도입될 경우 현재의 복지관과 요양시설을 중심으로 하는 재가서비스의 공급은 변화가 불가피할 것으로 예상된다.

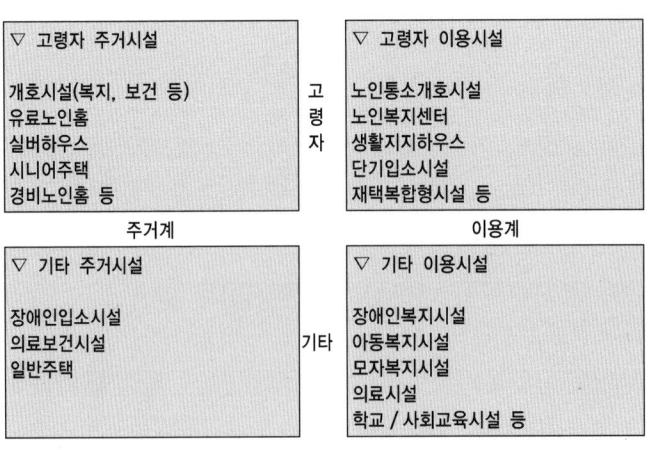

자료: 浅沼由紀高 외, 2002, 齡者複合施設, 市ケ谷出版社, 복합화 시설 분류기준 연구자 정리

[그림 21] 일본 노인시설의 복합화 유형

(3) 시설의 복합화의 가속화

노인장기요양시설의 복합화는 노인요양보호제도 도입과 직접적인 관계가 있기보다는 노인의 신체적 변화에 대응하고, 노인의 거주지 이동을 최소화하며 다양한 세대가 모두 어울려 살 수 있도록 하기 위한 방안으로 모색되었다. 일본의 경우 시설의 복합화는 크게 노인주택(노인전용주거시설)과 재가시설과의 복합화, 노인주택과 개호시설(개호노인복지시설, 개호노인보건시설, 개호요양형의료시설, 개호이용형경비노인홈)과의 복합화, 개호시설과 재가시설과의 복합화, 노인시설과 아동시설 등 보육시설과의 복합화, 지역복지시설과 노인시설과의 복합화, 의료시설(진료소, 병원 등)과의 복합화 등으로 크게 나뉘어 진행되고 있다. <그림 21>은 이러한 일본에서 노인시설의 복합화 양상을 시설에서 24시간 생활하는 주거계와 일시적으로 시설을 이용하는 이용계로 구분하여 정리한 것이다.

국내 시설의 경우 복합화의 양상은 앞서 살펴본 바와 요양시설에 재가시설(주간보호, 단기보호, 가정봉사원파견시설)이 복합화되는 경우와 복지시설(사회복지관, 노인복지관 등)에 재가시설이 복합화되는 경우가 대부분을 차지하기 때문에 향후 제도 도입 이후 다양한 서비스 공급이 서비스이용대상자를 중심으로 이루어지면 복합화는 다양한 방식으로 등장할 것이다.

국내 노인장기요양보호시설 사례조사

국내 노인장기요양보호시설의 특징을 시설의 종류별로 건립형태와 시설의 기능을 중심으로 살펴봄으로써 노인장기요양보험제도의 시행에 따른 국내 시설의 변화가능성을 유추한다. 이 과정에서 국내보다 앞서 유사한 제도인 개호보험을 시행하고 현재 시설의 변화를 겪고 있는 일본의 시설기능의 변화양상을 적용한다.

1. 사례시설 선정

1) 조사의 목적과 사례선정

국내 노인장기요양보호시설의 사례조사는 2005년 현재 운영되고 있는 시설을 입소시설과 재가시설로 구분하여 시설이 어떠한 역할을 하고 있으며 이 역할을 위해 어떠한 기능을 갖고 있는지를 입소하고 있는 노인의 상태, 병설의 형태 등과 함께 조사하여 시설별 기능적 특징을 밝히는 것을 목적으로 한다. 이를 통해 향후 변화하는 노인요양환경에 각 시설들이 어떠한 대응을 하고 있으며, 구체적으로 요양보험제도가 도입될 경우 시설의 변화가능성을 예측한다.

사례조사의 대상은 보호시설은 서울, 경기지역에 위치하고 있는 요양 및 전문요양시설(2005년 법적 기준 명칭)을 중심으로 조사하였으며 재가시설은 서울지역에 위치한 단기보호시설, 주간보호시설을 중심으로 조사하였으며 요양시설의 경우 50bed 이상 규모를 갖추고 있는 대규모 시설을 중심으로 조사하였다. 요양시설의 경우 규모를 한정한 것은 시설에 입소하고 있는 노인과 서비스의 수준을 파악하기 위해서는 시설의 규모가 중규모 이상인 것이 유리하기 때문이다. 주간보호 및 단기보호시설의 경우 시설의 규모가 큰 시설을 중심으로 시설의 건립 형태별로 조사하였다. 사례조사는 우선 도면조사를 통해 시설의 기능을 파악하였으며 별도의 시설별 조사표를 이용하여 시설 이용노인의 특징, 제공하는 서비스의 정도, 시설의 기능에 관한 의견 등에 관한 의견을 청취하였다.

2) 조사시설 개요

조사는 보호시설과 재가시설로 구분하여 2005년 6월부터 2005년 10월까지 시행하였으며, 보호시설 중 양로시설은 이용노인의 특성과 시설별 기능의 차이를 명확하게 하기 위한 참고자료로 조사하였다.

사례조사시설의 개요를 살펴보면 양로시설 3개소, 요양시설 6개소, 전문요양시설 9개소로 주로 독립시설로 운영하고 있지만 입소시설 간 병설로 운영되는 것으로 나타났다. 특히 요양시설과 전문요양시설의 병설 형태가 많이 나타나고 있는데 이는 요양시설로 운영하다가 노인의 신체 및 정신적 상태가 나빠지면서 전문요양시설의 기능이 필요해졌기 때문이다. 이러한 현상은 양로시설에서도 나타나는데 양로시설에 있는 노인들의 건강이 나빠지면서 요양의 욕구가 늘어나고 이에 대한 대응책으로 시설의 형태를 변경하는 것으로 나타났다. 시설의 규모는 50bed에서 260bed로 다양한 것으로 나타났다.

[표 55] 조사대상 입소시설 현황

구 분	종 류	시설명	위 치	복합화	정원(bed)	개원연도
보호시설	양로시설	서울시립양로원	강동구	독 립	150	1996
		영락경로원	하남시	요 양	100	1952
		유당마을	수원시	독 립	120	1988
	요양시설	성지원	수원시	요양병원	30	1991
		엘림요양원	군포시	전문요양	50	1997
		영락요양원	하남시	양 로	50	1993
		감천장	수원시	독 립	80	2001
		순애시니어타운	고양시	전문요양	75	1991
		정원노인요양원	파주시	전문요양	110	1989
	전문요양시설	중계노인복지관	노원구	독 립	260	1996
		광림요양원	춘천시	독 립	134	2002
		엘림전문요양원	군포시	요 양	100	2004
		파인벨리	고양시	요 양	50	2005
		광명노인요양센터	광명시	독 립	100	2001
		정원치매노인요양센터	파주시	요 양	174	1996
		송파노인전문요양원	송파구	독 립	80	2004
		효 원	용인시	독 립	186	2003
		실버케어스	서대문구	독 립	55	2001

조사대상 재가시설은 단기보호시설 6개소, 주간보호시설 11개 시설로 단기보호시설은 10bed에서 30bed의 시설로 나타났으며, 건립형태는 독립시설과 사회복지관 및 노인복지관에 병설되는 것으로 나타났다. 단기보호시설 중 요양 및 전문요양시설에 병설되는 경우는 조사대상에서 제외하였는데 이는 요양 및 전문요양시설에 병설될 경우 단기보호시설의 특성을 파악하는 데 어려움이 있기 때문이다. 왜냐하면 요양 및 전문요양시설에 병설되는 단기보호의 경우 요양 및 전문요양시설의

요양동 일부를 활용하기 때문이다. 주간보호시설은 독립시설로 운영하는 경우보다는 사회복지관 및 노인복지관에 병설되어 운영되는 경우가 일반적인 것으로 나타났다. 병설시설로 사회복지관이 많은 것은 사회복지관의 수가 다른 시설에 비해 현저히 많기 때문으로 파악된다. 주간보호시설의 경우 일반주간보호와 치매주간보호로 구분되며 보통 10명에서 20명을 정원으로 하고 있는 것으로 조사되었다.

[표 56] 조사대상 재가시설개요

구 분	종 류	시설명	위 치	부설형태	정원(bed)	개원연도
재가 시설	단기 보호	진각치매단기보호센터	성북구	독립	15	2000
		중앙복지치매실비단기보호시설	서대문구	독립	12	2004
		평화노인단기보호소	노원구	사회복지관	30	1998
		송파종합노인복지관 단기보호시설	송파구	노인복지관	25	1996
		광진치매단기보호센터	광진구	노인복지관	15	2003
		은파단기보호센터	서초구	주간보호	10	1996
		수유치매주간보호센터	강북구	사회복지관	10	2003
	주간 시설	길음복지관 부설 노인주간보호센터	성북구	복지관	10	2000
		휘경노인주간보호시설	동대문구	노인복지센터	10	2002
		서부치매노인주간보호센터	서대문구	독립	20	1995
		성심의 집 치매주간보호시설	동작구	단기보호	20	1997
		동대문치매주간보호시설	동대문구	사회복지관	10	2000
		종로주간보호시설	종로구	사회복지관	20	2005
		목동주간보호시설	양천구	사회복지관	25	1998
		은천노인주간보호시설	동대문구	독립	15	1986
		배봉노인주간보호센터	동대문구	사회복지관	20	1998
		수유치매주간보호센터	강북구	사회복지관	10	2003
		성동노인종합복지관 주간보호센터	성동구	노인복지관	15	2000

2. 보호시설의 공간구성과 기능

본 절에서는 노인장기요양시설의 대표적인 보호시설인 요양시설과 전문요양시설의 사례조사를 통해 현재 시설의 역할과 기능을 파악하고자 한다. 시설의 기능 파악은 우선 시설에 입소하는 대상노인의 특성을 파악하고 시설내부의 공간구성을 통해 시설의 기능적 특성을 파악하였다.

보호시설의 공간은 시설의 규모와 구성에 따라 차이를 보이지만 크게 요양동과 의료 및 재활, 공용공간, 관리공간 그리고 지원공간으로 구분된다. 특히 보호시설에서 노인은 요양동에서 대부분의 시간을 보내며 생활하기 때문에 요양동은 자족적인 생활이 가능하도록 계획하고 있다.

요양동은 요양실, 간호 및 간병공간과 공용공간 그리고 지원공간 등으로 구성되며 의료 및 재활공간은 물리치료실, 운동치료실, 작업치료실, 프로그램실, 수치료실, 의무실 등으로 구성된다. 공용공간은 강당, 목욕실, 화장실, 식당 및 주방 등의 공간이며, 관리공간은 사무실을 중심으로 구성된다. 지원공간은 보호시설의 전체적인 각종 지원을 담당하는 세탁실, 창고 등으로 구성된다. 보호시설에는 부설로 주간보호시설, 단기보호시설, 각종 상담시설, 가정봉사원파견시설 등이 병설된다. 이와 함께 요양시설과 전문요양시설이 함께 운영되는 경우도 있다.

1) 요양동의 공간구성

조사대상 중 전문요양시설과 요양시설은 간호공간과 공용공간에서 차이를 보이고 요양실은 큰 차이를 보이고 있지 않는 것으로 나타났다. 전문요양시설의 경우 요양동 내부에 공용목욕실을 갖추고 있으며 공용목욕실은 기계욕조를 대부분 갖추고 있는 것으로 나타났다. 반면 요양시설은 별도의 간호공간이 요양동에 있지 않으며 생활보조원은 요양실 내부에서 주로 활동하고 있는 것으로 나타났다.

시설별 특성을 보면 전문요양시설과 요양시설은 간호공간에서 큰 차이를 보이고 있다. 전문요양시설에는 요양시설과는 달리 간호대기 공간이 마련되어 있으며, 기계욕조 등 와상노인 등 중증 이상의 노인을 위한 공간적인 배려가 있는 것으로 나타났다. 요양동의 형태는 국내의 경우 1990년 이후 건립된 시설이 대부분이기 때문에 노인의 배회를 고려한 형태를 띠고 있어 요양실은 6인실, 4인실이 주류를 이룬다.

[표 57] 단계별 요양동

	중계노인복지관	엘 림
평면		
특성	대그룹형	소그룹형
건립일	1996	1997

최근 건립된 시설의 경우 그룹홈 개념을 도입하여 소그룹 독립생활을 강조하는 경향을 띠고 있으며, 일본의 유니트케어 개념을 도입한 사례<표 53>도 조사되었다. 이러한 현상은 시설의 거주성의 강화와

개별노인에 대한 케어의 중요성이 인식되었기 때문으로 요양보험제도가 도입될 경우 가속화될 것으로 판단된다.

[표 58] 그룹홈과 유니트케어방식을 도입한 요양동

	송파노인전문요양시설 요양동	파인벨리 요양동
평면		
특성	그룹홈(4인실)	유니트케어(4인실)
건립일	2004	2005

[표 59] 보호시설 요양동 공간구성 현황

종류	시설명	요양동													
		요양실			간호공간			공용공간						지원공간	
		요양실	화장실	세면실	간호대기	간호사실	소독물실	생활보조원실	목욕실	식당	일광욕실	휴게실	로비	린넨실	창고
전문요양	광명	●	●	●	●	●	●	●	●	●			●	●	●
	파인벨리	●	●	●	●	●	●			●	●	●	●		
	송파	●	●	●	●	●	●			●	●		●		
	광림	●	●										●		●
	엘림전문요양	●	●	●	●	●	●				●		●		
	실버케어스	●	●	●					●				●	●	
	효원	●	●	●					●	●			●		
	중계노인복지관	●	●	●	●	●	●		●	●		●	●	●	●
요양	성지원	●	●	●									●		
	엘림요양원	●	●	●	●								●		●
	영락	●	●	●										●	●
	감천장	●	●	●											

2) 부속시설의 공간구성

보호시설의 부속시설은 시설의 특성을 반영하는 주요한 부분이며 그 특성은 의료 및 재활부분에서 두드러진다. 즉 시설에 따라 물리치료실, 운동치료시설의 설치와 활용도가 전문요양과 요양에 큰 차이를 보이고 있는 것으로 나타났다. 하지만 물리치료 및 재활의 필요성에 관해서는 요양시설에 입소한 노인들이 전문요양시설 노인보다 낮다고 볼 수 없다.

전문요양시설의 경우 물리치료실과 운동치료실을 대부분 갖추고 있으며 공용공간도 요양시설에 비해 양호한 것으로 나타났다. 운동치료실은 물리치료실과 한 공간을 이용하는 것으로 나타났으며 별도의 작업치료실을 두어 재활부분이 강화되어 있는 것을 볼 수 있다.

[표 60] 보호시설 부속시설 공간구성 현황

종류	시설명	의료 및 재활						공용공간							관리공간			지원공간	
		의무실	물리치료실	운동치료실	작업치료실	프로그램실	수치료실	강당	상담실	오락실	목욕실	화장실	로비	식당및주방	사무실	원장실	자원봉사자실	세탁실	창고
전문요양	광명		●	●	●	●	●	●				●	●	●	●	●	●	●	●
	파인벨리	●	●		●							●	●	●	●			●	●
	송파		●	●	●				●	●		●	●	●	●			●	●
	광림	●				●					●	●	●	●		●		●	●
	엘림전문요양	●	●	●	●		●		●			●	●	●	●	●	●	●	●
	중계노인복지관	●	●	●		●						●	●	●	●	●		●	●
요양	성지원											●	●	●	●	●		●	●
	엘림요양원		●						●			●	●	●	●				●
	영락	●				●			●			●	●	●	●			●	●
	감천장	●	●							●	●	●	●	●				●	●

3) 층별 주요기능

요양시설의 층별 기능을 살펴보면 요양부분과 요양을 지원하는 부대시설이 섞여 있는 것이 가장 큰 특징이라고 할 수 있다. 즉 요양시설의 특징을 나타내는 물리치료실, 프로그램실 등이 요양실과 함께 위치하고 있어 요양동이 전문요양시설의 요양동보다는 독립성이 떨어지는 것으로 나타났다. 이는 물리치료실, 프로그램실 등 의료 및 재활부분의 기능이 요양실의 부수적인 공간으로 소극적으로 활용되고 있기 때문으로 판단된다.

요양시설의 경우 양로원으로 이용되었다가 요양시설로 노인의 상태가 변화함에 따라 시설을 전환한 엘림요양원의 경우 요양시설의 특징보다는 양로시설의 특징을 그대로 지니고 있으며, 물리치료, 프로그램실 등이 있지만 소극적으로 활용되어 인근 전문요양시설의 부대시설이 활용되고 있는 것으로 나타났다.

[표 61] 사례 요양시설의 층별 공간구성

	성지원	엘림요양원	영락요양원	감천장
3층	요양실			요양실 휴게실
2층	요양실 물리치료실 식당	요양실 목욕실		요양실 물리치료실 목욕실
1층	요양실 전기 / 기계	요양실 물리치료 프로그램 특수목욕	물리치료실1)	요양실 강당 의무실 식당
지하1층			요양실 의무실	

* 영락요양원은 자체 물리치료실을 운영하지 않고 1, 2층의 양로원에 부속시설인 물리치료실을 함께 사용

전문요양시설의 층별 기능을 살펴보면 요양동과 부대시설이 명확히 구분되어 운영되는 특징을 갖고 있다. 즉 부대시설을 의료 및 재활부분과 공용 및 관리부분으로 구분한다면 전문요양시설은 의료 및 재활부분을 층으로 구분하여 활용하고 있는 것으로 나타나고 있다. 층간 기능 구분이 어려운 경우 수평적으로 요양동과 의료재활부분을 구분하여 의료 및 재활부분을 명확히 구분하여 시설을 활용하고 있는 것으로 나타났다. 구체적으로 살펴보면 광명, 중계의 경우 지하 1층, 송파의 경우 6층을 활용하여 층별로 기능을 구분하고 있었으며, 엘림의 경우 부대시설을 수평으로 구분하여 요양동과 부대시설을 구분하여 활용하고 있으며, 신양의 경우 요양동 층 일부를 의료 및 재활공간으로 활용하고 있는 것으로 나타났다.

요양동과 부대시설 간 관계는 층별구분형, 수평구분형, 혼합형으로 구분되는데 이를 결정되는 가장 큰 요인은 시설의 규모라고 할 수 있다. 시설의 규모가 커지면 의료 및 재활부분이 커지고 부대시설의 부분이 동시에 커지기 때문에 한 개 층을 모두 활용할 가능성이 커지며, 규모가 작아질수록 요양동과 부대시설이 혼합되어 활용하고 있다.

[표 62] 사례 전문요양시설의 층별 공간구성

	광 명	파인빌리	송파치매전문요양시설	엘림전문요양	중계노인복지관
6층			물리치료실 운동치료실 작업치료실 의무실		
5층			요양실 간호사실 기계욕실		
4층			요양실 간호사실		
3층	요양실 간호사실 의사실 식당	요양실 간호사실 세탁실 휴게실	요양실 간호사실	요양실 간호사실 물리치료실 작업치료실	요양실 간호사실 목욕실 식당

	광 명	파인벨리	송파치매전문요양시설	엘림전문요양	중계노인복지관
2층	요양실 간호사실 의사실 식당	요양실 간호사실 세탁실 휴게실	요양실 간호사실	요양실 간호사실 식당	요양실 간호사실 목욕실 식당
1층	주간보호실 사무실 식당	요양실 간호사실 물리치료실 작업치료실	사무실 상담실 세미나실	요양실 간호사실 사무실 집중관리실 의무실	주간보호실 사무실 프로그램실 식당
지하1층	물리치료실 작업치료실 수치료실 강당				물리치료실 작업치료실 종교실 교육실
병설형태	시설1층에 주간보호	시설외부에 주간보호, 요양시설	1층에 치매상담실 운영	시설외부에 요양시설	시설1층에 주간보호

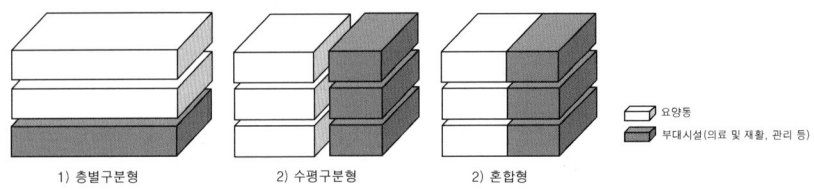

[그림 22] 요양동과 부대시설 간 층별 기능배분

4) 보호시설의 복합화

보호시설의 복합화는 재가시설, 요양시설 간 복합, 의료시설과의 복합으로 나눌 수 있으며, 병설의 공간적 형태는 동일 건물 내에 위치하는지 별동으로 계획되어 있는지에 따라 구분될 수 있다. 요양시설의 복합화는 정책적인 지원도 영향이 되지만 가장 큰 이유는 노인의 증상의 변화에 따른 대응으로 볼 수 있다.

(1) 재가시설(주간보호시설, 가정봉사원파견시설)

보호시설과 재가시설의 복합화 중에서 공간적으로 의미를 갖는 것은 주간보호시설의 복합화다. 단기보호시설이나 가정봉사원파견시설은 보호시설 내에 별도의 공간적 배려가 크게 중요하지 않기 때문이다. 주간보호시설과의 복합화는 크게 시설내부에 위치하고 보호시설 내의 물리치료실, 식당 및 주방 등을 공유하는 형태와 별동으로 구성되는 형태로 나뉜다. 주간보호시설이 요양시설내부에 위치할 경우에는 시설입구에서 바로 접근할 수 있는 위치에 있으며, 별동에 있을 경우에는 요양시설과 큰 관계가 있지 않다.

(2) 요양시설과 전문요양시설

전문요양시설과 요양시설의 복합화는 주간보호시설과의 복합화와 같이 별동으로 존재하는 형태와 동일건물을 층으로 구분하거나 수평으로 구분하는 형태로 나뉜다. 조사시설 중 요양시설과 전문요양시설이 복합화된 사례는 조사시설 중 영락요양 및 전문요양시설과 순애시니어타운이며, 순애시니어타운은 주간보호, 단기보호, 가정봉사원파견서비스를 함께 제공한다.

영락의 경우 요양과 전문요양이 별동으로 각각 운영되지만 요양시설에서 전문요양시설의 물리치료실과 식당을 공유하여 사용하고 있다. 순애시니어타운은 각각의 시설의 독립성을 갖추고 있으나 시설이 서로 연계되어 함께 운영하고 있는 것으로 나타났다.

(3) 의료시설(호스피스 등)

의료시설과의 복합화는 크게 요양병원과 호스피스로 나눌 수 있는데 성지원의 경우 최근 요양병원과 함께 운영하고 있으며, 순애시니어타운은 전문요양시설 내에 호스피스를 별도로 운영하고 있다. 이러한 현상은 요양에서 의료적인 처치의 필요성과 현 제도의 문제(의료보험 적용)로 인한 것이라고 할 수 있다.

[표 63] 보호시설의 복합화의 유형과 형태

구 분	시 설		비 고
양로 + 요양	 영락 (지하1층: 요양, 1·2층: 양로)	 감천장 (1층: 양로, 2층: 양로+요양, 3층: 요양)	내부형
전문요양 + 요양			분동형
	엘림(전문요양과 요양 연결)		
전문요양 + 주간보호	 광명노인요양센터 (지하1층: 물리치료 및 목욕실)	 중계노인복지관 (지하1층: 물리치료실, 1층: 재활치료)	내부형

요양 및 주간보호   공용

5) 보호시설의 특징

(1) 의료 및 재활부분 역할의 시설 간 편차

요양 및 전문요양시설의 특징을 반영하는 중요한 요인인 의료 및 재활부분은 시설별로 차이가 큰 것으로 나타났다. 이는 현 시설의 시설기준 및 운영기준이 최소로 되어 있어 시설운영자의 요양시설의 운영목표나 방법 등의 차이로 인한 것으로 판단된다. 이러한 의료 및 재활부분의 시설 간 격차는 요양 및 전문요양시설이 어떤 시설과 함께 운영하고 있는가도 큰 영향을 미친다. 즉 의료재활부분을 공유할 수 있는 시설과 함께 운영할 경우와 그렇지 않은 경우 기능의 차이가 생기게 된다.

<표 59>는 조사대상시설 중 부문별 세부면적 조사가 가능한 전문요양시설의 부문별 면적을 분석한 내용을 살펴보면 의료 및 재활공간의 1인당 면적이 5.2(㎡ / 인)에서 0.7(㎡ / 인)로 편차가 큰 것을 알 수 있다.

[표 64] 전문요양시설 부문별 면적과 요양 1인당 면적

시설명		엘림전문요양원			중　계		
정원(명)		100			260		
건립일		2004(개보수)			1996		
		면적(㎡)	면적비	1인당 면적	면적(㎡)	면적비	1인당 면적
연면적		3891.2	–	38.9	6695.8	–	25.8
요양동	요양공간	378.84	–	3.8	1078.6	–	4.1
	간호공간	–	–	–	96.8	–	0.4
	공용공간	68.4	–	0.7	340.79	–	1.3
	지원공간	–	–	–	–	–	–
	계	447.24	11.5%	4.5	1516.2	22.6%	5.8
의료 및 재활공간		387.13	9.9%	3.9	171.4	2.6%	0.7
공용공간		1353.1	34.8%	13.5	1586.4	23.7%	6.1
관리공간		63.22	1.6%	0.6	195.02	2.9%	0.8

시설명	송 파			파인벨리		
정원(명)	80			50		
건립일	2004			2005		
	면적(㎡)	면적비	1인당 면적	면적(㎡)	면적비	1인당 면적
연면적	5119.9	-	64.0	1,618.6	-	57.9
요양동 요양공간	1689.8	-	21.1	400.87	-	8.0
요양동 간호공간	181.88	-	2.3	48.7	-	1.0
요양동 공용공간	2680.7	-	33.5	886.76	-	17.7
요양동 지원공간	-		0.0	8		0.2
요양동 계	4552.4	88.9%	56.9	1344.3	46.4%	26.9
의료 및 재활공간	419.41	8.2%	5.2	81.6	2.8%	1.6
공용공간	0	0.0%	0.0	96.99	3.3%	1.9
관리공간	148.09	2.9%	1.9	44.41	1.5%	0.9

(2) 시설의 대규모화로 인한 거주성의 약화

요양 및 전문요양시설은 앞서 살펴본 바와 같이 요양동과 부대시설로 구분되어 설립된다. 그룹홈 형태의 시설을 제외하고는 시설 규모가 100bed 내외의 규모를 갖기 때문에 요양동의 형태가 병원의 병동 시스템을 요양동에 적용한 병원의 병동과 같은 형태를 갖고 있다. 최근에 와서 그룹홈 개념 등 거주성이 강화되면서 달라지고 있지만 일부에 지나지 않는다. 이러한 현상은 앞서 분석한 4개의 시설의 요양동 면적을 보면 알 수 있는데 중계노인복지관의 경우 1인당 요양동 면적이 5.8(㎡ / 인)인 데 반해 최근 건립된 시설인 파인벨리의 경우 26.9(㎡ / 인)로 나타나 편차가 매우 큰 것을 알 수 있다<표 59>.[34]

---

34) 1인당 요양동의 면적만으로 요양시설의 거주성을 평가하는 것은 무리가 따른다. 이는 거주성의 공간의 크기뿐만 아니라 다양한 요인들이 서로 관계를 갖고 있어 종합적으로 평가되어야 하기 때문이다.

(3) 재가시설과의 연계 미흡

현재 운영 중인 공공 보호시설(요양시설, 전문요양시설) 대부분은 주간보호시설, 단기보호시설 등을 함께 운영하고 있다. 하지만 독립적으로 운영하고 인력과 시설만을 공유하고 있는 경우가 많아 시설 간 교류나 연계는 크지 않다. 시설 역시 별도의 구획으로 식당, 물리치료실을 주간보호에서 이용하고 있는 것이 대부분이다. 요양시설과 전문요양시설이 대부분 전문적인 시설과 인력을 갖추고 있다는 점을 고려하면 상대적으로 시설과 인력의 수준이 부족한 지역사회 내의 재가보호시설과 연계하여 지원하는 방안들이 모색되어야 하지만 현재는 시설 간 연계는 거의 없는 실정이다.

3. 재가시설의 공간구성과 기능

재가시설의 공간은 시설의 규모가 대부분 작기 때문에 한 공간에서 다양한 활동이 이루어지고 있는 것으로 나타났다. 또한 시설이 소규모이기 때문에 다른 시설에 병설되는 시설이 독립적으로 있는 시설환경이 양호한 것으로 나타났다.

1) 주간보호시설

주간보호시설은 시설의 설립형태에 따라 시설별로 시설의 수준과 시설이 이용할 수 있는 공간의 규모가 매우 큰 편차를 보이고 있으며 대부분의 주간보호시설은 주요 공간인 거실에서 대부분의 프로그램과 간단한 운동치료 등이 이루어지고 있는 것으로 나타났다. 그리고 노인복지관이나 사회복지관에 물리치료실 등 노인들의 재활이나 프로그램에 가용할 수 있는 공간이 마련되어 있는 경우, 이를 적극적으로 활용하고 있는 것으로 나타났다.

(1) 독립형

본 연구에서 조사한 독립형 주간보호센터는 4개 시설로 주간보호실을 중심으로 대부분의 활동이 이루어지는 것으로 나타났으며 일부 규모가 큰 주간보호시설인 경우 소규모의 물리치료실을 운영하고 있는 것으로 나타났다. 노인들의 식사는 대부분 거실공간에서 이루어지고 있어 간단한 주방을 두고 있는 것으로 나타났다. 시설의 운영자의 관점에 따라 휴양실의 운영 여부를 결정하고 있었으나 대부분 휴양실의 필요는 인식하고 있었지만 장소의 협소함으로 설치하지 않고 있었다. 대부분 시설의 협소로 인해 물리치료, 운동치료 등 재활부분에 대한 공간에 대한 필요성을 제기하였으며, 간호사가 상주하는 시설인 경우 간호에 대한 필요성을 제시하는 것으로 나타났다.

[표 65] 독립형 주간보호시설 공간구성

시설명	거실공간				재활공간				목욕공간			급식공간			여가공간		관리공간			지원공간
	주간보호실	휴양실	화장실	세면실	물리치료실	ADL훈련실	작업치료실	프로그램실	목욕실	자동욕실	화장실	식당	주방	부식창고	오락실	휴게실	사무실	자원봉사자실	린넨실	물품창고
성심의 집 치매주간	●	●			●		●		●			●	●				●			
서부치매노인주간보호	●				●	●	●			●	●	●				●		●		
목동주간보호 (부설형)	●				●			●	●			●					●			
휘경 노인주간보호센터	●		●	●	●							●					●			●

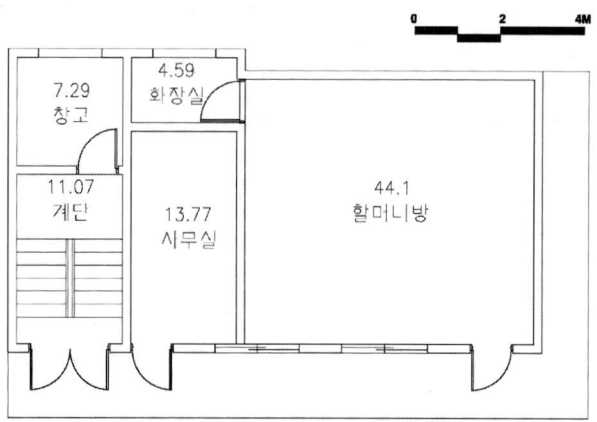

[그림 23] 독립형 주간보호센터(휘경)

(2) 부설형

부설형 주간보호센터는 대부분 사회복지관에 부설되는 시설이 최근에 건립되고 있는 노인종합복지관에 부설되는 경우가 있는 것으로 나타났다. 부설형의 경우 시설의 선호도 면에서는 독립형 주간보호보다는 양호한 것으로 보이는데 이는 모 시설의 물리치료실, 프로그램실의 활용가능성이 높기 때문이다. 모 시설의 공간을 활용하지 못하는 경우 독립시설과 큰 차이를 보이지 않는 것으로 나타났다. 특히 치매노인주간보호센터는 대부분 모 시설과 구분하여 운영하고 있어 병설의 효과를 보지 못하는 것으로 나타났다.

[표 66] 부설형 주간보호시설 공간구성

시설명	거실공간				재활공간				목욕공간			급식공간			여가공간		관리공간		지원공간	
	주간보호실	휴양실	화장실	세면실	물리치료실	ADL훈련실	작업치료실	프로그램실	욕실	자동욕실	화장실	식당	주방	부식창고	오락실	휴게실	사무실	자원봉사자실	린넨실	물품창고
동대문 치매주간보호	●		●											●			●			●
길음복지관 노인주간보호센터	●		●		◎						●									
배봉노인주간보호	●	●			◎						●				●		●			
수유사회복지관 주간보호[1]	◎							◎									●	●		
역삼재가노인복지센터	●		●	●							●									
종로주간보호	●		●	●						●										
성동노인종합복지관 주간보호	●	●			◎					◎	●						●			
은천주간보호	●		●		●			●												

●: 전용공간, ◎: 타시설과 공용 사용 공간
1: 주간보호실을 단기보호시설의 프로그램실과 공유

즉 부설시설의 경우에도 모 시설 내의 서비스와 공간을 이용하는지의 여부에 따라 독립시설의 성격을 갖고 있는지가 결정된다. 모 시설의 공간적 의존도가 가장 높은 것은 물리치료실로 이는 모 시설에서 물리치료 서비스의 제공유무에 따라 많이 달라진다.

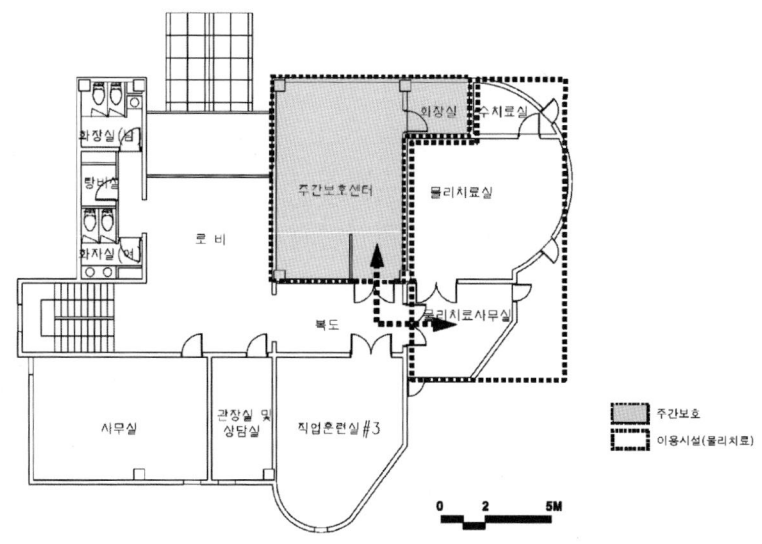

[그림 24] 모 시설의 물리치료실을 활용하는 주간보호센터

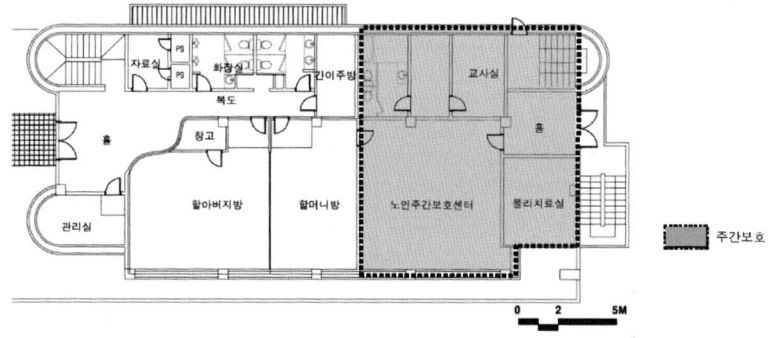

[그림 25] 모 시설과 독립적으로 운영되는 주간보호센터

2) 단기보호시설

단기보호시설도 독립적으로 존재하는 단기보호시설과 다른 시설에
부설되어 운영되는 부설형으로 나눌 수 있다. 부설의 형태는 대부분

보호시설(전문요양, 요양시설)에 부설되어 운영되고 있으며 노인복지관, 사회복지관에 부설되는 경우도 있다. 최근에는 주간보호시설과 단기보호시설을 함께 묶어 운영하는 사례도 늘어나고 있는 추세이다. 보호시설에 부설되는 경우는 시설과 별도로 운영되기보다는 일부 요양병상을 활용하고 있어 단기보호시설의 특성을 파악하는 데 어려움이 있으며, 노인복지관이나 사회복지관에 부설되는 경우 시설과의 연계는 거의 없이 공간 일부를 활용하여 독립적으로 운영하는 것이 일반적이다. 최근에 와서는 단기보호시설과 주간보호시설을 함께 운영하여 재가보호시설의 활용도를 높이고 있는 것으로 나타났다.

(1) 부설형

부설형 노인단기보호시설의 특징은 보호시설의 요양동과 공간구성에서 크게 다르지 않은 것이다. 이는 시설에 입소하고 있는 노인의 상태가 요양시설과 크게 다르지 않으며 24시간 보호하는 시설이기 때문이다.

공간의 구성은 요양시설에서 주로 생활을 하고 이를 지원하는 간호공간과 사무공간이 있으며, 노인을 위한 재활 및 의료공간과 프로그램실로 구성되어 있다. 부설시설인 경우 재활 및 의료공간은 주로 모 시설과 공유하고 있어 이를 이용하기 위해서는 노인들이 이동해야 하며 의료 및 재활공간이 따로 없는 시설은 경우 거실, 휴게실, 프로그램실 등에서 간단한 재활 등의 프로그램 활동이 이루어진다.

[표 67] 부설형 단기보호시설 공간구성

시설명	요양실			간호공간				의료 및 재활					공용공간								관리공간		지원공간	
	요양실	화장실	세면실	간호대기	간호사실	소독물실	생활보조원실	진료실	ADL훈련실	물리치료실	작업치료실	운동치료실	프로그램실	목욕실	화장실	식당	일광욕실	휴게실	오락실	로비	사무실	자원봉사자실	린넨실	창고
평화노인단기보호소	●	●	●										◎	●				●	●		●			●
광진치매단기보호센터(4층)(2층 주간보호, 노인복지관)	●	●	●	●	●		●	◎		◎	◎	◎	●	●	●		●	●				●		
송파종합노인복지관 단기보호	●	●	●	●	●	●	●			◎		◎	●								●			
수유사회복지관 단기보호	●												●	●		●		●	●		●	●		●

●: 전용공간, ◎: 공용공간

[표 68] 단기보호시설과 요양시설 요양동과의 유사성

	광진치매단기보호센터(부설형)	광명치매요양센터 요양동(전문요양시설)
도면	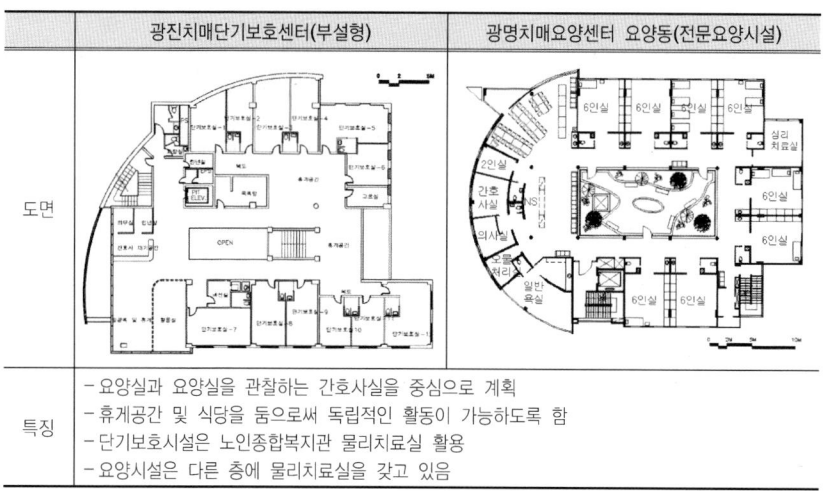	
특징	– 요양실과 요양실을 관찰하는 간호사실을 중심으로 계획 – 휴게공간 및 식당을 둠으로써 독립적인 활동이 가능하도록 함 – 단기보호시설은 노인종합복지관 물리치료실 활용 – 요양시설은 다른 층에 물리치료실을 갖고 있음	

(2) 독립형

독립형 주간보호시설은 소규모 그룹홈의 형태를 유지하고 있으며 재활
공간을 갖추고 있는 것으로 나타났다. 요양실에 화장실 및 세면실을 갖추
고 있지는 않으며 대부분 공용 화장실을 이용하고 있는 것으로 나타났다.

[표 69] 독립형 단기보호시설 공간구성

시설명	요양실			간호공간			의료 및 재활							공용공간							관리공간		지원공간	
	요양실	화장실	세면실	간호대기	간호사실	소독물실	생활보조원실	진료실	ADL훈련실	물리치료실	작업치료실	운동치료실	프로그램실	목욕실	화장실	식당	일광욕실	휴게실	오락실	로비	사무실	자원봉사자실	세탁실	창고
중앙복지실 비치매단기	●				●		●	●		●				●	●	●			●					
진각치매단 기보호센터	●								●	●				●	●						●	●		
은파단기보 호센터	●									●				●	●		●				●			

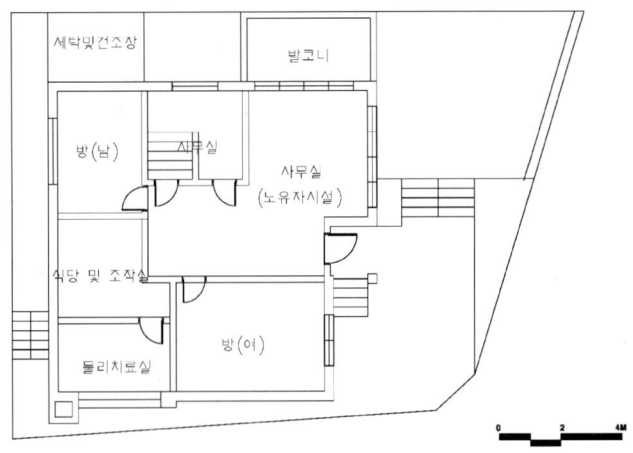

[그림 26] 은파단기보호

3) 재가시설의 복합화

(1) 복지관(사회복지관, 노인복지관)

앞서 언급한 요양시설 및 전문요양시설 병설 이외 재가시설의 복합화는 복지관을 중심으로 이루어진다. 재가시설 중 복지관에 복합화되는 시설은 주간보호시설이 주류를 이루며, 보통 복지관 내에 위치한다. 사회복지관의 경우 복지관 건립 후에 주간보호시설의 기능이 추가됨에 따라 시설의 위치가 1층에 위치하지 않는 사례가 많았으며, 노인복지관에 병설된 주간보호시설은 대부분 1층에 위치하고 있다.

(2) 재가시설 간 복합화

재가시설 간 복합화는 주간보호와 단기보호, 그리고 가정봉사원파견사업을 함께 운영하는 경우가 일반적이다. 접근성이 좋은 위치에 주간보호시설을 두는 것이 일반적이며 한 건물 안에 위치한다.

[표 70] 단기보호시설의 복합화 유형과 형태

구 분	시 설		비 고
복지관 + 단기보호	평화노인단기보호 (프로그램실 공동사용)	송파종합노인복지관 (2층: 치매주간보호＋진료 및 기능회복실)	내부형
	수유치매단기보호 (치매주간보호 프로그램실 활용)	광진치매단기보호 (3층: 주간보호＋물리치료실)	
주간보호 + 단기보호	은파단기보호센터 (물리·운동치료 공용)	성심의 집 주간보호	내부형

단기보호　　　公공용

190

[표 71] 복지관 내 주간보호시설 복합화의 형태

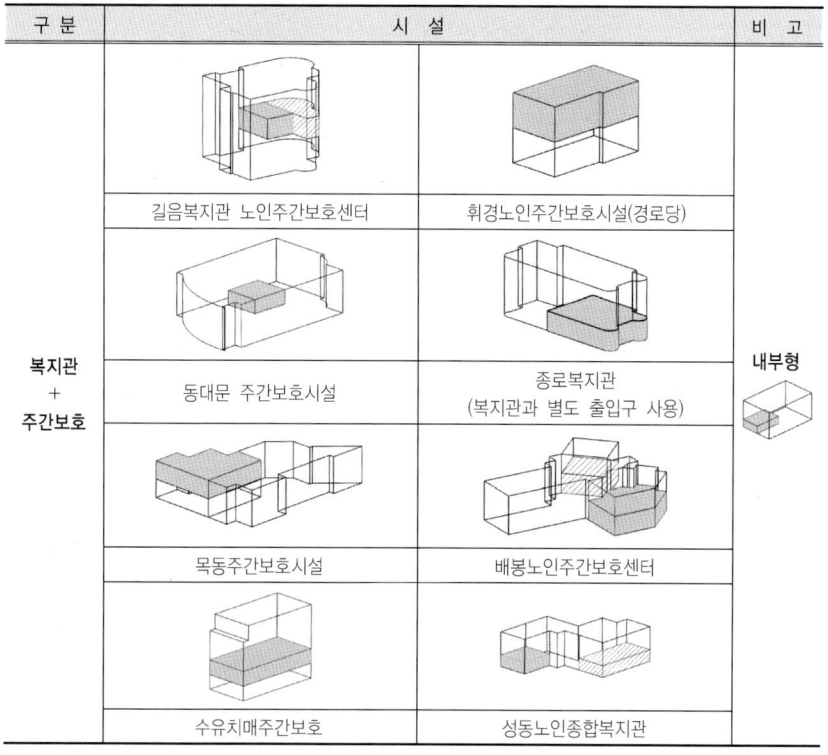

구 분	시 설		비 고
복지관 + 주간보호	길음복지관 노인주간보호센터	휘경노인주간보호시설(경로당)	내부형
	동대문 주간보호시설	종로복지관 (복지관과 별도 출입구 사용)	
	목동주간보호시설	배봉노인주간보호센터	
	수유치매주간보호	성동노인종합복지관	

▢ 주간보호   ▨ 공용

4) 재설가시설의 특징

(1) 소극적인 역할

현재 재가보호시설은 신체적 건강이 양호한 노인을 중심으로 보호하고 있으며 이들을 위한 재활이나 의료적 서비스의 공급은 미흡한 실정이다. 이는 시설의 규모의 협소함, 인력의 부족, 정책 및 제도의 지원 미흡 등에 그 원인이 있는 것으로 판단된다. 현재 우리나라의 경우 요양 및 전문요양시설이 양적으로 부족하고 지역사회보호라는 노인보호의 관점이 중요시되는 시점에 있기 때문에 현재의 소극적인 재가보호에 대한 역할에서 탈피하여 중증 이상의 노인보호를 위한 기능의 확대가 필요할 것으로 판단된다.

(2) 병설시설에 따른 시너지효과가 적음

현재 재가보호시설은 병설시설의 종류와 규모 등과 크게 연관되어 있지 않다. 즉 독립시설, 사회복지관 부설, 요양 및 전문요양시설 부설 등 다양한 부설형태를 갖고 있지만 부설형태에 따른 시설기준이나 운영지침 등이 마련되어 있지 않다. 이로 인해 병설의 효과가 인력의 지원 정도의 소극적인 경우 독립시설과 큰 차이가 없는 경우도 있는 것으로 나타났다. <그림 27>은 사회복지관 내 위치하는 주간보호시설로 부설시설임에도 불구하고 독립된 물리치료실과 입구를 갖추고 있다.

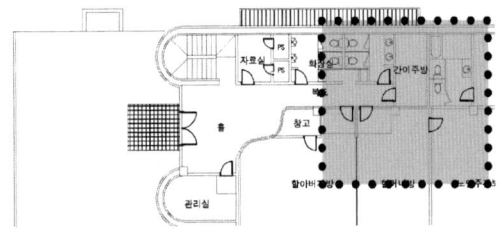

[그림 27] 사회복지관 내 별도의 출입구를 갖춘 주간보호센터
(종로주간보호시설)

(3) 소규모로 인한 다양한 기능 수용 미흡

시설의 규모가 작아지면 노인의 보호와 가족적인 환경을 구축하는 데는 일정부분 장점이 될 수 있으나 노인에게 필요한 전문적인 재활

및 의료적 서비스를 제공하는 데는 한계가 있을 수밖에 없다. 따라서 주간보호노인들을 위한 재활 및 의료서비스, 재활프로그램 공간 등의 마련을 위해 독립시설인 경우 지역사회로의 시설개방, 병설시설의 확대 등이 요구된다.

(4) 지역사회와의 교류가 미흡

노인의 장기요양은 질병의 관점이 아니라 지속적인 보호의 관점으로 이동하면서 노인보호가 격리보다는 지역사회에 지역주민과 함께 살아갈 수 있는 여건을 마련해 주는 다양한 시도가 이루어지고 있다. 하지만 우리나라의 시설의 경우 요양 및 전문요양시설은 지역사회와 대부분 교류가 없으며 재가보호시설의 경우에도 수적인 부족과 함께 기능이 지역사회와의 교류가 부족한 실정이다. 따라서 시설의 입지, 규모, 성격 등을 설정함에 있어 이러한 지역사회 내 주민과 함께할 수 있는 다양한 방안들이 모색될 필요가 있다.

[제5절] 소 결

3장에서는 노인장기요양보호제도가 시설에 어떠한 영향을 미치는지를 일본의 개호보험의 사례를 통해 살펴보고 제도가 시행될 경우 영향을 받게 되는 국내 시설의 특징을 유형별로 조사하여 그 특성을 분석한다. 이를 통해 향후 국내에 노인장기요양보험이 도입될 경우 각각의 시설의 변화가능성과 양상을 도출한다.

제도와 시설과의 관계 고찰에 앞서 제도가 담고 있는 시설변화요인을 살펴보면 공적보호의 범위와 수준, 보호의 개방정도, 가정과의 관계, 서비스의 종류와 수준이라고 할 수 있다. 따라서 제도가 변화할 경우 이러한 변화요인들에 영향을 미치기 때문에 시설 역시 변화가 불가피하다.

국내 노인장기요양보호제도 도입과 시설의 변화양상을 살펴보기 위해 일본의 개호보험과 이에 따른 일본노인시설의 변화를 사례로 선정한 것은 일본의 개호보험제도가 국내에 도입될 제도의 내용과 체계 그리고 전통적인 가족중심의 보호 중시, 제도시행 전의 시설 종류와 체계가 국내와 유사하기 때문이다. 일본의 개호보험 이후의 시설의 변화는 요양서비스 이용자가 급증하고 이를 재가보호에서 상당부분 담당하고 있으며, 시설서비스의 선호도는 높으나 관련 시설이 충분하지 않아 공동생활개호와 같은 보호시설과 그 기능이 유사한 시설들이 발달하고 있는 것을 들 수 있다. 이와 함께 개호예방에 대한 인식의 증가, 서비스를 지역사회에 밀착해서 제공할 필요성의 제기 등과 같은 새로운 인식이 등장하였다. 개호보험 시행 후 시설의 변화를 구체적으로 살펴보면 첫째, 다양한 서비스를 지역사회 내에서 손쉽게 이용할 수 있도록 지역밀착형 시설의 필요성이 발생하고 이를 위해 시설은 규모가 작아지는 경향을 띠며 서비스 제공의 폭이 넓어져서 재가서비스와 시설서비스를 함께 제공하고 있다. 둘째, 재가서비스의 수준이 높아지면서 시설서비스를 이용하는 노인의 장애정도가 높아지는 경향으로 인해 시설은 요개호가 높은 노인을 주 대상으로 하고 있다. 셋째, 보호시설의 거주성이 강화되고 있다. 이는 제도의 직접적인 영향이라기보다는 보험시행 이후 시설 간 경쟁이 유도되면서 발생한 요인이라고 할 수 있다.

국내의 노인정책의 흐름은 노인인구의 급속한 증가와 함께 빠르게 변모하고 있는 특징을 갖고 있다. 국내의 경우 1981년 노인복지법 제정, 1991년 주간보호, 단기보호사업 실시, 1999년 노인복지장기발전체계 수립, 2003년 공적노인요양보장추진기획단 발족 등 최근 20여 년간 다양한 관련 정책과 이에 따른 서비스가 급속도록 진행되어 왔으며 최근에는 노인장기요양보험제도의 도입하여 본격적인 장기요양서비스 체계를 구축하고 있다. 제도 도입이 시설이 미치는 영향은 우선 서비스의 공급처인 시설의 급속한 증가와 이에 대한 시설인프라의 확충이 필요하게 되며, 재가보호서비스가 다양화됨에 따라 이를 위한 시설이 다양하게 될 가능성이 높아진다. 시설의 필요성의 급증과 서비스의 다양화는 시설 간의 복합화를 촉진시킬 가능성이 높아지며 이들은 서비스로 연계될 것이다. 제도 도입이 공급주체의 민간참여의 확대를 전제로 하고 있기 때문에 시설 간 서비스 경쟁이 유도된다면 시설은 더욱 다양화될 가능성이 높다.

앞서 언급한 일본의 사례와 국내에 도입될 제도를 기본으로 국내 시설의 사례를 분석하였는데, 분석은 제도와 시설의 상관관계가 높은 재가시설, 보호시설의 역할과 시설의 복합화를 중심으로 하였다. 국내 장기요양보호시설의 현황을 보호시설과 재가시설로 구분하여 살펴보면 우선 보호시설은 의료 및 재활부분의 역할이 시설별로 편차가 크게 나타나고 있으며 시설의 규모가 크고 요양동의 거주성이 약한 것으로 나타났다. 거주성을 가늠할 수 있는 요양 1인당 요양동 면적은 최근에 지어진 시설일수록 면적이 커지고는 있지만 대체적인 현상은 아닌 것으로 조사되었다. 또한 일부 시설은 재가시설과 함께 운영하고 있지만 시설 간 연계성은 크지 않고 보호시설의 일부(물리치료실 등)를 활용하는 수준에 머물러 있는 것으로 파악되었다. 재가시설은 주로 건강이 양호한 노인을 대상으로 하고 있어 재활, 의료 등의 프로그램이 적극적으로 이루어지지 않고 있었으며 다른 시설에 병설된 시설인 경우 모시설과의 관계나 기능상 상호보완적이지 않아 병설의 효과를 보지 못하고 있는 것으로 나타났다. 이와 함께 시설이 소규모로 운영되기 때문에 다양한 기능을 수용하고 있지 못해 지역사회와의 관계가 미흡한 상태인 것으로 나타났다.

생활보호대상자와 일부 저소득층을 주 이용대상으로 한 시설들은 요양보험제도가 도입된 이후 이용대상자가 대폭 확대되기 때문에 제도에 따른 현재의 시설의 역할은 변화가 불가피할 것으로 판단된다.

제4장

제도 도입과 노인장기요양
보호시설의 변화

본 장에서는 3장에서 고찰한 일본의 제도에 따른 시설의 기능변화와 국내 시설의 기능 현황을 기본으로 국내 장기요양보험제도가 도입될 경우 야기되는 시설의 변화를 재가시설과 요양시설로 나누어 제시한다. 또한 각각의 시설의 변화 제시는 시설의 건립형태(독립, 병설 등)와 함께 운영되는 시설의 종류를 고려하여 제시함으로써 현실성을 높이도록 하였다.

노인장기요양보호시설의 변화

1. 변화의 방향

노인장기요양보호시설의 기능변화를 제시하기 위해서 앞서 분석한 일본과 국내의 정책과 시설의 기능을 기본으로 국내요양보험제도 도입에 따른 기능변화의 방향에 대한 고찰이 우선 필요하다. 본 연구에서는 기능변화의 방향을 장기적인 노인보호의 관점에서 노인의 효율적 보호와 지역사회 유지를 기본으로 하였으며 그 바탕에는 노인의 존엄성을 고려하였다.

본 연구에서 선정한 기능변화의 방향은 지역사회보호, 기능의 명료성, 사회적인 형평성, 비용의 효율성, 보호의 연속성, 선택의 기회확대 등 5개 항목이다.

1) 지역사회보호(aging in place)를 위한 보호의 연속성 강화

본 연구에서 노인장기요양보호시설 기능변화의 방향 중 지역사회보호는 노인이 자신의 거주지에서 보호를 받을 수 있는 기회의 폭을 넓히는 것이라고 할 수 있다. 노인은 육체적, 정신적인 상태가 허약할지라도 자신의 거주지에서 머무르면서 가족, 친구, 이웃들과 사회적 관계를 유지하기를 원한다. 따라서 노인장기요양보호시설의 기능을 설정함에 있어 지역사회보호의 중요한 역할을 수행하는 재가시설의 기능을 지역사회보호에 적합하도록 설정하고 보호시설인 경우에도 이러한 지역사회보호의 원칙하에 기능을 설정하는 것이 바람직할 것이다.

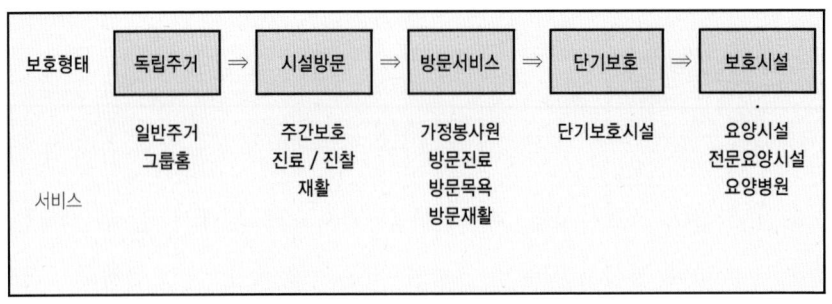

[그림 28] 보호의 연속성과 서비스

지역사회에서 보호가 정착되기 위해서는 재가보호와 시설보호로 크게 분리되어 서로 연계되기보다는 각각의 서비스를 분리하여 제공하고 있는 현재의 시스템을 변화시켜 재가보호는 시설보호의 기능을 일부 분담하고 보호시설은 지역사회와의 밀착을 위해 재가보호의 기능을 수용해야 할 필요가 있을 것이다. 이러한 재가보호와 시설보호의 상호 연계가 원활히 이루어지기 위해서는 시설 간 복합화의 과정이 불가피하다. 이러한 현상은 앞서 조사된 국내 시설 중 주간보호와 단기보호가 함께 운영함으로써 성공적인 성과를 본 사례에서도 살펴볼 수 있다.

2) 기능의 명료성(functional distinctness)

조사에서는 보호시설과 재가시설에 입소한 노인의 상태를 측정하여 각 시설의 특성을 살펴본 '공적노인요양보호체계 발전방안연구'(한국보건사회연구원, 2003)에 따르면 요양시설, 전문요양시설, 노인전문병원의 경우 요양시설과 전문요양시설은 1.74와 1.84로 비슷한 상태로 파악되었으며 노인전문병원의 경우는 2.81로 높게 나타났다. 즉 현재의 요양시설과 전문요양시설을 입소한 노인의 상태로만 파악해 보면 큰 차이가 없는 것으로 나타났다.

[표 72] 시설종류별 보호노인의 와상상태별 분포: 종사자 분류

(단위: %, 점)

			경증	중증	최중증	소계	평균1
보호 시설	요양시설	(n=496)	49.2	27.8	23.0	100.0	1.74
	전문요양시설	(n=735)	45.4	25.4	29.1	100.0	1.84
	노인전문병원	(n=43)	7.0	11.6	81.4	100.0	2.81
재가 시설	가정봉사원파견시설	(n=240)	60.4	25.0	14.6	100.0	1.54
	주간보호센터	(n=121)	71.9	19.8	8.3	100.0	1.40
	단기보호센터	(n=68)	41.2	32.4	26.5	100.0	1.85

1: 1점은 경증으로 하루의 대부분을 일어나 앉아 있거나 실내외를 돌아다니는 상태, 2점은 중증으로 하루의 대부분을 일어나 앉아 있지만 가끔씩 누워있는 상태, 3점은 최중증으로 하루의 대부분을 침상에 누워있거나 가끔씩 앉아 있는 상태
자료: 한국보건사회연구원, 2003, 공적 노인요양보호체계 발전방안연구, 203쪽

재가시설의 가정봉사원파견시설(1.54)이 주간보호센터(1.40)보다 노인의 중증도가 높은 것으로 나타났으며, 단기보호센터의 경우 전문요양시설과 유사한 1.85로 나타났다. 주간보호시설을 이용하는 노인 중 경증노인이 71.9%를 차지하고 있어 절대 다수인 것으로 나타났으며 단기보호시설도 경증이 41.2%로 나타나 경증노인 비율이 높은 것은 것으로 조사되었다. 즉 시설을 이용하는 노인의 장애특성이 시설별로 뚜렷하지 않아 시설의 구분이 명확하지 않다. 따라서 재가시설과 보호시설은 대상노인을 명확히 하고 이에 따라 시설의 역할이 변화되어야 할 것이다.

3) 사회적 형평성(social equality): 지역적 불평등 해소

장기요양보호가 필요한 노인은 누구나 서비스를 받을 수 있어야 한다. 서비스를 누구나 받을 수 있기 위해서는 우선, 기본적인 서비스와 이를 공급하는 시설도 양적으로 증가할 필요가 있을 것이다. 현재 무료 및 실비 서비스의 공급은 저소득계층에 국한되어 있으며, 향후 중산층으로 확대될 것으로 보인다. 향후 노인요양보험제도가 정착되면 이러한 추세는 가속화될 것이다.

서비스 및 시설의 양적 확대뿐만 아니라 사회적 형평성을 유지하기 위해서는 지역의 특성에 맞는 서비스가 제공되어야 한다. 서울시 노인인구 현황을 살펴보면 구별 노인수는 10,000명에서 40,000명까지 다양하며, 구별 인구당 노인인구 비율도 5%에서 8%까지 다양하다. 즉 구별 노인인구의 차이는 수적, 비율적으로 격차가 적지 않음을 알 수 있다. 서울시내에서 노인인구의 단순 비율뿐만 아니라 지역적인 소득수준, 산업형태 등이 종합적으로 검토되어 서비스와 시설이 제공되어야 하며, 이를 위해서는 다양한 지역에 적용이 가능하도록 시설의 다양성이 확보되어야 한다.

4) 비용의 효율성(cost effectiveness)

장기요양서비스에 드는 비용을 요양대상자가 직접 부담하는 직접비용은 재가보호, 요양병원, 요양시설의 순으로 나타나며 보험자, 제공자, 사회적 측면의 직접비용을 고려하면 재가보호, 요양시설, 요양병원 순으로 나타난다. 직접비용과 간접비용을 모두 합친 사회적 비용은 재가보호, 요양시설, 요양병원 순으로 나타난다(김은영, 2002). 요양병원의 경우 요양시설과의 차이는 의료보험 적용에 따른 차이라고 할 수 있다. 보건사회연구원에서 노인요양보장제도 도입에 따른 경제성을 검토한 내용을 살펴보면 시설은 968,500(원 / 월), 재가는 599,700(원 / 월)로 나타나 재가보호가 저렴한 것으로 나타났다.[35] 즉 재가보호와 시설보호의 경우 노인에게 서비스를 제공하는 데 있어 비용부분을 고려해 보면 시설보호가 재가보호보다 높게 나타나고 있다. 따라서 사회적 비용과 노인과 그의 가족의 부담을 경감시키기 위해서는 비용의 효율성을 고려하여 시설의 기능이 설정되어야 한다.

5) 다양한 선택

현재 서비스가 필요한 노인이 이용할 수 있는 시설의 선택의 폭은 매우 제한되어 있다. 즉, 재가시설과 입소시설의 이용의 문제, 재가시설 중 주간보호, 단기보호, 가정봉사원파견시설의 이용에 노인의 선택은 제한되어 있다. 이러한 선택의 제한은 노인장기요양보험이 도입될 경우 서비스의 장소, 종류 등의 선택에 본인과 가족의 선택권이 강화되기 때문에 상당부분 해소될 것이다. 따라서 노인장기요양보호서비스의 선택에 있어 자신의 집에서 머무르면서 보호를 받을지 아니면 입소시설을 이용할지를 결정할 수 있고 나아가서는 어떠한 종류의 서비스를 제공받을지 결정할 수 있도록 다양한 서비스와 이를 뒷받침하는 다양한 시설이 마련되어야 한다.

---

35) 보건복지부 노인요양보장과, 2005, 노인요양보장제도 도입 본격추진(시범사업, 인프라확충, 경제성평가), 42쪽.

2. 재가시설과 보호시설의 변화

　시설의 기능변화를 설정하기 위해서 우선 노인장기요양보호시설의 큰 두 축인 재가시설과 보호시설 간의 역할과 기능에 관해서 검토할 필요가 있다. 앞서 살펴본 보호시설과 재가시설을 이용하고 있는 노인의 상태를 살펴보면 요양시설의 경우에는 전문적인 시설임에도 불구하고 경증비율이 높은 것으로 나타났다. 시설의 경우에는 시설보호가 불가피하게 필요하고 지속적인 관찰이 필요한 중증 이상을 대상자로 하는 것이 바람직하다. 또한 주간보호센터의 경우도 경증, 중증이 비율이 90%를 넘어서고 있는 것으로 나타나고 있어 주간보호센터가 경증 및 중증 노인만을 위한 시설인지를 검토할 필요성이 있다. 개호보험제도를 시행하고 있는 일본의 요양간호별 이용시설 현황<표 68>을 살펴보면 재가보호인 방문계와 통소계 등의 요양간호는 요양간호도가 매우 높은 것을 알 수 있다.

[표 73] 요양 간호도별 이용자·거처자수의 구성 비율

(2004년 9월)

	이용자·거처 자수(사람)	구성 비율(%)							
		총수	요점 지원	요양 간호 1	요양 간호 2	요양 간호 3	요양 간호 4	요양 간호 5	그 외
주택 서비스 사업소									
(방문계)									
방문개호	978,124	100.0	18.3	40.4	14.5	9.8	7.7	7.0	2.3
방문입욕개호	67,569	100.0	0.2	2.9	5.5	11.7	24.3	51.9	3.4
방문간호 스테이션	274,368	100.0	2.9	17.6	13.1	13.0	14.5	20.7	18.2
(통소계)									
통소개호	1,010,060	100.0	14.2	36.8	18.3	13.1	8.9	4.9	3.7
통소사회복귀요법	453,851	100.0	11.9	38.2	20.5	14.4	9.7	4.6	0.6
(그 외)									
단기입양친활개호	192,891	100.0	1.2	15.5	18.6	22.9	23.3	17.6	0.9
단기입소요양개호	60,696	100.0	0.9	14.9	18.9	23.0	23.1	18.5	0.7
인지증대응형 공동 생활 개호	70,022	100.0	·	26.6	30.4	26.4	12.8	3.6	0.3
특정 시설입소자 생활 개호	33,280	100.0	6.5	30.7	17.6	17.0	16.2	12.0	·
복지용구대여	754,222	......	......	......	......	......	......	......	......
주택개호지원사업소	2,057,802	100.0	17.5	38.7	16.4	11.3	8.1	6.3	1.7
개호보험 시설									
개호노인복지시설	358,966	100.0	·	6.8	10.9	18.4	30.5	33.2	0.2
개호노인보건시설	257,774	100.0	·	12.5	17.5	24.5	27.6	17.3	0.6
개호요양형의료시설	132,318	100.0	·	2.8	4.6	10.9	27.3	52.9	1.5

자료: 厚生労働統計一覧, 2005, 平成 16年 介護サービス施設・事業所調査結果速報

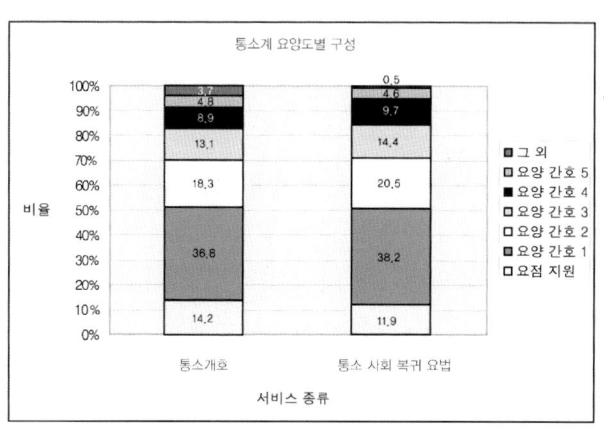

[그림 29] 일본 통소계 시설서비스 이용자의 요양도별 구성(일본, 2004)

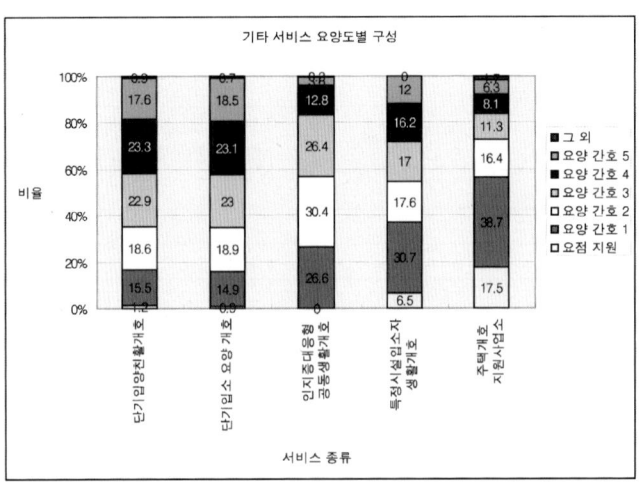

[그림 30] 기타 서비스시설 요양도별 이용자 구성(일본, 2004)

1) 재가시설의 적극적 활용과 역할 확대

현재 노인을 위한 재가시설은 크게 주간보호시설, 단기보호시설, 가정봉사원파견시설이 있다. 이 중 가정봉사원파견시설은 시설을 이용하기보다는 가정봉사 인력을 관리하는 센터의 역할을 하기 때문에 본 연구에서는 주간보호시설과 단기보호시설을 중심으로 기능을 파악한다.

(1) 주간보호시설

현재 우리나라의 주간보호시설은 일반노인을 위한 주간보호시설이 주류를 이루고 있으며 주간보호시설의 설립형태도 다양한데, 단독으로 있는 시설, 노인복지관에 병설되어 있는 경우, 요양시설에 병설되어 있는 경우로 나뉜다.

주간보호시설이 낮 동안 일시적으로 노인을 돌보는 시설이기 때문에 경증노인을 주 이용노인을 한정하고 있는데 이는 일시적 보호로서의 역할 이상의 효과를 보기에는 어려운 측면이 있다. 국내에 제도가 도입될 경우 요양대상자 중 재가시설 이용자의 비율을 80%로 예측[36]하고 있기 때문에 요양도가 높은 노인의 상당수를 재가시설에서 담당할 필요가 있다. 따라서 주간보호시설의 이용노인은 중증노인 이상으로 확대되어야 한다. 이는 앞서 선정한 시설기능변화의 원칙에도 부합하는 것으로 시설입소노인을 최소화하고 지역사회보호라는 장점을 충분히 감안한 것이라고 할 수 있다.

[표 74] 주간보호시설 특성화에 따른 복합시설

	경 증	중 증	최중증	치 매
노 인 시 설	독립시설 노인복지관 경로당	독립시설 노인종합복지관	독립시설 노인(전문) 요양시설 노인전문병원	독립시설 노인종합복지관 노인(전문) 요양시설
사회복지시설	사회복지관 주민자치센터	사회복지관		
기 타	보건소	보건소	요양병원	

현재 운영 중인 주간보호시설의 공간구성은 크게 재활 및 치료공간, 목욕공간, 급식공간, 관리운영공간, 거실공간으로 나뉜다. 앞서 언급한 것처럼 이용인원의 확대로 인한 의료 및 재활기능이 강화되기 위해서는 재활 및 치료공간과 관련 프로그램을 할 수 있는 다목적 프로그램실 등이 확충되어야 한다.

이용인원의 확대는 시설의 건립형태를 고려해야 하는데 노인복지관 병설인 경우 경증노인을 중심으로 그 기능을 설정하고 요양시설 병설

---

36) 공적노인요양보장제도 실행위원회의 공적노인요양보장제도 실시모형 개발연구(2005. 2)에 따르면 시설보호의 노인을 요양대상노인의 20%(65세 노인의 2%) 정도로 예측하고 있어 2007년 재가 서비스가 필요한 노인의 수를 626,277명으로 예상하고 있다.

인 경우 중증 이상의 중풍, 치매 환자로 확대 개편되어야 한다. 병설의 경우에는 노인복지관과 노인요양시설에 국한할 필요는 없을 것이다. 특히 경증노인인 경우 주민자치센터, 사회복지관, 경로당 등 주간보호센터의 설치가 용이하고 운영지원이 가능한 시설을 적극적으로 활용할 필요가 있다. 또한 주간보호시설의 기능 역시 주간에만 노인을 보호하는 기능에 머무르는 것이 아니라 일시적으로 노인을 보호하는 시설의 기능까지 포괄하고 나아가서는 지역사회에 재가보호를 위한 가정봉사원파견 기능도 일부 제공할 수 있을 것이다.

주간보호시설의 기능을 확대할 경우 독립시설로 운영하기에는 이용효율성 측면에서 현실적으로 어려움이 따른다. 따라서 주간보호시설의 경우 독립적으로 존재하기보다는 다른 시설과 함께 건립되어 운영되는 것이 바람직하며, 부설시설은 단기보호와 같은 소규모 요양시설과 함께 운영하는 것이 주간보호시설의 장점을 부각시키고 단점을 최소화시키는 데 효과가 있을 것이다. 즉 주간보호시설의 이용시간의 제약을 보완할 수 있는 시설이 함께 운영된다면 주간보호시설의 기능 확대에 도움을 줄 수 있을 것으로 판단된다. 예로 수유사회복지관은 주간보호시설과 단기보호시설을 함께 운영하고 있는데 주간보호시설을 이용하는 이용자가 대부분 보호자가 부양을 하고 있으나 일시적 요양을 필요로 할 때 단기보호시설을 이용할 수 있기 때문에 노인과 가족에게 좋은 반응을 보이고 있다.

(2) 단기보호시설

단기보호라는 별도의 시설을 운영하는 데는 현실적인 어려움이 따른다. 단기보호시설은 요양시설과 유사한 형태를 갖지만 노인의 입퇴소가 수시로 일어나기 때문에 독립적으로 운영하는 경우는 없다. 따라서 모든 단기보호시설이 요양시설, 복지관 등 다른 시설과 함께 운영하고 있다. 또한 단기보호로 노인이 입소하면 그 기간이 길어지는 경우가 발생하고 이에 따른 강제 퇴소가 어려운 경우가 발생한다.

단기보호시설의 기능적 특성은 요양시설과 매우 흡사해서 요양시설에 병설되는 경우가 일반적이다. 이 경우 요양병상과 단기보호병상을 상호 전환해서 융통성 있게 활용할 수 있는 장점이 있다. 하지만 요양시설과 병설할 경우 요양시설의 특성상 시설로의 접근성이 재가시설보다는 떨어질 수 있기 때문에 재가시설 중 하나인 단기보호시설의 접근성과 시설의 공급은 상반될 수 있다. 따라서 단기보호시설의 병설여부와 그 기능설정은 요양시설과 함께 고려하는 것이 바람직할 것이다. 하지만 요양시설과 병설될 경우 현재의 시설체계로 요양시설이 수적으로 부족하고 접근성이 떨어지는 단점을 갖고 있기 때문에 요양시설에 병설되어 운영될 경우 접근성이 전제될 필요가 있다. 그리고 단기보호시설의 기능은 일시적인 요양을 필요로 하는 노인을 보호하는 기능이므로 보호기간 중 의료 및 재활서비스를 충분히 받을 수 있도록 하고 노인이 자신의 거주지에서 보호받을 경우 이러한 의료 및 재활서비스가 지속적으로 연계될 필요가 있다.

2) 요양시설의 거주성 및 의료 및 재활기능 강화

(1) 거주성 확보

노인(전문)요양시설은 중증 이상의 노인들이 24시간 머무르는 시설이라는 특성을 갖고 있다. 또한 요양시설은 병원과 같이 치료를 목적으로 하지 않기 때문에 거주성이 확보되어야 한다. 특히 노인의 경우 환경의 변화가 좋지 않은 영향을 주기 때문에 자신이 살던 거주의 개념이 적극적으로 도입될 필요가 있다.

거주성을 확보하기 위한 방안으로는 우선 시설의 분위기를 주택과 같은 형태를 갖도록 계획하는데, 근래에 많이 도입하는 것이 그룹홈(group home)개념이다. 이는 규모가 큰 시설일수록 시설적(institutional) 분위기를 많이 주기 때문에 요양실을 몇 개의 소규모 단위로 나누고 이를 하나의 클러스터(cluster)개념으로 설정하는 것이다. 그룹홈 내부에서는 노인 개개인의 프라이버시와 다른 노인 및 직원과의 인적 교류를 활성화시켜 거주성을 강화시켜 나간다. 거주성을 확보하기 위해 권순정(1999)은 내부공간을 개인의 사적인 공간(private space), 반사적인 공간(semi private space), 반공적인 공간(semi – public space), 공적인 공간(public space)으로 나누어 거주공간의 위계를 설정하여 거주성 및 사회적 상호작용을 강화해 나가야 함을 주장하였다.

요양시설의 기능을 선정함에 있어서 지금까지는 병원과 유사한 개념을 가져왔으나 이는 노인의 요양환경의 특수성을 감안하지 않은 것이라고 할 수 있다. 특히 요양동 부분의 병동의 형태가 기존의 전형적인 병원의 병동형태와 유사한 것은 이를 반증하고 있다고 할 수 있다. 따라서 기존의 병동형태의 요양동에서 탈피한 요양동 계획이 요구된다. 일본의 경우 거주성을 높이는 방안으로 그룹홈방식의 도입과 유니트케어방식의 도입이 활발하게 이루어지고 있다.

(2) 지역사회와의 교류기능 강화

요양보호제도는 지역사회의 의료 및 복지자원을 네트워크로 활용하는 것을 근간으로 하고 있다. 지역사회와의 연계가 중요하게 된 것은 지금까지의 요양시설을 휴양과 같은 개념으로 설정하여 사회와 격리된 것과 무관하지 않다. 이러한 논의에는 사회복지시설의 사회화라는 개념이 등장하면서 강조되었는데 시설의 사회화란 '시설 이용자의 인권 보장 및 생활구조의 옹호라는 공공성의 관점에서 시설 내 처우 내용을 향상시킴과 동시에 지역사회에서 발생하는 복지욕구를 충족시키기 위하여 그 시설이 소유하고 있는 장소, 설비, 기능, 인적 자원 등을 지역사회에 개방, 제공하고, 지역사회에서 이루어지는 각종 활동에 대응하는 방식'이라고 정의한다(아키야마, 1978). 조추용(2001)은 시설사회화의 정의를 기본적으로 시설과 지역사회와의 관계 발전, 시설운영과 공간, 시설, 장비를 지역사회에 개방, 주민이 지역사회의 시설에 민주적으로 참여하는 것, 시설이 기능적으로 지역사회의 일부가 되는 것, 시설이 시설생활자의 욕구충족을 넘어서 지역사회 전체 주민의 욕구를 충족시키는 것, 공익성과 지역사회 자체의 서비스 제공 능력의 인정 등으로 하고 있다(김수영, 2001, 202 - 203쪽).

이러한 시설사회화를 요양시설에 적용하기 위해 우선 시설의 입지를 지역사회 안에 선정하는 것이 바람직하며 시설계획에 있어서도 지역사회와의 시설 내 요양노인과의 교류를 확대시키는 방안이 검토되어야 할 것이다. 이를 위해 요양시설의 일부기능을 지역사회에 개방하는 방안, 재가시설을 요양시설과 함께 계획하는 방안, 요양시설의 외부공간을 지역사회가 활용할 수 있도록 하는 방안, 지역사회 내의 각종 시설과 요양시설과의 긴밀한 연계가 가능하도록 계획하는 방안 등을 도입할 수 있다.

본 연구에서는 요양시설의 기능설정과 관계되어 있는 시설 내 기능을 지역사회에 개방하는 방안과 재가시설 등을 요양시설과 함께 계획하는 방안 등을 중심으로 논의할 것이다.

(3) 의료 및 재활기능 강화

요양시설의 의료 및 재활기능에서 의료의 부분은 극히 미비한 실정이다. 제도적인 문제점이 크지만 (전문) 요양시설에 입소하는 노인의 의료적인 욕구에 대한 적절한 대처는 미흡한 실정이다.[37] 요양시설에 간호사의 처치가 고려되어야 하지만 현재는 간병인(생활보조원)에게 대부분을 의존하고 있다.

---

37) 일본의 개호보험시설의 요양도별 구성(2004)을 보자. 국내 요양시설과 동일한 기능인 개호노인복지시설과 개호노인보건시설의 중증도별 구성을 보면 요양간호4 이상이 개호노인복지시설은 60% 이상, 개호보건시설은 45%가량 정도로 매우 높게 나타났다.

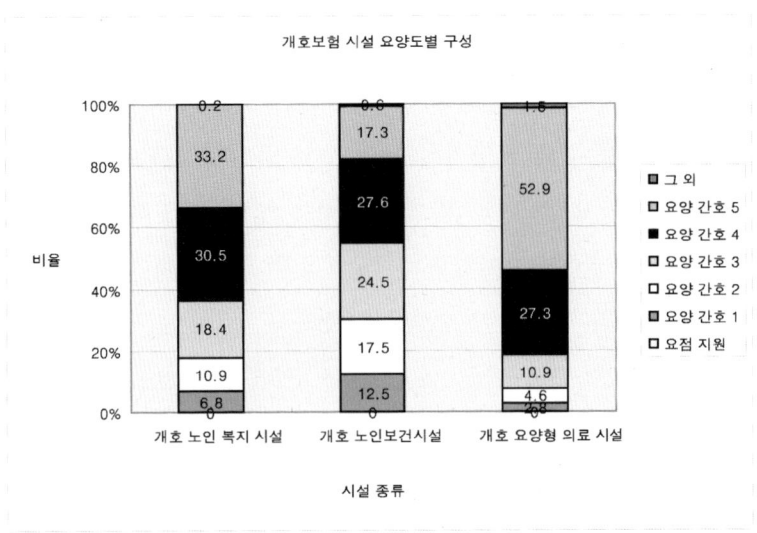

개호보험 시설 요양도별 구성

자료: 厚生労働統計一覧, 2005. 平成１６年　介護サービス施設・事業所調査結果速報

[표 75] 노인장기요양시설 간호처치 욕구조사

		기관지절개관리	산소호흡	욕창처치	경관영양	통증관리	정맥영양	카테타관리	투석처치	간호처치욕구소계	간호처치욕구평균
보호시설	요양시설	1.00	1.02	1.09	1.01	1.34	1.05	1.01	1.00	8.51	1.06
	전문요양시설	1.03	1.01	1.13	1.03	1.32	1.07	1.03	1.02	8.64	1.08
	노인전문병원	1.25	1.10	1.40	1.35	1.65	1.20	1.35	1.00	10.02	1.25
재가시설	가정봉사원파견시설	1.02	1.00	1.08	1.03	1.11	1.05	1.02	1.00	8.26	1.03
	주간보호시설	1.08	1.01	1.06	1.03	1.30	1.05	1.03	1.01	8.54	1.07
	단기보호시설	1.00	1.03	1.09	1.04	1.25	1.09	1.03	1.01	8.49	1.06

* 1: 필요 없음, 2: 필요 있음
자료: 한국보건사회연구원, 2003, 공적노인요양보호체계 발전방안연구, 220쪽

보건사회연구원의 조사(2003)에서 노인장기요양시설 보호노인의 간호처치 욕구를 살펴보면 간호처치 중 일부에서 욕구가 있는 것으로 나타났으며, 특히 통증관리와 욕창처치에서 높은 것으로 나타났다.

의료부분의 욕구보다 더 적극적인 부분이 재활치료 욕구인데, 요양시설과 전문요양시설 입소자는 비슷한 정도의 욕구가 나타났으며, 노인전문병원의 경우 재활욕구가 매우 큰 것으로 나타났다. 재가시설인 경우에도 주간보호시설과 단기보호시설 이용 노인의 재활욕구의 기능은 강한 것으로 나타났다. 특히 주간보호시설의 재활욕구가 요양시설의 재활욕구와 비슷한 수준으로 나와 주간보호시설의 기능 중 재활이 필요성이 있는 것으로 나타났다.

[표 76] 노인장기요양보호시설 재활치료 욕구조사

		마비재활치료	구축재활치료	재활치료소개	재활치료평균
보호 시설	요양시설	1.30	1.45	2.74	1.37
	전문요양시설	1.34	1.48	2.82	1.41
	노인전문병원	1.80	1.85	3.60	1.80
재가 시설	가정봉사원파견시설	1.16	1.19	2.34	1.17
	주간보호시설	1.31	1.33	2.64	1.32
	단기보호시설	1.20	1.30	2.50	1.25

* 1: 필요 없음, 2: 필요 있음
자료: 한국보건사회연구원, 2003, 공적노인요양보호체계 발전방안연구, 221쪽.

시설 이용노인의 실질적 이용욕구뿐만 아니라 재가시설이나 요양시설에 의료 및 재활기능이 강화되는 이유를 제도와 함께 살펴보면 요양대상자로 지정 시 요양에 필요한 각종 서비스에 대한 급여를 지급받는데 이 중에는 의료 및 재활부분에 해당하는 서비스가 포함되어서 현재보다는 시설의 의료 및 재활기능이 강화될 것으로 예상된다.

3. 시설 간 기능 통합과 시설의 복합화[38]

현재의 노인보호는 경제적 여건, 부양가족의 유무에 따라 받을 수 있는 서비스가 제한된다. 하지만 요양보험제도의 도입으로 인해 장기요양이 필요한 노인의 등급이 정해지고 그 노인에게 필요한 케어플랜[39]이 작성되게 된다. 이것에 따라 노인을 중심으로 어떠한 서비스가

---

38) 노인시설의 복합화는 크게 이용대상자가 노인에 한정된 시설 간의 복합화와 사회복지시설과의 복합화, 세대 간 교류를 위한 복합화(예를 들어 노인시설과 아동시설과의 복합) 등으로 구분될 수 있다. 본 연구에서는 이 중 노인을 주 이용대상으로 하는 시설 간의 복합화에 관해서 논의한다.
39) 요양서비스 계획이라고 불리는 것으로 요양보호평가를 위해 케어매니져(care manager)가 케어 대상자의 요양보호 욕구사정(care assessment)을 하여 요양자 및 가족의 희망과 건강상 및 생활상의

단계적으로 공급되어야 하는가가 결정된다. 이렇게 된다면 재가서비스와 시설서비스와의 자연스러운 이동이 가능해야 한다.

따라서 현재와 같이 재가서비스 제공시설(주간보호시설, 단기보호시설, 가정봉사원파견시설 등)과 보호시설과의 단절된 관계는 점차 변화할 것이 예상된다. 현재 보호시설인 요양 및 전문요양시설의 경우 지역사회와의 관계가 단절된 모습을 보이고 있기 때문에 재가서비스를 적극적으로 도입하여 시설 간 통합이 추진될 필요가 있다.

1) 소규모 요양시설과 재가시설과의 통합

노인의 건강과 가족의 상황이 항상 일정하게 유지되기에는 현실적인 어려움이 따른다. 따라서 노인의 상황에 따라 주간보호, 단기보호, 요양 등의 보호를 한 장소에서 모두 이루어질 수 있다면 노인의 보호에 상당한 긍정적 영향을 미칠 것으로 보인다.

조사대상 시설 중 단기보호와 주간보호를 한 장소에서 하는 시설 <그림 31>의 경우 주간보호노인 중 일시적 노인의 단기보호가 필요할 경우 이를 즉각적으로 시설에서 대응함으로써 노인과 가족 모두 시설이 함께 있는 것을 긍정적으로 평가하고 있었다.

문제 등을 종합적으로 고려하여 노인에게 필요한 서비스 계획을 종합적으로 마련하는 것을 말한다.

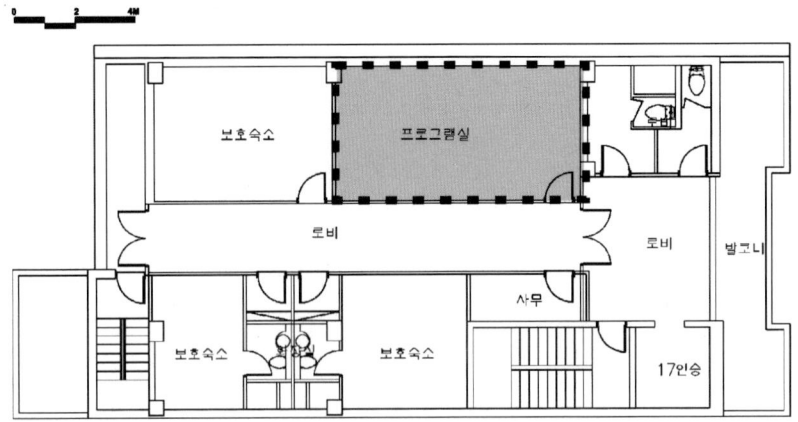

[그림 31] 단기보호와 주간보호 통합의 예(수유사회복지관 내 노인단기보호+주간보호)

2) 요양시설과 전문요양시설의 통합[40]

　노인이 한 시설에 입소하면서 노인의 증상이 심해짐에 따라 시설의 기능에 상당히 많은 영향을 미치게 된다. 이러한 현상은 시설의 운영이 오래된 시설의 경우 많이 나타나는데 건립 초기에는 요양시설로 건립하였다가 노인의 상태가 전문적인 요양을 필요로 하는 노인이 늘어나고 와상노인이 늘어남에 따라 전문요양시설로 전환하게 된다. 이러한 현상은 양로시설에도 나타나는데 같은 이유로 양로시설을 요양시설로 전환하고 있는 실정이다. 즉 시간이 경과됨에 따라 노인의 상태의 범위가 넓어지고 시설기능의 뒷받침이 요구된다. 따라서 요양시설과 전문요양시설을 구분하고 이에 대한 지원이 달라지는 현재의 시설 구분은 노인의 상태에 따라 능동적으로 대처할 수 있도록 그 기능이 변화할 것이다.

---

40) 요양시설과 전문요양시설의 통합은 제도 도입으로 요양시설로 통합되었다. 연구가 진행된 시점에서는 이러한 논의가 이루어지지 않아 연구에서 제안한 것이다.

재가시설의 변화

본 연구에서 기능변화를 살펴보는 재가시설은 주간보호시설, 단기보호시설에 국한된다. 왜냐하면 이들 시설이 실질적으로 시설로서의 기능을 담고 있기 때문이다. 가정봉사원파견시설은 시설로서의 역할보다는 가정봉사원을 관리하는 역할을 하기 때문에 시설로서의 큰 의미를 갖고 있지 않다.

재가복지시설의 변화를 양상을 살펴보기에 앞서 현행법에서 규정하고 있는 시설기준을 살펴보면 주간보호시설의 경우 이용인원에 따라 다른데 10인 이상인 경우 사무실, 거실, 식당, 욕실, 화장실, 작업 및 일상동작훈련실(ADL실)을 갖추어야 하며 10인 미만일 경우에는 부대시설의 기준이 완화되어 있다. 단, 사회복지시설에 병설하는 경우에는 거실, 욕실, 작업 및 일상동작훈련실을 제외한 실은 병설하는 시설을 이용할 수 있도록 하고 있다. 단기보호시설은 침실, 사무실, 식당 및 조리실 등을 갖추도록 하고 있어 거주성을 고려한 기준이 마련되어 있다.

[표 77] 재가복지시설 시설기준(노인복지법)

(단위: 개)

구분		거실	침실	사무실	의료 및 간호사실	작업 및 일상동작훈련실	식당 및 조리실	화장실	세면장 및 목욕실	세탁장 및 건조장
주·야간 보호서비스	이용자 10명 이상	1			1	1	1	1		1
	이용자 10명 미만	1		1		1	1		1	
단기 보호서비스	이용자 10명 이상		1		1	1	1	1		1
	이용자 10명 미만		1		1	1	1		1	

자료: 노인복지법시행령. 별표 노인재가복지시설 시설기준

현행 시설기준은 최소한의 기준을 설정하고 있어 주간보호시설, 단기보호시설의 역할을 충분히 고려하고 있지 않다. 특히 의료 및 재활 부분 역할을 담당하는 작업 및 일상동작훈련실에 대한 기준이 실의 유무만을 규정하고 있어 구체적인 실의 성능을 언급할 필요가 있다.

노인요양보호제도가 도입될 경우 앞서 언급했듯이 재가보호시설의 역할이 강화될 가능성이 높기 때문에 현재 시설의 기능은 의료 및 재활기능의 강화로 변화할 것이다. 하지만 모든 재가보호시설의 의료 및 재활기능이 강화될 필요는 없을 것이다. 이는 재가보호대상자인 노인도 다양한 요양범위에 있기 때문에 이를 고려하여 시설의 역할에 따른 기능의 변화를 달리 적용해야 한다. 본 연구에서는 이를 재가복지시설이 건립형태에 따라 다른 역할을 부여하여 요양제도 도입에 따른 시설 기능변화의 현실성을 높였다.

1. 주간보호시설의 역할 확대

1) 요양시설병설형 주간보호시설

주간보호시설은 크게 요양시설, 노인종합복지관, 사회복지관 등에 병설되어 있으며 이러한 흐름은 향후에도 지속될 것으로 보인다. 이는 시설이 병설될 경우 인력 및 각종 시설을 공유할 수 있기 때문이다.

요양시설에 병설되는 주간보호시설의 기능은 주간보호시설의 접근성 측면과 이용이 가능한 노인의 범위가 설정되어야 한다. 접근성 측면에서 요양시설인 경우 다른 시설에 비해 상대적으로 접근성이 약한 시설인 반면 주간보호시설은 시설의 운영측면을 볼 때 접근성이 매우 우수한 시설이다. 따라서 요양시설에 주간보호시설이 병설될 경우에는 요양시설의 접근성이 우수한 경우에 일차적으로 병설의 효과를 볼 수 있다. 즉 요양시설이 지역사회에 포함되어 운영되지 않을 경우 주간보호시설의 효율적인 운영에 어려움을 줄 수 있다. 노인의 증상별로 살펴보면 요양시설에 병설되는 주간보호시설의 경우 치매노인과 경증, 중증, 최중증으로 노인의 증상을 구분해 볼 때 와상노인을 제외한 중증 노인의 보호가 가능할 것이다. 이는 요양시설의 기능이 중증 이상의 노인보호를 주목적으로 하기 때문에 관련 인력이나 시설의 이용이 가능하기 때문이다. 또한 현재의 일시적 보호 이상의 기능을 하기에 현실적으로 어려운 부분이 있었던 기능에서 중증 및 치매노인 보호의 활성화로 기능이 확대되면 다양한 재활기능의 추가가 요구될 것이다.

정리하면, 요양시설에 병설되는 주간보호시설은 우선, 보호대상노인을 중증 및 치매노인으로 확대하여 이들을 적극적으로 보호할 수 있는 재활기능이 강화되어야 한다. 요양시설에서는 접근성을 최대한 보장하고 각종 재활시설, 목욕시설 등은 사용이 용이한 곳에 위치해야 한다. 재활기능을 강화하기 위해서는 요양시설 내의 물리치료실, 작업치료실 등 재활부분으로의 접근을 용이하게 하며, 주간보호시설 내에는 요양시설 내의 이용시설과는 분리된 별도의 프로그램실을 갖추어야 한다.

2) 노인종합복지관 병설 주간보호시설

노인종합복지관의 설립의 근본 목적은 노인의 여가 및 건강욕구를 충족시켜 주기 위함이다. 즉 건강이 양호한 노인은 자신의 여가를 위한 각종 교육과 오락을 위한 프로그램을 운영하여 이들의 욕구를 충족 시켜주며, 그들의 건강 유지에 필요한 기본적인 재활프로그램을 운영 한다. 따라서 노인종합복지관에 병설되는 주간보호시설은 치매 및 중증 이상의 노인을 대상으로 하기에는 현실적인 어려움이 따른다. 반면 노인종합복지관의 입지가 지역사회의 접근성이 우수하다는 측면을 고려해 본다면 이것은 주간보호시설의 운영의 효율성을 높여줄 수 있는 장점이 될 수 있다.

이러한 이유로 노인종합복지관에 병설되는 주간보호시설은 중증 이하의 노인을 대상으로 하는 주간보호시설과 치매노인을 대상으로 하는 주간보호시설의 설치가 가능하다. 현재의 경증노인과 일부 치매노인을 대상으로 하는 주간보호시설로는 재가보호시설의 기능 확대와 지역사회보호의 큰 틀에 부합하지 않기 때문이다. 기능 역시 거실 중심의 일시적 보호기능에서 다양한 프로그램 활동이 가능한 기능을 확보하고 복지관 내 식당, 목욕실, 물리치료 및 작업치료실의 이용이 용이하도록 계획되어야 한다. 만일 복지관 내의 물리치료실 등 주간보호시설에서 활용할 수 있는 시설이 갖추어져 있지 않을 경우 병설로서의 얻는 효과는 적어질 것이다.

3) 독립주간보호시설

주간보호시설을 독립적으로 운영하는 것은 시설의 기능 대비 효율측면에서 불합리한 부분이 많이 발생한다. 즉 주간보호의 기능을 활성화시키기 위해서는 의료 및 재활부분이 강화되어야 하며, 각종 프로그램을 수행할 수 있는 공간과 목욕서비스 등이 구비되어야 하기 때문에 필요한 공간과 시설의 규모가 커질 수밖에 없다. 하지만 이러한 시설을 갖추고 주간에만 이용하는 것은 현실적인 어려움이 따를 수밖에 없다.

따라서 독립주간보호시설은 그 기능을 확대하여 활용하는 방안이 모색되어야 한다. 시설의 기능을 확대하는 방안으로는 물리치료실 등의 시설을 주간보호 이용 이외의 지역주민에게 개방하는 방안, 방문서비스(목욕, 재활, 간병, 수발 등)의 기능을 포함하는 방안 등을 들 수 있으며, 이러한 것은 요양제도의 도입으로 현실화가 가능하다.

독립노인주간보호시설의 기능을 거주 및 휴식공간, 재활 및 의료공간, 목욕공간, 급식공간, 관리 및 운영공간으로 나눈다면 앞서 제시한 기능의 확대가 가능하기 위해서는 재활 및 의료공간과 목욕공간이 포함되어야 한다. 재활 및 의료공간은 ADL실(일상동작훈련실), 작업치료실, 물리치료실 등이 있으며 이들 기능이 강화되어야 한다. 또한 거주 및 휴식공간은 중증 이상 노인들을 위해 소규모의 요양실[41]을 포함하는 것을 고려할 수 있다.

4) 야간보호시설[42]

야간보호시설은 주간에만 노인을 맡기는 시설에서 노인보호프로그램을 야간에도 확장할 필요가 있는 것이다. 야간에만 시설에서 노인을 보호하기 위해서는 앞서 언급한 병설형, 독립형 시설에서 야간에도 활용할 수 있는 시설을 선택하는 것이 바람직하다. 야간보호가 가능한 주간보호시설은 (전문)요양시설 부설형 주간보호시설이 가장 적당할 것으

---

41) 요양실을 주간보호시설에 포함하는 방안은 일시적인 휴식의 목적이 있지만 향후 소규모 요양기능으로 확대될 가능성이 높기 때문에 제안한 것이다.

42) 2009년 현재는 기존의 주간보호서비스를 주·야간보호서비스로 확대하는 것으로 제도가 개선되어 있다.

로 판단된다. 왜냐하면, (전문)요양시설은 24시간 운영하는 시설이기 때문에 야간에 인력과 시설을 활용할 수 있기 때문이다.

[표 78] 주간보호시설 유형별 변화

형 태			현 재	시설변화
병설	(전문)요양시설	대상	경증, 치매노인	중증 노인으로 확대, 치매노인 강화
		기능	기본적 보호 및 재활	재활기능 강화, 중증환자를 위한 일시적 요양실 활용 필요
	노인종합 복지관[1]	대상	경증, 치매노인	중증 노인으로 확대, 치매노인을 주간보호 할 경우 시설에 독립성 확보
		기능	기본적 보호 및 재활	재활 및 의료기능 강화
독립주간보호시설		대상	경증, 치매노인	중증 이상 노인으로 확대 가능
		기능	기본적 보호 및 재활	요양실 추가하여 시설 추가, 재활 및 의료기능 강화, 자동목욕실 재가보호센터(방문서비스기능 강화)로 역할 확대
야간보호시설		대상	없음	중증 이하 노인, 치매노인
		기능		보호시설 병설형태인 경우 가능

1: 노인종합복지관의 경우 별도의 물리치료실, 프로그램실 등을 갖출 경우 병설의 효과를 볼 수 있음

2. 다양한 형태의 단기보호시설

1) 요양시설 병설형

단기보호시설은 일시적인 보호가 필요한 노인을 보호하는 시설로 요양시설로 병설될 경우 현재는 요양동 일부를 활용하여 운영하고 있다. 따라서 요양시설에 병설된 단기보호시설은 요양시설의 기능과 동일하게 운영될 수밖에 없어 단기보호시설의 기능의 변화방향은 요양시설과 유사하다. 다만 단기보호기능이 재가보호와 시설보호에서 보호의 연속

성을 위한 중요한 역할을 수행할 수 있는 시설이기 때문에 요양시설의 일부를 운영하여 활용하는 것은 중요하다.

2) 노인종합복지관 병설형

복지관에 병설되는 단기보호시설은 극히 적다. 이는 요양시설이 절대적으로 부족했던 시기에 단기보호시설의 수요를 충족시키기 위한 수단으로서 노인종합복지관에 병설되어 운영한 경우이다. 종합복지관의 기능과 단기보호시설의 기능이 서로 상이한 부분이 많아 함께 운영될 경우 예상되는 장점이 많지 않다. 따라서 노인종합복지관에 병설될 경우에는 중증 이하 경증노인을 중심으로 활용하는 것이 바람직하다.

3) 독립단기보호시설

독립적으로 운영되는 단기보호시설은 요양시설의 축소 형태라고 보는 것이 바람직하다. 우선 건강상태가 양호한 경증노인인 경우에는 그룹홈 형태의 시설이 가능하지만 중증 이상의 노인인 경우 요양시설의 형태 즉 요양동과 부대시설이 함께 있어야 제 기능을 수행할 수 있다. 현재 단기보호시설에 입소하는 노인 중 최중증의 노인이 많이 있는 것으로 보아 경증과 구분될 수 있는 단기보호시설이 건립되어야 한다. 즉 경증을 중심으로 운영되는 단기보호시설과 중증 이상 최중증 노인을 주로 보호하는 시설로 구분되어 운영될 필요가 있다. 다만, 요양시설이 지역사회 시설로서의 역할을 하기 위해 운영의 효율성 측면에 현실적인 어려움을 보완하는 소규모 요양시설로서의 역할을 수행할 가능

성이 있다. 이러한 가능성을 높이기 위해서는 다른 재가서비스시설(주
간보호, 가정봉사원파견 등)과 함께 운영하는 것이 바람직하다.

[표 79] 단기보호시설 유형별 변화

형 태			현 재	시설변화
병설	요양시설	대상	경증, 중증	중증 이상 노인으로 확대
		기능	일시적 요양	요양시설과 동일
	노인종합복지관	대상	경증	경증, 중증 노인 중심
		기능	일시적 요양	소규모 요양시설로 기능 확대되지 않을 경우 병설 효과가 적음
독립 단기보호시설		대상	경증, 중증	중증 이상 노인으로 확대 가능
		기능	일시적 요양	경증과 중증으로 구분하여 시설을 세분화할 필요가 있음 재가보호센터로서의 역할 부여 필요

[제3절] 보호시설의 변화

1. 양로시설의 요양시설 전환

현재의 양로시설은 예전에는 단순 수용보호를 목적으로 하는 시설로
여러 원인으로 인해 건강한 노인을 보호하고 있다. 건강한 노인을 수
용하는 것을 기본적인 목적으로 하고 있기 때문에 시설의 전문성은 떨
어지고 거주성은 약화되는 경우가 많다. 또한 건강한 노인이 입소해서
시간이 지남에 따라 건강이 나빠지는 경우가 일반적이다. 양로시설에

입소하고 있는 노인의 상태가 악화될 경우 전문시설로 입소자를 이동시키기에는 현실적으로 어려움이 따르기 때문에 요양이 필요한 노인이 점차 증가하게 된다. 이에 따라 시설의 기본적 기능이 입소하고 있는 노인에게 적합하지 않는 경우가 발생하게 된다.

따라서 양로시설의 경우에는 요양시설로 기능을 전환하여 요양이 필요한 노인에게 적합하도록 해야 한다. 그리고 건강한 노인은 그룹홈, 무료노인주택 등 지역사회에 적극적으로 개입될 수 있는 시설에서 머무를 수 있도록 하는 것이 바람직하다.

2. 요양시설의 전문요양 기능 강화[43]

요양시설과 전문요양시설을 구분 짓는 가장 큰 기준은 입소하고 있는 노인의 상태이다. 즉 요양시설은 중증 노인을 중심으로 기능을 강화할 필요가 있다. 현재 요양시설의 경우 재활 및 의료기능을 최소로 갖고 있는데 중증 노인을 중심으로 확대된다면 재활 및 의료부분을 중점적으로 기능을 강화할 필요가 있다. 이와 함께 요양시설 이용노인의 증상의 변화의 관점으로 살펴보면 요양시설에 입소한 노인이 초기에는 장애정도에 비해 점차 심해질 경우 이를 포괄할 수 있도록 계획할 필요가 있다. 장기요양보험제도가 도입될 경우 노인의 요양정도에 따라 차등적으로 급여가 제공되는 점을 감안한다면 노인의 증상에 따라 시설의 서비스가 달라져야 하며 이를 위해 시설은 관련 요양서비스를 제공할 수 있어야 한다. 따라서 기존의 요양시설과 전문요양시설의 구분

---

43) 요양보험제도가 도입되면서 요양시설과 전문요양시설은 통합되어 있다. 본 내용은 요양시설과 전문요양시설이 구분되어 있던 시점에서 작성된 내용이다.

이 다소 모호해질 가능성도 있으나 전문요양시설을 와상노인중심의 시설로 그 기능을 명확히 한다면 시설 간 기능은 정리될 수 있을 것이다.

3. 요양시설의 재활 및 의료기능 강화

요양시설의 경우 최중증 노인이 주 대상인 시설로 대체로 중증 치매와 중풍 등으로 와상비율이 높은 노인을 대상으로 한다. 이를 위해 재활과 간호기능을 동시에 강화할 필요가 있으며 종말기 환자 진료(terminal care)를 위한 기능도 포함되어 운영될 필요가 있다.

[표 80] 의료 및 간호의 필요성 증가로 인한 평면의 변화

평 면	
변 화 양 상	- 와상환자 등 지속적인 관찰과 의료적인 처치가 필요한 노인의 증가 - 회의실 등 사무기능으로 활용한 장소를 집중관찰실(ICU)로 계획하여 간호기능을 강화 - 이들은 재활적 욕구보다는 간호적 욕구가 강함

의료의 강화가 병원과 같은 의료시설의 형태로 변화하는 것을 의미하지 않는다. 즉 요양병원과 요양시설은 그 성격을 명확히 구분할 필요가 있다. 즉 지속적인 의료적 관찰과 처치가 필요한 환자는 요양병원의 이용을 원칙으로 한다. 하지만 전문요양시설은 시설을 이용하는

노인의 신체적 상태가 변화함에 따라 발생하는 의료적인 관찰과 처치의 요구들은 일정부분 감당할 수 있어야 한다.

4. 소규모 분점형 요양시설 도입

현재 노인요양시설의 규모는 다른 시설에 비해 상대적으로 매우 크다. 따라서 도심지에 시설을 추가적으로 건립하기에는 현실적인 어려움이 따른다. 따라서 지역사회 깊숙이 설치할 수 있는 소규모 요양시설의 건립은 도심지에서 현실적 대안으로 자리 잡을 수 있을 것이다. 이러한 형태가 그룹홈(group home)과 유사한 형태라고 할 수 있으나 소규모시설을 운영하고 관리하는 요양시설(센터)과 연계하는 분점 시설이라고 본다면 다른 시설이라고 할 수 있다.

분점형태의 시설은 지역사회에 시설을 새로이 건립하거나 기존의 주택이나 기타 시설을 개조하여 사용할 수 있을 것이다. 이러한 분점형태의 시설의 건립을 촉진시킬 수 있는 이유는 요양제도 도입에 따른 민간참여 확대이다.[44] 민간이 요양서비스 공급 사업에 적극적으로 개입될 경우 그들의 브랜드를 만들어 이들을 체인화시킬 가능성이 매우 높다. 미국의 경우 보조주택은 이미 브랜드화되어 있다. 분점형태의 요양시설의 형태는 향후 언급될 소규모 다목적 노인장기요양보호시설(요양, 단기, 주간보호 기능 포함)로 구성하여 지역사회의 다양한 노인의 요양욕구를 충족시켜주는 것이 바람직할 것으로 판단된다.

---

44) 민간사업자는 지금까지는 사회복지법인을 중심으로 이루어졌지만 향후 제도가 도입될 경우 개인, 민간, NPO(Non - Profit Organizations) 등 공급주체가 다양해진다. 국가별 민간영리비율을 보면 독일 36%(재가 56%), 영국 43%, 미국, 66.5%, 일본 2.6%(재가 17%)에 이르고 있다. (공적노인요양보장제도 실행위원회, 2005)

[표 81] 입소시설(양로시설, 요양시설, 전문요양시설) 유형별

형 태		현 재	시설변화	비 고
양로시설	대상	경증, 중증으로 전이	중증 이상(경증 일부)	요양시설로 기능전환
	기능	일시적 요양	무료시설인 경우 요양시설로 전환하고 재활기능 강화	
요양시설	대상	경증, 중증	중증 중심 노인 중심	전문요양시설기능 일부 수용 제도도입으로 통합
	기능	장기적 요양	재활기능 강화	
전문 요양시설	대상	경증, 중증, 최중증	중증, 최중증 중심, 치매	
	기능	장기적 요양	재활, 간호기능 강화, 종 말기 기능 추가 치매 전문기능 강화 재가시설과의 복합화 필요 소규모화, 시설 간 연계성 필요	

[제4절] 기존시설의 활용을 통한 노인장기요양보호 시설 확대방안

본 절에서는 요양보호제도의 도입으로 시설 수요가 대폭 증가할 것이 예상되는 시점에 이에 따른 시설의 확대방안을 검토하여 제시한다. 본 절에서 제시하는 사항은 기능전환는 현재 이루어지고 있거나 이에 대한 논의들이 활발한 시설을 대상으로 하였다.

1. 무료양로시설의 기능전환

무료양로시설의 설립목적은 연고자가 없는 노인에게 생활서비스 제공이라고 할 수 있다. 즉 건강한 노인을 위한 생활서비스를 제공하는 시설이라고 할 수 있다. 하지만 현재 무료양로시설은 본래의 양로시설의 기능과 부합되지 않고 일상생활에 지장이 있는 노인이 입소해 있는 사례가 점차 늘고 있는 추세이다. 이는 입소노인의 연령이 증가하면서 자연적인 노화의 과정으로 인해 일상생활 기능의 감퇴가 나타나기 때문이다.

서울시 소재 무료양로시설 현황을 살펴보면 2005년 4개 시설 340명이 이용할 수 있는 시설이 있으며, 경기도의 경우 12개 시설 625명의 노인이 이용할 수 있는 시설이 있다. 이러한 양로시설의 경우 장애노인이 높은 시설을 우선적으로 요양시설로 전환하는 방안이 현실적으로 검토될 필요가 있다. 현재 양로시설에 거주하는 건강한 노인은 지역사회의 그룹홈을 이용하거나 별도의 시설을 건립하는 방안 등이 마련되어야 한다.

[표 82] 서울시 소재 무료양로시설 현황

(단위: 명)

지 역	시 설 명	입소노인					종사자수		시설 소재지	시설 설치일
		정원	현원							
			계	남	여	계	남	여		
	4	340	301	112	189	68	12	56		
서 울	홍파양로원	50	37	17	20	9		9	노원구 상계동	1981
	혜명양로원	80	61	26	35	17	3	14	금천구 시흥동	1982
	청운양로원	60	59		59	13		13	종로구 구기동	1977
	시립양로원	150	144	69	75	29	9	20	강동구 고덕동	1969
경 기	12	625	514	132	382	121	28	93		
	중앙양로원	100	75	26	49	13	3	10	수원시 권선구	1984
	아녜스의집	56	46	1	45	12	1	11	수원시 장안구	2000
	인보의집	20	20	0	20	8	0	8	성남시 수정구	1996
	예닮마을	50	37	15	22	9	3	6	용인시 모현면	1998
	성녀 루이제의집	50	41	0	41	11	1	10	화성시 정남면	1992
	나눔의집	10	10	0	10	6	3	3	광주시 퇴촌면	1999
	영락경로원	100	90	17	73	16	3	13	하남시 풍산동	1952
	구세군 과천양로원	30	27	8	19	7	3	4	과천시 중앙동	1992
	희망의마을양로원	61	50	25	25	11	2	9	고양시 덕양구	1976
	나눔의샘 양로원	50	47	17	30	11	3	8	의정부시 민락동	1989
	자혜의집 양로원	80	62	18	44	12	5	7	포천시 가산면	2000
	선혜원	18	9	5	4	5	1	4	포천시 관인면	2004

자료: 보건복지부, 2005, 2005년 노인복지시설현황

2. 중소병원의 기능전환

중소병원의 정의는 관점에 따라 매우 다양한데 보통 우리나라 보건
의료계에서는 병상규모에 따라 300병상 미만 또는 400병상 미만을 중
소병원으로 분류하고 있다(유운형). 이러한 중소병원은 현재 많은 경영
난을 겪고 있어 최근에는 높은 부도율을 맞고 있다. 최근 7년간 의료

기관 종별 도산추이를 살펴보면 종합병원인 경우 2～3% 정도에 이르고 있는 반면 병원의 경우 9～12%로 높게 나타나고 있다.

[표 83] 최근 7년간 의료기관 종별 도산 추이

(단위: 개, %)

연도	종합병원			병 원			합 계		
	도산	전체	백분율	도산	전체	백분율	도산	전체	백분율
1998	7	268	2.6	22	508	4.3	29	776	3.7
1999	10	273	3.1	44	557	7.9	54	830	6.5
2000	9	279	3.2	56	596	9.4	65	875	7.4
2001	4	278	1.4	80	663	12.1	84	941	8.9
2002	9	276	2.2	87	699	12.4	93	975	9.5
2003[1]	7	280	2.5	80	769	10.4	87	1,049	8.3
2004	4	284	1.4	84	912	9.2	88	1,196	7.4

1) 2003년도 도산병원 중 2개 병원은 요양병원임
출처: 한국보건산업진흥원. 중소병원 경영지원센터 운영사업계획(2004. 7)
자료: 정상혁. 중소병원 경영위기 타개를 위한 정책

현재 우리나라의 경우 의원, 병원, 종합병원 등의 의료전달체계가 있지만 실제로는 의원, 병원, 종합병원이 상당부분 경쟁하고 있다. 이로 인해 상대적으로 전문성, 인력, 장비가 열악한 중소병원은 시장에서 외면 받고 있다. 최근에는 이러한 중소병원을 다양한 전문병원으로 육성·발전시키려는 노력이 이루어지고 있으며 이러한 노력 중 하나가 중소병원 병상의 요양병상 전환이다.

[표 84] 최근 7년간 의료기관 병상규모별 도산 추이

(단위: 개, %)

연도	100병상 미만			100~299병상			300병상 이상		
	도산	전체	백분율	도산	전체	백분율	도산	전체	백분율
1998	17	359	4.7	11	244	4.5	1	173	0.6
1999	41	389	10.5	10	268	3.7	3	173	1.7
2000	47	384	12.2	15	304	4.9	3	187	1.6
2001	63	421	15.0	20	323	6.2	1	192	0.5
2002	68	416	16.3	22	359	6.1	3	200	1.5
2003[1]	60	451	13.3	25	399	6.3	2	199	1.0
2004	29	502	5.8	58	480	12.1	1	214	0.5

1) 2003년도 도산병원 중 2개 병원은 요양병원임
출처: 한국보건산업진흥원. 중소병원 경영지원센터 운영사업계획(2004. 7)
자료: 정상혁, 중소병원 경영위기 타개를 위한 정책

중소병원이 요양병원으로 전환하기 위해서 가장 시급한 과제는 급성기 환자에 맞는 시설환경을 어떻게 장기요양환자에게 적합하도록 할 것인가 하는 것이다. 특히 병원의 병동에 해당하는 부분을 어떠한 방식으로 24시간 거주의 개념이 강화되는 요양병동으로 전환할 것인가가 과제로 남게 된다.

3. 경로당 활성화

경로당은 노인복지법에서 여가시설로 구분되며 지역사회에 밀착하여 노인의 친목도모, 취미활동, 공동작업장 운영 및 각종 정보교환이 이루어지는 시설로 규정하고 있다. 경로당은 2003년 말 현재 48,800개소가 운영되고 있으며 정부에서는 경로당 46,269개소에 대하여 개소당 월 60천 원의 운영비와 연간 300천 원의 난방비를 지원하고 있다. 하

지만 시설의 개소 수에 비해 실질적인 노인의 여가 욕구를 충족시키지는 못하고 있으며 단순 휴게기능을 제공하고 있는 실정이다. 이처럼 경로당의 역할이 모호하게 된 이유는 규모와 시설의 질에서 높은 상태에 있는 노인복지관이 점차 늘어나고 있다는 점과 경로당이 운영주체가 없이 자치적인 조직에 머무르고 있기 때문이라고 할 수 있다. 또한 시설의 규모와 역할도 미흡해서 지금은 단순 거실 정도 이상의 기능을 수행하기에는 어려움이 많이 따르고 있다<그림 32>.

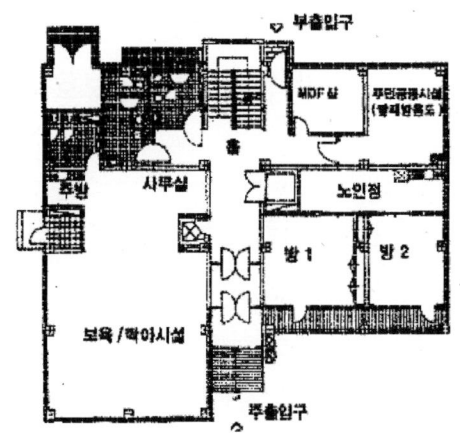

자료 : 김부영, 2001, 주택단지 경로당의 이용실태 및 계획방향 제안, 중앙대학교 석사학위논문, 48쪽

[그림 32] 900세대 경로당을 포함한 부대복리시설의 예

이러한 문제점들을 극복하고 실질적인 노인복지에 긍정적 영향을 주기 위해서는 기존의 경로당의 기능을 재고하여 새로운 역할을 수행할 수 있도록 해야 한다. 경로당의 기능을 건강한 노인들을 위한 여가시설의 용도로만 활용하는 것에서 탈피할 필요가 있다. 즉 일부 규모가 있는 경로당의 경우 지역 내 다른 노인시설과 연계하여 재가시설로 활용하는 방법을 모색해야 한다. 특히 현재의 경로당의 가장 큰 장점이 지

역사회에 깊숙이 자리 잡고 있다는 것임을 고려한다면 재가시설로의 활용가능성은 더욱 높아질 것이다. 우선 아파트 단지 내에 있는 경로당[45]은 일정 규모 이상 되고 아파트 단지 내에 거주하는 장애노인들의 활용도가 높을 가능성이 있기 때문에 재가시설로서의 활용가능성을 우선적으로 검토할 필요가 있다. 또한 규모가 작은 경로당의 경우에는 현재의 여가기능을 실질적으로 가능할 수 있도록 지역사회 내의 사회복지관 및 노인복지관과 연계하여 실질적인 여가기능을 확립할 수 있도록 해야 한다.

4. 소규모 다기능 지역기반 장기노인요양보호시설 도입가능성

소규모 다기능 노인시설에 대한 논의는 노인 스스로가 거주하는 지역사회에서 다양한 서비스를 받을 수 있도록 하는 데에서 출발하였다. 즉 현재는 노인을 중심으로 하는 서비스 공급보다는 서비스를 제공하는 지점에서 노인의 요구에 맞게 시설의 기능을 설정하고 이에 노인이 필요한 시설을 이용하는 것에 초점이 맞추어져 있어 노인의 상태변화에 효과적으로 대응하는 데 어려움이 있었다. 즉 노인의 상태변화에 즉각적으로 대응할 수 있는 이용자 권역별 다기능시설의 필요성이 제기되었다.[46]

---

45) 주택건설기준 등에 관한 규정(일부개정 2005. 6. 30 대통령령 18929호)에 따른 경로당의 설치기준에 따르면 100세대 이상의 주택을 건설하는 주택단지에는 20제곱미터에 150세대를 넘는 매 세대당 0.1제곱미터를 더한 면적(거실 또는 휴게실의 면적을 말한다) 이상의 경로당을 설치하여야 한다. 따라서 향후 제도가 도입될 경우 본 규정의 제검토를 통해 경로당을 재가시설로 역할을 부여하는 방안을 적극 검토할 필요가 있다.

46) 2010年の高齢者介護－高齢者の尊厳を支えるケアの確立に向けて－(高齢者介護研究会, 2005)의 내용 중 '在宅で 365日・24時間の安心を提供する: 切れ目のない在宅サービスの提供' 항목 참조.

이러한 지역기반형 소규모·다기능형 시설에 대해 Kannno Minoru (한국의료복지시설학회 정기세미나, 2005)는 이러한 형태의 서비스를 '소규모·다기능형 재택케어서비스'라고 일컬으며 통원서비스, 방문서비스, 숙박 및 거주기능을 통합적으로 제공하는 시설의 필요성을 제기하였다.

이러한 논의는 현 시점에서 우리에게 시사하는 바가 큰데 그 하나는 서비스 간 연계가 현재의 시설 체계로는 힘들다는 것과 두 번째는 노인장기요양보호시설이 현저히 부족하다는 측면에서 이를 보완해 줄 수 있는 대안으로서 검토할 수 있을 것이다. 이는 앞서 언급한 분점형태의 노인요양시설과 같이 지역사회 내에 노인을 함께 보호할 수 있는 다기능시설로서의 기능적 필요성과 현실적인 시설건립의 용이성을 함께 갖고 있기 때문이다.

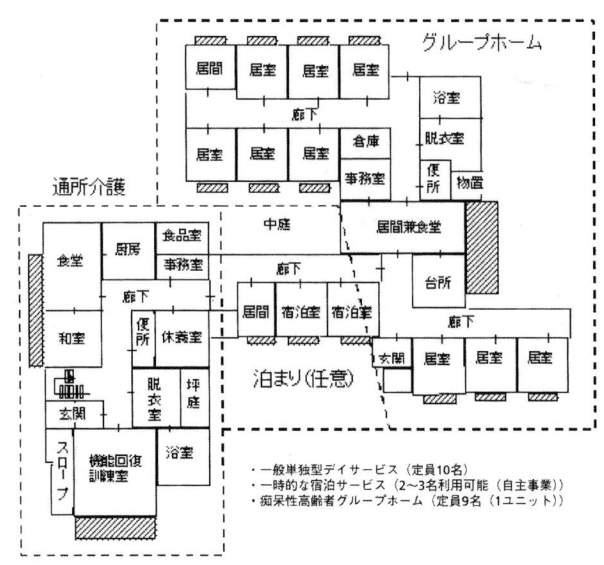

자료: 高齢者介護・ツルバー: 事業企劃マニュアル
2005-06, 2005, エクスナッジムック, p.32

[그림 33] 일본의 지역밀착형서비스거점시설의 예

소규모다기능복합시설은 크게 입소하여 보호하는 요양기능의 포함여부에 따라 구분될 수 있는데, 요양시설이 포함될 경우 방문서비스, 주간보호서비스 등 거주의 기능이 없는 경우와 단기보호와 요양을 포함하여 요양기능이 있는 경우로 구분될 수 있다. 전자는 지역에 재가보호센터로서의 역할이며 후자는 소규모요양실로 24시간 운영되는 다기능시설이라고 할 수 있다. 요양기능이 포함될 경우 그룹홈이나 일본의 유니트케어와 같은 소규모로 운영되어야 한다.

[제5절] 소 결

4장에서는 국내의 장기요양보호제도의 내용과 시설에 미치는 영향을 시설 종류별로 도출하였다. 제도는 관련 법률 그리고 그동안 제도수립 과정에서 논의되었던 내용을 기본으로 하였으며, 제도시행으로 인한 변화의 대상인 시설은 현재 운영 중인 시설의 기능을 기본으로 예측 가능한 변화만을 제시하였다.

제도 도입으로 인한 시설의 변화의 큰 틀을 가지고 장기요양보호시설이 어떻게 변화할지 세부적인 변화의 방향을 제시하면 첫째, 지역사회보호를 위한 보호의 연속성이 강화될 것이며 둘째, 시설 간 기능의 구분이 명확하게 이루어질 것이다. 그리고 셋째, 사회적인 형평성과 비용의 효율성을 도모할 수 있도록 변화할 것이며, 넷째, 기존의 시설 중심에서 이용자의 선택의 폭이 넓어질 것이다.

이러한 변화의 원칙이 재가시설은 그 역할이 강화되는 방향으로 보호시설은 거주성이 강화되고 전문성이 강화되는 방향으로 변화할 것이며 보호시설과 재가시설은 다양한 형태로 통합되어 시설이 복합화 될 것이다.

시설별 변화를 살펴보면 재가보호시설 중 주간보호시설은 요양시설, 노인종합복지관, 독립 등 설립의 유형별로 시설의 기능이 확대되고 시설 간 교류를 확대함으로써 그 역할이 강화될 것이다. 단기보호시설은 요양시설에 병설될 경우 중증 이상 노인으로 하고 독립단기보호시설인 경우에는 재가서비스센터로 그 역할이 확대될 수 있도록 계획하는 것이 바람직할 것이다. 하지만 복지관에 단기보호시설을 단독으로 병설하는 것은 효과를 크게 보지 못하기 때문에 바람직하지 않으며 복지관 내 주간보호, 단기보호 등 재가서비스를 통합적으로 제공하는 시설로 변화해야 할 것이다.

요양시설과 같은 보호시설의 변화양상을 살펴보면 우선 무료, 실비 양로시설이 요양시설로 전환하여 운영할 가능성이 높다. 이는 제도 도입과 함께 건강한 노인을 위한 임대주택, 주택 개보수 등으로 노인들이 주거가 일반인들과 함께 사는 방향으로 전환되기 때문에 양로시설의 필요성이 점차 감소되고 양로시설에 입소한 이후 노인의 건강이 나빠질 경우 이에 대한 대책이 필요하기 때문이다. 보호시설은 전문기능이 강화되어 중증 이상의 노인을 대상으로 시설이 변화될 가능성이 높다. 이와 함께 시설 간 경쟁으로 인해 시설의 거주성을 높일 수 있는 시설의 규모가 작아질 것을 예상할 수 있다. 시설 규모의 축소는 시설의 지역사회화에 기여할 수 있는 측면도 갖고 있기 때문에 더욱 가속화될 것으로 보인다.

이러한 시설의 변화와 함께 본 장에서는 제도 도입으로 인한 수요의 증가에 대비하기 위한 시설 확대방안으로 우선 양로시설의 요양시설로의 전환, 중소병원의 유휴병상을 요양병상으로 전환하는 방안, 지역사회 내에 많은 시설이 있으나 그 활용도가 떨어지는 경로당의 재가시설 활용방안 등을 제시하였다.

제5장

시설변화에 따른 공간구성

본 장에서는 노인요양보험제도 도입에 따른 보호시설과 재가시설의 변화를 구체화시키기 위한 공간구성을 제안한다. 노인요양보험제도 도입에 따른 시설의 변화양상을 살펴보면 재가시설의 경우 보호대상의 폭을 넓히기 위한 의료 및 재활기능이 강화되고 시설의 병설형태에 따른 시설의 특징이 달라진다는 점을 들 수 있다. 또한 보호의 연속성을 고려한 시설의 복합화의 가능성을 실현시킬 수 있는 재가보호센터의 공간구성을 함께 제안하였다. 보호시설의 경우 요양동과 부대시설의 기능을 실질적인 요양기능의 강화에 기여할 수 있는 공간과 지역사회와의 교류를 위한 방안 등을 제시한다. 이와 함께 요양보험제도가 도입될 경우 지역사회보호를 위해 도입가능성이 높은 '소규모 다기능시설'과 '분점형요양시설'의 공간구성을 제시한다.

노인장기요양보호시설의 서비스와 공간구성

1. 노인장기요양보호시설의 서비스와 공간

노인장기요양보호의 서비스를 생활, 의료 및 간호, 재활, 여가서비스로 분류할 때 시설의 기능은 제공하는 서비스에 따라 달라지며, 서비스를 위해서는 인력의 지원, 관련 프로그램의 제공뿐만 아니라 시설의 물리적 공간에 대한 배려가 필요하다.

시설의 기능에 따른 서비스를 구분하여 살펴보면 우선 생활서비스는 시설 이용자의 의식주를 중심으로 하는 서비스로 식사, 목욕, 세탁 서비스 등을 말하며 의료 및 간호서비스는 시설 이용자의 건강관리, 의료처치 등의 활동을 말한다. 재활서비스는 물리치료 및 작업치료를 중심으로 각종 신체적, 정신적 재활치료를 말한다. 여가서비스는 각종 영상상영, 노래교실, 산책, 이야기 교실 등 노인의 여가를 위한 서비스를 말한다.

시설의 기능은 각종 서비스에 어떠한 중점을 두고 제공하는가에 따라 달라진다. 크게 입소시설과 재가시설을 구분 짓는 서비스는 생활서비스이며 시설에 입소하고 있는 노인의 상태에 따른 구분은 의료 및 간호서비스와 재활서비스라고 할 수 있다.

1) 생활서비스에 따른 시설의 기능과 공간

생활서비스는 잠자리의 제공여부가 가장 큰 요인으로 작용하며 목욕, 세탁, 이미용 서비스 등 노인의 각종 위생을 위한 서비스, 식사서비스 등이 포함된다. 재가시설의 경우 잠자리를 제공하지는 않지만 위생과 식사서비스 일부를 제공하고 있다. 제공하는 서비스와 공간에 따른 관계를 살펴보면 생활서비스를 위해서는 잠자리 제공을 목적으로 하는 요양실과 목욕을 위한 목욕실, 식사서비스 제공을 위한 주방, 식당, 창고 등의 공간이 필요하게 된다.

재가시설 중 생활서비스가 가장 적은 주간보호시설의 경우 잠시 휴식을 위한 요양실(정양실)은 일시적으로 필요로 할 수 있지만 지속적인 요양을 위한 공간을 필요로 하지 않는다. 하지만 단기보호시설의 경우 생활을 중심으로 하는 시설이기 때문에 요양실(침실)을 중심으로 하는 공간이 계획되어야 한다. 이것이 재가시설 중 주간보호시설과 단기보호시설을 구분 짓는 가장 큰 차이라고 할 수 있다. 단기보호시설의 경우 앞서 언급했듯이 생활을 중심으로 일시적인 보호를 하는 시설이기 때문에 목욕서비스는 필수적인 서비스로 시설 내에 공간이 마련되어야 하며, 주간보호시설의 경우 이용하는 노인의 상태가 중증 이상일 경우 서비스를 제공할 필요가 있다. 식사서비스의 경우 시설 이용자의 식사제공횟수에 많은 차이를 보인다. 보호시설과 단기보호시설의 경우 식사를 위한 주방과 식당이 중요한 공간으로서의 역할을 하지만 주간보호시설의 경우 간단한 주방을 설치하고 주간보호실에서 식사를 하는 형태가 일반적이다. 따라서 주간보호시설의 경우 보통 별도의 식당을 설치하지 않는다.

[표 85] 시설별 생활서비스와 공간

주요 서비스	시설별 공간		
	주간보호시설	단기보호시설	보호시설 (요양시설, 전문요양시설)
잠자리 제공	정양실(낮잠)	요양실	요양실(침실)
배 변	화장실	화장실	화장실
식 사	주간보호거실	식당, 요양실(침실)	식당, 요양실(침실)
목 욕	샤워실	목욕실, 샤워실	목욕실, 샤워실
세 탁	세탁기(간단한 세탁)	세탁실	세탁실(외주 가능)

2) 의료 및 간호서비스와 재활서비스에 따른 입소노인의 상태구분

의료 및 간호서비스는 건강검진 및 관리가 지속적으로 필요한 노인에게 제공하는 서비스로 보통 의료적 관찰이 필요한 중증 이상의 노인들이 대상이다. 일반적으로 보호시설인 경우 간호사가 상주하여 노인들에게 지속적인 간호서비스를 제공하며, 의료적인 진찰과 처방 등은 시설 인근 의료시설을 이용하거나 촉탁의가 방문하여 서비스를 제공한다. 재가시설인 경우 단기보호시설은 간호사가 상주하여 요양시설과 유사한 서비스 제공 유형을 보이지만 주간보호시설인 경우 간호사의 유무에 따라 시설에서 제공하는 서비스는 차이를 보인다. 보통 사회복지사가 주된 관리주체가 되면 간단한 건강 체크 이상의 서비스를 제공하기에는 현실적인 어려움이 따른다. 서비스를 제공한다고 하더라도 일반적으로 의료 및 간호서비스를 위한 별도의 공간이 필요하지는 않고 사무 및 휴게공간에서 이루어진다.

재활서비스의 경우 서비스의 제공이 공간과 밀접한 관계를 맺고 있는데, 온열치료 및 운동치료의 경우 물리치료실 공간이 필요하며, 이에 대한 노인들의 욕구도 매우 높은 것으로 나타난다. 이 외로 각종 재활프로그램이 시행되는데 작업치료는 입소시설과 단기보호시설의 경우 별도의 작업치료실이나 식당, 휴게실 등에서 다양하게 이루어지며 주간보호시설의 경우 일반적으로 주간보호거실에서 이루어진다.

[표 86] 시설별 간호 및 의료, 재활서비스와 공간

주요 서비스		시설별 공간		
분야	부설형태	주간보호시설	단기보호시설	(전문)요양시설
간호 및 의료	독립	사무실 주간보호거실	간호대기실 의무실 상담실	간호대기실 의무실 집중관찰실 상담실
	복지관 부설시	차이 없음	의무실 활용가능	–
	요양시설 부설시	차이 없음	의무실 활용가능	–
재 활	독립	물리치료실	물리치료실 작업치료실	물리치료실 작업치료실 수치료실
	복지관 부설시	물리치료실 활용 프로그램실 활용	물리치료실 활용	–
	요양시설 부설시	물리치료실 활용 프로그램실 활용	물리치료실 활용	–

2. 시설별 공간구성 원칙

시설에서의 공간구성이라고 함은 필요로 하는 공간과 공간과의 관계를 밝힘으로써 시설에서 이루어지는 활동을 파악하는 것으로 시설의 설계 전에 보통 이루어진다. 본 연구에서 앞서 설정한 시설의 변화양상을 구체화시키는 단계로 시설의 공간을 제시하는 것은 시설의 변화가 건축계획을 함에 있어서 다소 모호한 측면이 있어 이를 구체화시키는 방안을 제시하기 위함이다.

본 연구에서 제시하는 공간구성은 제도 도입에 따른 노인장기요양보호시설을 계획, 설계하는 데 기본 자료로 활용할 수 있을 것으로 판단된다. 노인장기요양시설의 공간구성을 위한 원칙은 시설의 건립 목적에 맞아야 하는 합목적성(合目的性), 다양한 서비스와 노인의 신체적 변화에 대응할 수 있는 융통성(融通性), 부설시설과의 관계를 고려한 연계성(連繫性) 등으로 설정하였다.

1) 합목적성

노인장기요양보호시설의 기능의 변화는 향후 도입될 요양보험제도에 따른 것이다. 따라서 요양보험을 통해 제공되는 서비스를 위한 시설의 기능을 제안해야 한다. 시설의 기능은 시설이 설립된 고유의 목적과 일차적으로 부합해야 한다. 즉 주간보호시설의 경우 낮 동안 노인을 일시적으로 보호하는 것이 일차적인 목적이며, 단기보호의 경우 가족이 보호하는 노인 중 일정 기간 동안만 가족 및 노인자신의 편의를 위해 일시적으로 보호하는 시설이며, 요양시설의 경우 스스로 생활하는 데 어려움이 있는 노인에게 전문적으로 서비스를 제공하는 장기간 머무르는 시설이라는 본연의 목적이 있으므로 우선 이에 적합하도록 공간이 구성되어야 한다.

2) 이용 노인의 상태와 서비스 프로그램의 변화에 대한 대응강화

노인장기요양보호시설의 경우 제공하는 서비스의 내용과 수준이 이용노인의 상태나 운영하는 주체에 따라 다양하게 변화한다. 노인의 상태에 대한 변화를 시설에서 수용하기 어려울 경우 시설을 이용하지 못하거나 다른 종류의 시설을 이용해야 하기 때문에 이를 최소화시킬 수 있는 공간적 배려가 필요하다.

3) 부설시설과의 독립성과 연계성

여러 기능들을 함께 짓는 복합시설의 형태는 시설 간 서비스의 자연스러운 흐름을 위해 요양보험의 시행으로 더욱 활성화될 것이다. 현재에는 시설에 부설되어 있다고 하더라도 부설의 효과를 보지 못해 독립시설과 큰 차이를 보이지 않는 시설이 있기 때문에 시설 간 연계성을 고려한 공간을 제안한다. 동시에 복합시설의 경우 각각의 시설의 독립성은 또한 보장되어야 하기 때문에 독립성도 함께 고려해야 한다.

4) 의료 및 재활기능의 강화를 통한 노인의 신체, 정신적 증상 완화

본 연구에서는 각 시설별 기능 중 의료 및 재활기능을 중증 이상의 노인뿐만 아니라 경증노인이 이용하는 시설도 배려하였다. 이는 노인의 증상이 신체적으로는 노화로 인한 만성적 질환이기 때문에 이들이 최대한 독립적으로 생활할 수 있는 여건을 마련해 줄 필요가 있으며, 이를 위해 최대한 재활의 기능을 강화하고 이를 위한 공간을 필요하기 때문이다. 이와 함께 요양비용의 절감 효과도 있을 것으로 판단된다.

재가시설의 공간구성계획

1. 주간보호시설

1) 요양시설 병설형

요양시설에 주간보호시설을 병설하는 경우 요양시설의 기능이 다양하고 시설의 규모가 크기 때문에 주간보호시설을 병설하기에는 다른 시설보다 용이하다. 하지만 요양시설의 입지가 사회복지관이나 노인복지관, 단기보호시설보다는 접근성이 떨어지는 단점을 갖고 있다. 따라서 요양시설에 주간보호시설을 병설할 경우에는 시설의 접근성을 고려하여 설치하는 것이 바람직하다.

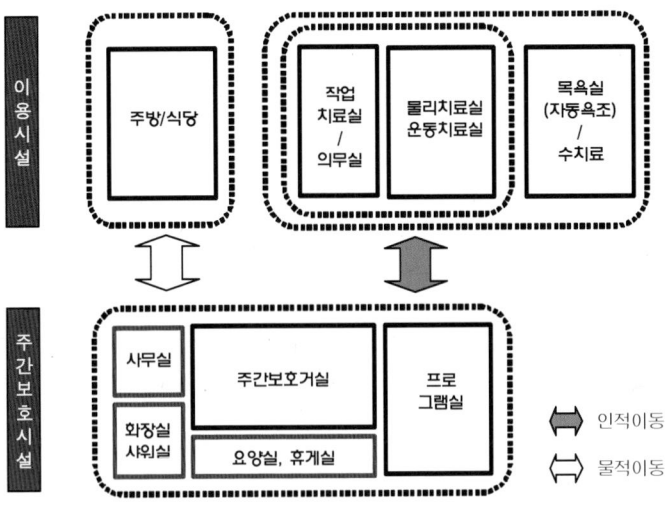

[그림 34] 요양시설 병설형 주간보호센터와 이용시설

　　요양시설에 주간보호시설이 병설될 경우 우선 요양시설의 재활부분의 활용가능성이 가장 크다. 따라서 재활부분은 물리치료실과 운동치료실을 중심으로 작업치료실, 목욕실 등을 하나의 재활그룹으로 통합하여 연계한다. 물리치료는 보통 일일 1회 가량 이용하기 때문에 노인의 이동에 불편함을 최소화하도록 계획하고 별도의 설비가 필요로 하지 않은 일반 프로그램의 경우에는 주간보호시설 내부에 프로그램실을 주간보호거실과 별도로 설치함으로써 거실과의 연계성을 높인다.

　　주방의 경우 요양시설에서 식사를 준비하고 이를 주간보호시설 내로 배식하는 것이 일반적이며, 주간보호실 내부에는 간단한 음식을 준비할 수 있는 간이주방을 설치한다. 간이주방의 설치는 노인의 다양한 일상생활훈련(ADL)에도 활용할 수 있는 장점을 갖고 있다.

[표 87] 요양시설 병설형 주간보호시설 공간구성과 이용시설

	주간보호시설	요양시설 이용 공간	변화 방향
현재 공간	주간보호거실 사무공간 화장실	물리치료실 식당(주방포함)	의료 및 재활기능 강화된 요양시설 기능 활용
기능변화로 인한 추가 공간	프로그램실 요양실(선택) 휴게실 간이주방	작업치료실 의무실 목욕실	

2) 복지관 병설형

사회복지관과 노인복지관에 건립될 경우 주간보호시설의 접근성은 양호해지고 노인보호시설이라는 인식에서 벗어날 수 있는 장점을 갖고 있다. 하지만 병설기관의 공간적 연계를 통해 병설의 긍정적 효과는 크게 기대할 수 없다.

복지관에 병설될 경우 복지관에 물리치료실 등 노인에게 제공하는 서비스가 있는 경우에는 병설의 효과를 기대할 수 있지만 그렇지 않을 경우 병설되는 것은 큰 의미가 없을 수 있다. 다만 인력의 교류와 통합 운영을 통한 효율성의 증가 등의 운영측면적 효과를 기대할 수 있다.

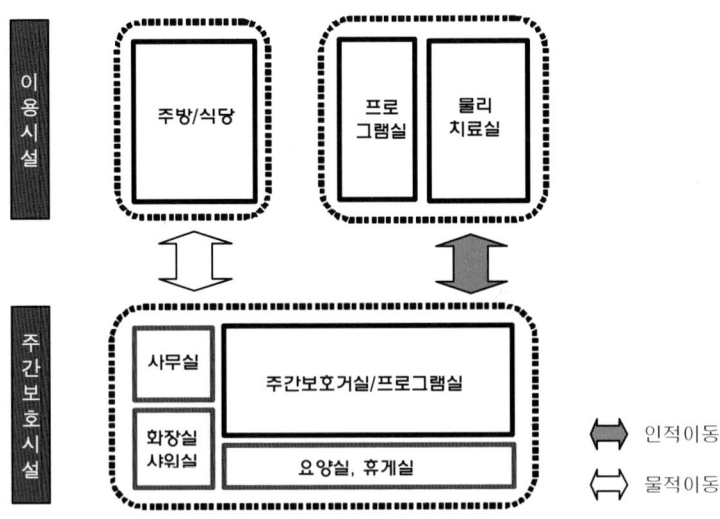

[그림 35] 노인복지관 병설형 주간보호시설과 이용시설

　　노인복지관에는 일반적으로 노인들을 위한 물리치료실을 운영하는 경우가 많기 때문에 물리치료실과 일반 프로그램실을 주간보호시설과 연계할 수 있으며, 복지관에서 식사서비스를 제공할 경우 주방에서 식사를 제공받을 수 있다. 사회복지관에 물리치료실 등 재활에 필요한 공간이 없는 경우에는 주간보호시설 내부에 다양한 재활프로그램이 일부 가능한 프로그램실을 운영하는 것이 바람직하다.

[표 88] 노인복지관 병설형 주간보호시설 공간구성과 이용시

	주간보호시설	노인복지관 이용 공간	변화 방향
현재 공간	주간보호거실 사무공간 화장실	물리치료실 식당(주방포함)	복지관에 물리치료실 등 의료 및 재활공간이 없는 경우 주간 보호시설 내 기능 필요
기능변화로 인한 추가 공간	요양실 휴게실 간이주방	작업치료실 의무실	

3) 독립형

주간보호시설을 독립적으로 운영할 경우 주간보호시설과 구별되는 별도의 물리치료실 및 프로그램실을 운영하는 것이 바람직하다. 이럴 경우 시설의 운영 효율상 주간보호시설의 규모가 커져야 하는 단점을 갖고 있다. 따라서 독립적으로 운영할 경우 물리치료실, 프로그램실 등은 지역사회로 개방하여 지역사회 노인들이 적극적으로 활용할 수 있도록 하는 방안 등이 모색되어야 한다.

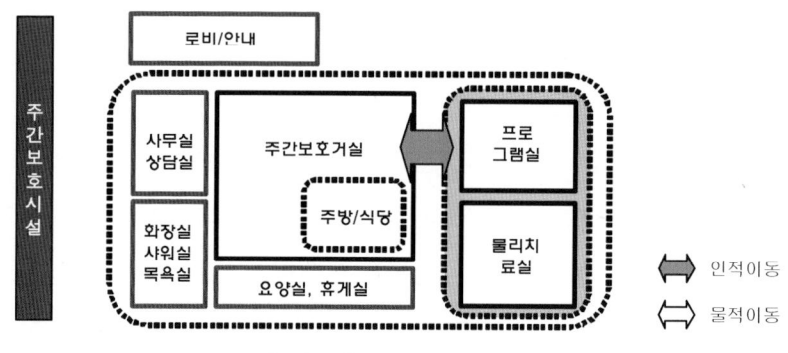

[그림 36] 독립형 주간보호시설

물리치료실 및 프로그램실의 개방과 함께 요양실을 일부 계획하여 향후 단기보호 내지는 소규모 요양의 기능을 포괄할 수 있도록 변화가 능성을 높이도록 하였다.

향후 요양보험제도가 도입될 경우 독립형 주간보호시설의 변화는 크게 두 가지로 이동할 것이다. 하나는 지역사회에 재가서비스를 통합적으로 제공하는 재가서비스센터로의 전환과 앞서 언급한 소규모 요양시설로서의 전환이다. 전자의 경우 지역사회의 경로당, 주민자치센터 등의 다른 시설의 전환을 통해 저변을 확대해 나갈 수 있을 것이다.

[표 89] 독립형 주간보호시설의 공간과 기능변화

	주간보호시설	변화 방향
현재 공간	주간보호거실 사무공간 화장실	• 주간보호시설 내 재활부분 구성하고 지역 주민을 위해 개방 • 재가보호센터로 역할 확대 • 요양기능을 포함할 수 있도록 가변성 부여
기능변화로 인한 추가 공간	물리치료실, 프로그램실 요양실, 휴게실 간이주방 및 식당	

2. 단기보호시설

1) 요양시설 병설형

요양시설에 단기보호시설을 병설할 경우에는 요양시설의 요양동 일부를 활용하는 것으로 별도의 시설계획은 의미가 없기 때문에 본 연구에서는 요양시설 병설형 단기보호시설의 공간구성은 제시하지 않는다.

2) 복지관 병설형

복지관에 단기보호시설을 병설하는 것은 시설의 성격과 이용시간이 서로 상이하기 때문에 바람직한 구성형태라고 볼 수는 없다.

단기요양시설의 공간구성은 요양시설의 요양동과 유사한 형태를 갖는다. 단기보호시설은 요양실을 중심으로 하는 요양부분과 프로그램실과 간호대기공간 그리고 목욕실을 중심으로 하는 의료 및 재활공간, 휴게, 식당을 중심으로 하는 공용공간으로 나뉘어 구성된다. 복지관에

물리치료실, 운동치료실, 작업치료실 등을 중심으로 하는 재활부분이
있을 경우 이를 활용할 수 있다.

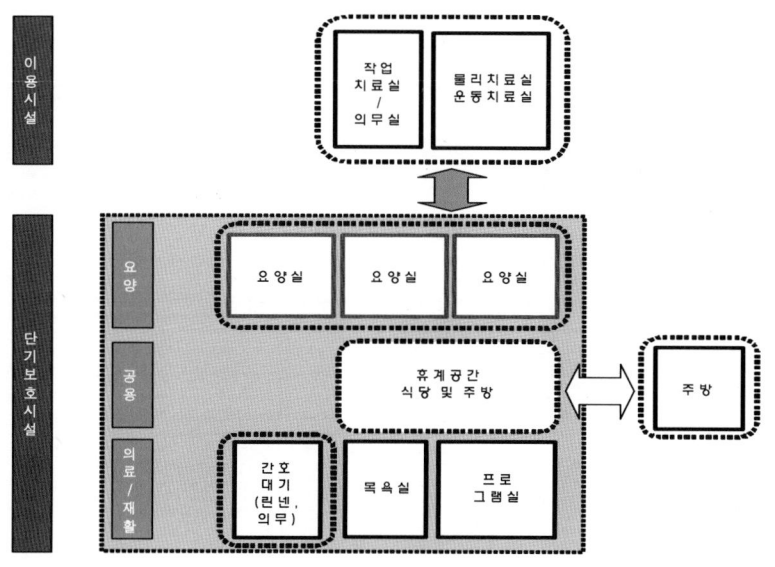

[그림 37] 노인종합복지관 부설 단기보호시설

[표 90] 복지관 병설형 단기보호시설 공간과 기능변화

	단기보호시설	노인복지관 이용 공간	변화 방향
현재 공간	요양실 간호대기공간 휴게실 식당 및 주방 프로그램실 소규모 물리치료실	이용 공간 없음	독립공간으로 활용 복지관 내 주간보호실이 병설될 경우 함께 활용
기능변화로 인한 추가 공간		물리치료실, 작업치료실 의무실	

3) 독립형

독립형 단기보호시설은 소규모 요양시설과 유사한 공간구성을 갖는다. 요양부분과 공용부분, 의료 및 재활부분으로 구성된다. 규모에 따라 기능실의 구성변화는 있을 수 있지만 위에서 제시한 물리치료, 운동치료, 프로그램 등 재활 및 프로그램 공간은 포함하는 것이 바람직하다.

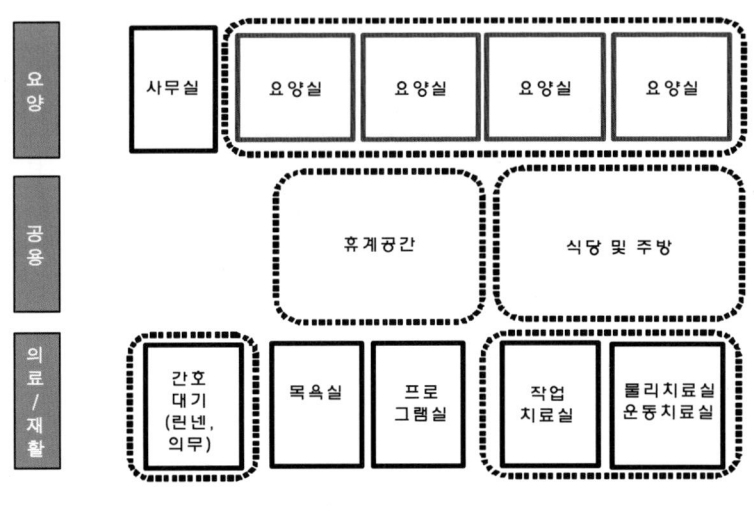

[그림 38] 독립형 단기보호시설

제시한 공간 중 각종 기구가 필요한 물리치료, 목욕실은 독립된 실로 구성되어야 하지만 프로그램실, 작업치료실 등은 휴게 및 식당공간과 함께 공용으로 사용될 수 있으므로 규모가 작아질 경우 이를 고려하여 반영할 수 있다.

[표 91] 독립형 단기보호시설의 공간과 기능변화

	단기보호시설	변화 방향
현재 공간	요양실 휴게공간 식당 및 주방 물리치료실, 작업치료실 프로그램실 사무공간	주간보호 등 재가보호서비스 가능하도록 계획 의료 및 재활부분 지역사회에 개방 독립시설일 경우 요양기능과 주간보호 등 재가
기능변화로 인한 추가 공간	**물리치료실, 프로그램실 등을 지역 사회에 개방**	서비스 공급 연계 필요

3. 노인재가복지센터

대표적인 재가보호시설인 주간보호와 단기보호가 함께 운영될 경우 단기보호와 주간보호가 각각 독립적으로 운영할 때보다 노인의 연속적 보호와 시설기능의 낭비적 요소를 제거할 수 있는 좋은 모델이 될 수 있다. 이러한 모델을 노인재가보호센터라고 할 수 있으며 이 기능에 상담과 가정봉사원파견서비스를 함께 제공한다면 센터의 역할은 더욱 확대될 것으로 판단된다.

[표 92] 노인재가복지센터 공간과 기능변화

	단기보호시설	기능변화	주간보호시설
현재 공간	요양실 간호대기공간	휴게실 식당 및 주방	주간보호거실 화장실
기능변화로 인한 추가 공간		프로그램실, 물리치료실, 의무실, 목욕실 방문서비스 공간 필요	

주간보호실은 낮 동안 이루어지는 각종 프로그램을 단기보호 노인들과 함께 이용할 수 있으며 주간보호 이용의 큰 제약점인 시간의 한계

를 극복할 수 있는 여지를 마련해 준다. 즉 단기보호시설과 주간보호 시설이 함께 운영된다면 주간보호의 이용시간(오후 4, 5시가량)의 연장 이 가능할 것이다. 또한 각종 재활을 위한 실의 이용률을 높일 수 있 기 때문에 기능의 효율성도 증가할 것으로 판단된다. 요양실의 일부는 주간보호 이용노인의 일시적 요양실로 활용할 수 있을 것이다.

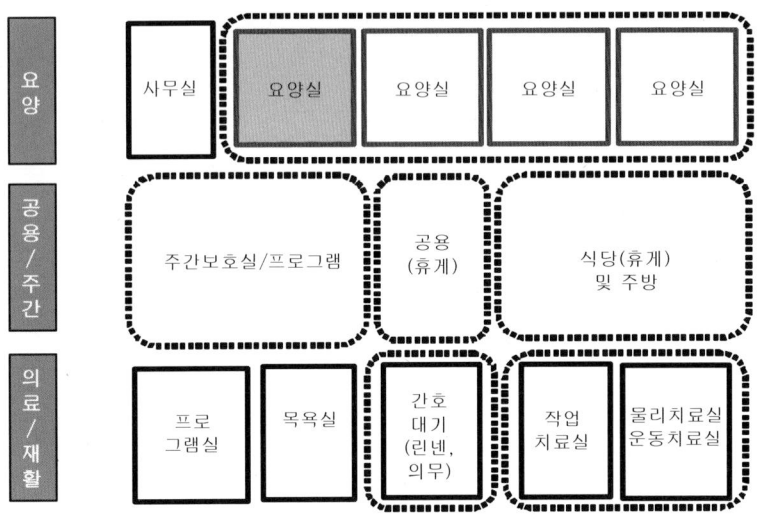

[그림 39] 노인재가복지센터(주간보호+단기보호 형태)

[제3절] 보호시설의 공간구성계획

1. 요양시설과 전문요양시설의 기능

요양시설과 전문요양시설의 기능은 의료와 재활의 수준, 그리고 요양 지원인력의 수준 차이라고 할 수 있다. 본 연구에서는 앞서 요양시설이 전문요양시설의 기능을 포함할 필요성에 대해 언급하였다. 이는 노인이 요양시설에 입소 후 일정 시간이 지나면 개인별로 차이가 있겠지만 전문요양이 필요한 단계로 변화하기 때문이다. 따라서 요양시설과 전문요양시설의 시설적인 차이를 두고 공간을 제안하지 않고 요양시설과 전문요양시설에 공히 적용될 수 있도록 제안한다.[47] 다만 노인의 의료적인 치료가 필요한 노인의 경우 의료시설의 한 종류인 요양병원이나 노인전문병원을 이용하거나 연계하는 것이 바람직할 것이다. 요양시설과 전문요양시설의 공간은 크게 요양동과 부대시설로 제안하고 요양동은 거주성의 증대와 독립성을 강화하는 방향으로 제안하였으며, 부대시설은 의료 및 재활부분의 강화를 주로 제안하였다.

---

47) 요양시설과 전문요양시설의 구분은 노인복지법 개정전의 구성으로 본 연구에서는 이에 대한 통합 필요성을 제시하였다. .노인요양보험법의 도입과 노인복지법의 개정으로 요양시설과 전문요양시설은 요양시설로 통합되었다.

1) 요양동

요양동은 부대시설과의 연계성도 고려해야 하지만 독립적인 생활이 가능한 거주성에 중점을 두었다. 요양동의 구성은 일반 가정의 방, 거실, 부엌 등과 유사한 공간구성을 택하여 거주성을 높이도록 하였으며, 각종 프로그램과 소규모 재활 등의 기능이 가능하도록 별도의 프로그램실을 제안하였다. 또한 몇 개의 요양실과 휴게 및 식당공간 등을 하나의 유닛으로 계획하여 소규모의 그룹행동이 가능하도록 하였다. 요양동의 규모에 따라서 식당, 휴게, 프로그램실 등은 통합하여 사용할 수 있다.

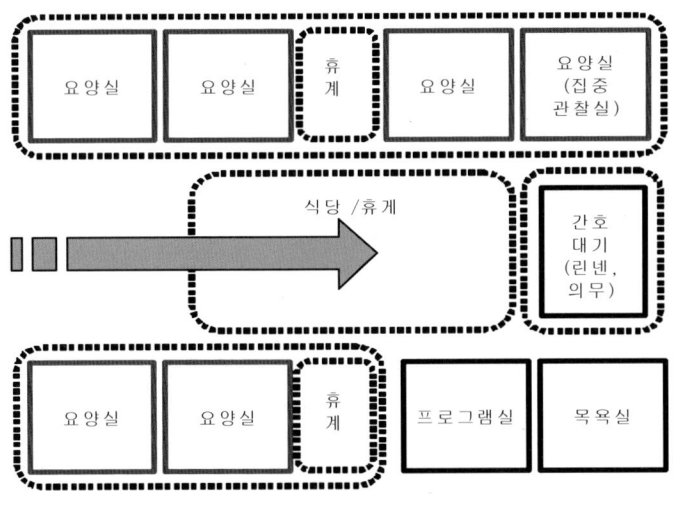

[그림 40] 요양동 공간구성

요양실과 휴게실을 소규모 그룹으로 계획할 때는 휴게실(소규모 식당으로 활용가능)을 중심을 요양실을 배치하여 독립성과 거주성을 높여 향후 케어메니지먼트(care management)가 도입될 경우 시설에서 대응할 수 있도록 하였다.

2) 부대시설(재활, 사무, 여가 등)

　부대시설의 수준은 시설의 성격에 달라지지만 크게 사무공간, 의료 및 재활공간, 식당, 휴게와 같은 공용공간으로 나누어서 공간을 계획한다. 의료 및 재활공간은 물리치료실을 중심으로 프로그램실, 의무실 등을 함께 인접하여 계획한다. 의료 및 재활부분은 요양동과의 접근성을 우선적으로 검토해야 하며, 요양동 거주인원 이외의 인원이 사용할 경우(주간보호, 지역사회에 개방 등) 이를 고려하여 별도의 동선공간을 마련하는 것이 요구된다.

　시설의 입구부분에 사무실공간이 우선 면하도록 계획하여 관리 및 관찰의 용이성을 우선적으로 확보하고 시설의 지역사회 개방정도를 고려하여 기능을 배치한다. 의료 및 재활부분의 공간은 향후 시설의 변화가능성이 큰 부분으로 다른 부분보다 우선적으로 변화가능성을 고려한다.

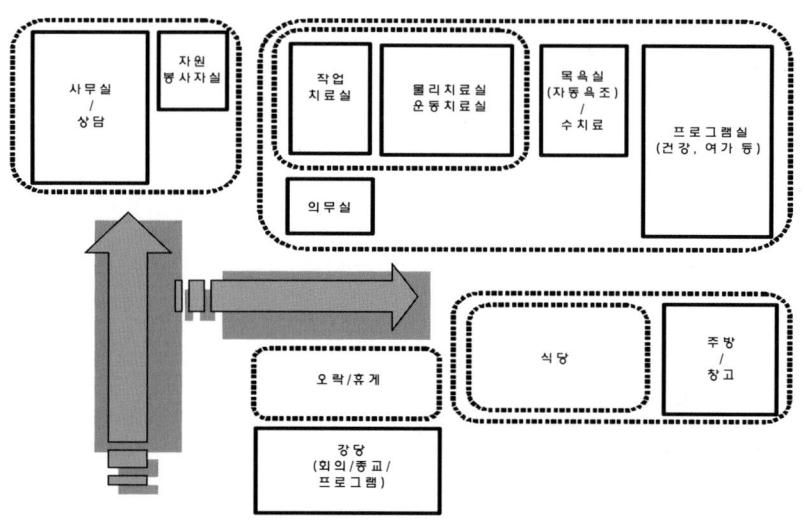

[그림 41] 요양시설 내 부대시설 공간구성

3) 요양시설의 복합화

요양시설의 복합화는 요양시설과 전문요양시설, 요양시설과 요양병원, 요양시설과 주간보호시설로 이루어질 수 있다. 요양시설과 전문요양시설의 복합화는 앞서 언급한 것처럼 증상의 변화에 대응하기 위함이며, 요양시설과 전문요양시설도 병설의 이유는 동일하다.

시설의 공간구성에 차이를 보이는 것은 주간보호시설과의 병설인데 병설의 형태는 보통 요양시설내부에 주간보호시설을 운영하는지 시설외부에 독립적으로 운영하는 지로 나뉜다. 일반적으로 요양시설내부에 주간보호시설이 있는 경우 1층에 배치하고 물리치료실 등을 공유한다. 이는 주간보호시설의 독립성과 접근성을 강화하기 위한 것이다. 하지만 요양시설 내의 노인들과의 교류를 위한 배려를 위해서는 독립성뿐만 아니라 요양시설노인들과 사회적 교류(交流)도 함께 고려하여 휴게공간을 공유하거나 함께 여가 및 재활프로그램을 하는 것이 바람직하다.

향후 요양보험의 도입으로 인해 재가보호서비스가 활성화된다면 요양시설과 재가보호센터가 병설될 가능성이 높으며 이럴 경우 재가보호센터의 독립성은 더욱 강화될 것이다. 요양시설과 함께 운영되는 재가보호센터는 주간보호시설뿐만 아니라 보험에서 제공되는 각종 방문서비스 등을 위한 공간이 필요할 것이다.

2. 소규모 다기능 노인장기요양보호시설

노인장기요양시설의 큰 흐름을 본 연구에서는 규모를 작게 하고 기능을 다양화하는 것으로 보았다. 규모를 작게 하는 것은 요양시설의 갖고 있는 시설적(institutional) 이미지를 개선시킬 수 있으며, 가정과 같은 환경을 조성하는 데 유리한 측면이 있으며, 도심지에 입지하기 위한 조건을 마련할 수 있다. 시설이 소규모로 될 경우 기존의 다가구주택을 개조하여 활용할 수 있다.[48]

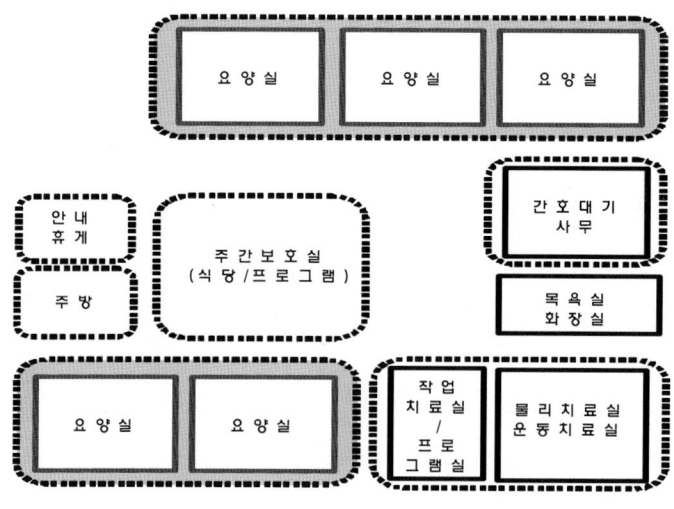

[그림 42] 소규모 다기능(통합형) 노인장기요양보호시설 공간구성

---

48) 건설교통부에서는 '다가구 매입임대·전세임대 제도'를 시행 중에 있으며, 이 사업의 대상에 노인을 위한 그룹홈을 포함하고 있다. 따라서 이러한 제도와 연계된다면 소규모 다기능 노인장기요양보호시설의 개념은 더욱 효과를 볼 수 있을 것으로 판단된다. 아래 표는 건교부 다가구 등 도심 임대사업 실정자료임.

	계	'04	'05	'06 이후
매입임대	5만호	500호	4,500호	매년 4,500호('06~'15)
전세임대	1만500호	–	500호	매년 1,000호('06~'15)
철거신축	2개소	–	2개소	'05시범사업 후 결정
단신자용	300호	–	300호	'05시범사업 후 결정
부도퇴거자전세	소요량	–	소요량	경매대상 부도임대 10~20%추정
보증거절자전세	미확정	–	500호	'06 이후 결정

자료: 건설교통부, 2005. 다가구 등 매입임대 / 전세임대 지침

기존의 노인장기요양보호시설의 경우 기능이 단편화되고 서로 연계되지 못하는 단점을 갖고 있기 때문에 노인의 연속적인 보호에 문제가 발생할 수 있다. 따라서 시설의 기능을 노인의 연속적 보호가 가능하도록 다양화시킬 필요가 있다. 하지만 시설의 규모가 작아지면 노인의 전문적인 재활이나 간호기능이 적어질 수 있기 때문에 이에 대한 보완이 필요할 것으로 예상된다. 보완은 지역 위치한 사회복지관, 노인복지관, 보건소, 전문요양시설 등과의 연계를 통해 가능할 것이다.

3. 분점형 요양시설과 시설 간 연계

보호시설과 지역사회와의 교류의 문제는 보호시설이 지역사회로부터 거리상 주거지역과 떨어져 있기 때문에 현재 요양이 필요한 노인들이 시설을 이용하기 위해서는 자신이 살아온 주거지와는 다른 환경을 접하게 되는 어려움이 발생하는 것에서 출발한다. 보통 보호시설이 주거시설과 근접하지 못하는 이유는 현재의 보호시설의 규모가 크기 때문 지역사회에 마땅한 입지를 구하는 데 어려움이 있기 때문이다. 앞서 제시한 소규모 다기능시설의 제안도 보호시설의 이러한 문제점을 극복하기 위한 방안 중 하나라고 할 수 있다. 하지만 시설의 규모가 적어지면 시설의 수가 많아지고 시설의 전문성이 떨어질 가능성이 높아진다. 따라서 시설의 전문성을 보완하기 위한 대안으로 광역에 위치한 대규모 전문시설과 지역사회에 위치한 소규모시설의 연계를 통해 시설 및 인력의 전문성을 지원할 수 있는 여건을 마련할 필요가 있다. 전문요양시설의 인력 및 시설의 전문성을 지역사회 소규모 요양시설과 재가시설에 지원하는 방안이 모색되어야 할 것이다. 즉 광역의 전문시설에 지원을 받는 소규모분점형태의 요양시설의 건립이 가능할 것이다. 예를 들어 서울시는 현재 광역별로 대규모 노인전문요양센터를 건립하고 있다. 이러한 대규모 시설과 지역사회 내 소규모 요양시설, 그룹홈, 재가시설 등을 통합적으로 연계하고 지원할 수 있는 방안들이 모색되어야 할 것이다. 이러한 연계가 가시화되면 지역사회 내의 요양시설과 재가시설의 의료 및 재활부분에 대한 강화에 도움이 될 것으로 판단된다.

[제4절] 소 결

5장에서는 4장에서 제안한 제도 도입으로 인한 관련 시설의 변화를 공간으로 구체적으로 제안하였다. 공간으로 시설의 변화를 제안하기에 앞서 우선 시설의 공간구성에 영향을 미치는 요인인 서비스를 생활, 의료 및 간호, 재활로 나누고 이와 공간의 상관관계를 도출하였다. 각 시설별 공간구성은 시설의 합목적성, 이용노인의 상태와 서비스 변화에 대한 대응강화, 부설시설의 독립성과 연계성, 의료 및 재활기능 강화 등을 고려하여 제안하였다.

본 연구에서 제안한 재가보호시설의 공간구성을 살펴보면 주간보호시설은 요양시설병설, 복지관병설, 독립시설로 나누어 제시하였는데 요양시설병설의 경우 요양시설의 의료 및 재활공간의 공유, 주방 및 식당과의 사용의 용이성을 고려하여 구성하고 주간보호실 내에 독립적인 프로그램실과 요양 및 휴게실을 확보하도록 하였다. 복지관병설의 경우 복지관과의 기능의 연계성을 통한 복합시설의 효율성을 유도할 필요성이 있으며 이를 위해 복지관에 물리치료실, 작업치료실 등을 확보하고 복지관 내에 관련 시설이 확보되지 않을 경우 주간보호실 내에 독립적인 프로그램실, 물리치료실을 고려한다. 독립형인 경우 주간보호시설의 역할을 확대하여 재가복지센터로서의 역할이 필요하며 이를 위해 주간보호실과 구분된 프로그램실과 물리치료실을 설치하고 다양한 재가서비스를 위한 목욕실, 상담실 등의 설치를 고려한다. 단기보호시설의 경우 복지관에 병설될 경우 복지관의 인력 및 시설 일부를 활용하는 장점이 있지만 크지 않은 것으로 판단하여 바람직하지 않은 것으로 판단하였으며, 독립형인 경우 소규모 요양시설과 유사한 공간구성인 요양실, 식당 및 주방, 프로그램실, 물리치료실 및 운동치료실, 간호대기 등의 공간구성을 제안하였다. 이와 함께 단기보호시설과 주간보호시설이 함께 있는 재가센터를 요양실, 주간보호공간 및 공용공간, 의료 및 재활공간 등으로 제안하였다.

보호시설의 공간구성은 요양동과 부대시설로 구분하여 제안하였으며, 요양동은 식당 및 휴게실 등 공용공간을 중심으로 요양실을 배치하고 요양동 내에 소규모 프로그램실과 목욕실을 설치하는 것으로 제안하였으며, 부대시설은 사무실, 상담, 자원봉사실을 갖춘 사무공간, 물리치료실, 운동치료실, 의무실, 목욕실 등을 갖춘 의료 및 재활공간, 여가공간, 식당공간 등으로 구분하여 제안하였다.

재가시설과 보호시설의 공간구성과 함께 본 연구에서는 향후 제도 도입으로 인해 지역사회에서 노인에게 다양한 서비스를 제공하는 소규모 다기능시설, 대규모 전문보호시설, 지역 내 소규모 보호시설과의 연계방안을 제시하였다. 소규모다기능 노인장기요양보호시설은 재가서비스(주간보호, 단기보호, 방문서비스 등)와 보호서비스를 제공하는 시설로 요양실, 주간보호실, 목욕실, 물리치료 및 운동치료실 등으로 구성된다. 전문시설과 소규모시설과의 연계는 광역의 노인전문요양시설이 지역 내에 위치한 소규모 요양시설을 지원하여 시설이 소규모화되면서 발생하는 전문성을 보완하기 위한 방안으로 제안하였다. 이러한 구상은 재가보호와 시설보호를 지역에 시설 간 연계를 고려해서 배치한 안으로 발전할 수 있을 것이다.

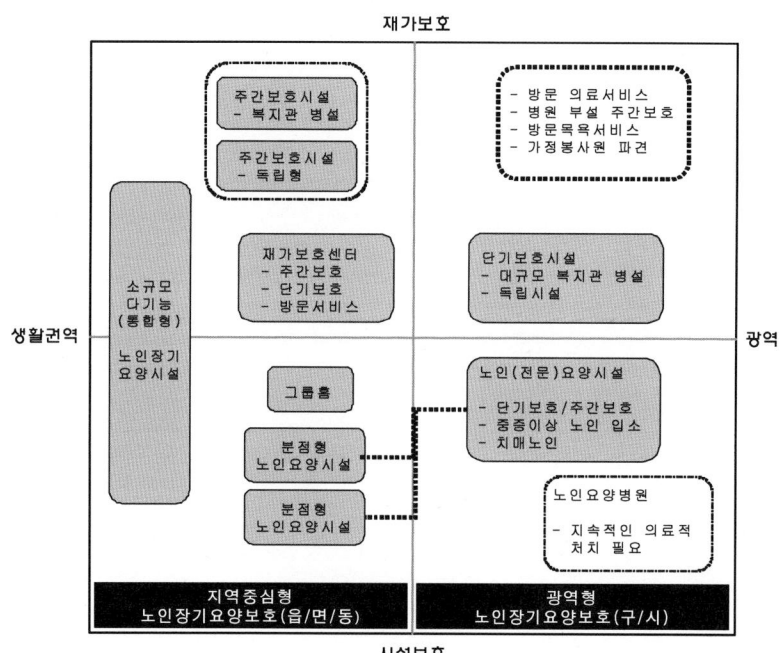

[그림 43] 노인장기요양보호시설과 지역사회

제6장

결　론

연구의 결과

본 연구는 노인장기요양보호제도의 도입으로 인한 국내 요양환경변화요인을 해외 사례와 국내 시설 분석을 통해 도출하고 이러한 요양환경의 변화가 현재 국내에서 운영하고 있는 노인장기요양보호시설에 미치는 영향을 구체화시켜 시설의 변화양상을 도출하였으며, 그 결과는 다음과 같다.

1. 노인요양보험제도가 도입으로 예상되는 시설의 환경변화

첫째, 서비스의 수혜대상이 현재의 특정 소득계층에서 확대되어 보험에 가입되어 있는 일정 기준을 충족하는 모든 사람을 대상으로 하기 때문에 급속도로 확대된다. 이로 인해 관련 인프라의 급속한 확충이 요구된다.

둘째, 제도 도입으로 인해 현재의 소극적 역할에 머물러 있는 재가시설의 역할이 확대될 가능성이 높다. 이는 시설서비스에 비해 재가서비스에 드는 비용이 적으며, 시설서비스의 확충이 현실적으로 어려운 측면이 있기 때문이다.

셋째, 서비스 제공에 민간의 참여가 전제되어 있기 때문에 보험에서 급여로 제공하는 서비스 제공이 경쟁체계를 이룰 수 있어 다양한 형태의 서비스 제공이 가능하며 이를 위한 새로운 형태의 시설이 등장할 수 있다.

넷째, 다양한 서비스의 효율적인 제공과 노인의 장기요양보호의 원칙에 충실하기 위한 시설의 복합화가 가속화될 것이다. 이는 현재의 서비스 제공자 중심의 서비스에서 서비스를 받는 대상자로 그 중심이 이동하면서 더욱 뚜렷하게 변화할 것이다.

2. 재가시설의 변화

재가시설은 우선 그 역할이 확대될 것이며 보호시설은 전문성이 강화될 것이다. 또한 보호시설과 재가시설의 복합화경향이 가속화될 것이다. 재가시설의 역할 확대를 살펴보면 보험제도의 시행으로 인해 재가보호관련 서비스가 다양화되고 보호시설 이용이 제한될 가능성이 높아져서 현재의 경증환자 보호를 중심으로 한 기능은 중증 이상의 노인 보호로 확대될 것이다. 일본에서는 개호보험 시행 후 재가서비스의 수준이 높아지고 이로 인해 보호시설에 입소한 노인의 중증도는 높아지고 있는 것으로 나타났다. 따라서 현재의 재가보호시설은 의료 및 재활, 특히 재활기능이 강화될 것이며 이로 인해 요양시설의 전문성은 강화될 것으로 판단된다. 재가시설 중 주간보호시설의 경우 이러한 현상이 두드러질 것으로 예상되는데 이는 단기보호시설은 보호시설에 병설되는 경우가 일반적이어서 보호시설 내의 의료 및 재활공간을 활용할 가능성이 높기 때문이다. 재가보호시설에서 의료 및 재활기능이 강화되기 위해서 본 연구에서는 시설의 병설형태에 따라 시설의 성격을 달라지므로 이에 따라 시설의 공간도 달리 제안하였다. 주간보호시설의 경우 보호시설에 건립될 경우 중증도가 높은 노인을 중심으로 이용할 수 있도록 하고 노인복지관에 병설하는 시설은 물리치료실, 작업치료실 등의 설치여건에 따라 기능을 달리 제안하였다. 단기보호시설의 경우 보호시설에 병설되는 경우는 시설의 요양동을 일부 사용하는 형태이므로 시설의 기능에 큰 영향을 끼치지 않으며, 복지관에 병설은 바람직하지 않은 것으로 제안하였다. 다만 복지관에 병설될 경우 독립적으로 계획할 필요와 중증 이하 경증노인을 중심으로 보호하는 것으로 제안하였다. 독립단기보호시설의 경우 소규모 요양시설로 계획하여 지역사회에 소규모 요양시설로서 역할을 수행할 필요성을 제시하였으며, 향후 주간보호시설 등 다른 재가서비스시설을 함께 병설해야 함을 주장하였다.

3. 보호시설의 변화

요양시설 및 전문요양시설은 현재 지역사회와 분리되어 대규모로 운영되는 것이 일반적이다. 이는 향후 제도 도입으로 인한 요양시설 이용인구의 급증에 대응하는 데는 한계를 갖고 있다. 또한 노인의 지역사회보호와 보호의 연속성 유지의 관점에서 현 시설의 상태는 많은 문제점을 갖고 있다. 이러한 점들을 고려해 볼 때 요양보험제도가 도입될 경우 국내 보호시설은 전문기능 강화, 소규모 분점형태의 시설 도입, 지역사회를 기반으로 하는 소규모 다기능의 복합형 시설 등장의 방향으로 그 기능이 변화될 것이다. 우선, 전문기능의 강화는 현재 요양시설과 전문요양시설을 이용하는 노인이 중증 이상, 최중증 노인을 중심으로 보호될 수 있도록 관련 기능이 갖추어 져야 한다. 이는 시간에 따른 노인의 신체적, 정신적 증상의 악화를 고려해 볼 때도 필요하다. 이와 함께 대규모 시설의 전문적 시설과 인력을 지역사회의 소규모시설과 함께 공유하는 시설의 네트워크화가 필요하며 민간의 요양사업 참여로 인해 이러한 현상은 가속화될 것이다. 또한 이러한 분점형태의 노인요양시설의 지역사회의 입지적 제한을 해결하는 방안으로도 많은 장점을 갖고 있다. 지역사회를 기반으로 하는 소규모다기능 복합형 시설의 필요성은 앞서 언급한 단기보호시설이 주간보호 및 다른 형태의 재가서비스를 추가하여 제공하는 경우가 될 것이다. 즉 방문서비스, 시설이용서비스, 주간보호, 단기보호, 나아가서는 다양한 요양서비스를 지역사회에서 통합적으로 제공하는 시설로 노인요양서비스의 거점으로서의 역할을 수행할 수 있을 것이다. 소규모 다기능시설은 일본의 개호보험제도 도입 후 노인의 보호연속성과 지역사회보호라는 두 가지 목표를 해결해 나가는 방안으로 적극 도입되고 있는 시설이기 때문에 국내에도 적용될 수 있을 것으로 판단된다.

연구의 의의와 한계

1. 연구의 의의

본 연구의 의의는 노인장기요양보호에 대한 관심의 증가와 요양보험 제도의 도입으로 인한 관련 시설의 기능을 재검토하는 것이다. 여기에 는 노인장기요양보호시설에 대한 사회복지적 측면과 건축계획적 측면 의 인식의 차이가 존재한다. 즉 사회복지적 측면에서는 장기요양보호 와 관련된 서비스 제공과 정책에 중점을 두고 있어 서비스 제공이 구 체화되는 시설에 대해서는 추상적인 기능과 양적 확충에 초점을 두고 있으며, 건축계획적 측면에서는 서비스의 이해와 시대적 흐름에 대한 고찰, 그리고 장기요양보호와 관련된 정책과 제도는 소홀하고 시설내 부의 계획적 내용에 연구를 집중하고 있는 실정이다. 따라서 본 연구 는 사회복지적 관점과 건축계획적 관점을 아울러 실질적으로 노인장기 요양보호의 서비스와 전달체계에 적합한 시설의 유형을 도출하고 이에 대한 세부계획을 세우는 것이다.

노인장기요양보호제도 도입에 따른 시설의 변화가능성에 대해 사회 복지적 논의를 건축계획적 논의로 이어감으로써 기여할 수 있는 사항 을 구체화하면 다음과 같다.

첫째, 노인장기요양보호시설의 기능을 서비스의 전달체계와 함께 봄으로써 효율적인 서비스 전달에 기여할 수 있을 것으로 보인다. 노인 장기요양보호서비스는 노인의 상태에 따라 어떠한 서비스가 어떠한 장소에서 전달되는지 결정된다. 이를 토대로 시설서비스가 적합한지, 재가서비스가 적합한지 등이 결정되기 때문에 이에 적합하게 시설의 기능이 변화해야 한다.

둘째, 본 연구의 기본적인 접근은 노인은 자신의 거주지에서 보호를 받을 수 있는 환경이 조성되어야 한다는 'Aging in Place'의 개념으로 접근한다. 따라서 각 시설의 기능을 설정할 때 이러한 개념을 기본으로 하였다. 현재의 노인시설이 지역사회와의 관계와 이에 따른 시설의 기능을 소홀히 취급해 왔기 때문에 시설의 사회적 고립감을 심화시키고 있다. 따라서 본 연구의 이러한 접근이 시설의 사회화에 기여할 수 있을 것으로 판단된다.

셋째, 본 연구의 최종 목표는 각종 장기노인요양보호시설 설계에 필요한 기본적 자료를 제공하는 것이다. 기본적인 자료는 시설계획에 기본적인 자료로서 활용할 수 있는 공간구성의 형태로 제시하여 다양한 지역사회의 여건에 적용이 가능하도록 제시한다.

넷째, 우리나라의 경우 매우 급속한 고령화가 진행되기 때문에 시설의 확충이 일시적으로 이루어지기 매우 힘든 상황이다. 이에 본 연구는 시설 확충방안에 기존의 다른 시설을 노인시설로 대체할 수 있는 가능성을 함께 살펴봄으로써 시설의 확충에 기여할 수 있을 것이다.

다섯째, 향후 도입될 노인장기요양보호제도를 감안하여 시설의 변화 가능성을 예측하였기 때문에 향후 시설의 기능변화를 가늠할 수 있다. 또한 향후 도입의 가능성이 높은 시설을 제안하고 이를 구체화할 수 있는 공간구성을 제안했기 때문에 이후 관련 연구의 기본 자료로 활용할 수 있을 것이다.

2. 연구의 한계

본 연구의 한계를 살펴보면 현재 노인장기요양보호제도를 도입 및 정착하는 하는 초기이기 때문에 제도 도입 후의 상황은 선진국의 상황을 참고할 수밖에 없다. 이것은 국내의 시설의 구성과 형태, 그리고 지역사회와의 관계 등이 현 제도하에서 발생하는 불가피성이 내포되어 있기 때문이다. 또한 시설의 기능변화를 유추하는 데 있어 재활부분 및 의료부문의 강화가 현실적인 부분에서 불합리한 경우가 발생할 수 있다. 이는 노인의 보호 측면에서는 유리하지만 법적인 문제와 제도적인 문제와 결부되어 있기 때문이다. 시설 간 연계방안을 제시할 때도 시설의 기능상으로는 연계하는 것이 바람직하지만 시설의 운영주체가 상이할 경우에 연계가 현실적으로 어려운 부분이 존재할 수밖에 없다. 또한 본 연구는 시설의 전체적인 관점에서 본 기능을 보기 때문에 실질적으로 노인이 시설을 이용함에 있어 영향을 미치는 세부적인 시설계획은 본 연구에서 다루지 못한 한계가 있을 수밖에 없다.

참고문헌

1) 단행본 및 번역서

U. Cohen 외, 정무웅 외 번역, 2003, 건축환경디자인과 노인성치매, 기문당, 서울

김경회 외, 1999, 노인복지연구 - 재가노인을 위한 사회복지 서비스 - , 홍익제, 서울

김문실 외, 2004, 노인요양시설경영론, 정담미디어, 서울

김미혜 외, 2002, 노인복지실천론, 동인, 서울

김성이 외, 1997, 비교지역사회복지: 사회복지관과 재가복지의 국제비교, 한국사회복지관협회, 서울

김수영 외, 2001, 노인과 지역사회보호, 양서원, 서울

김종일, 2004, 지역사회복지론, 현학사, 서울

밀턴 뢰머 지음, 상민선 외 번역, 2002, 세계의 보건의료제도, 한울아카데미, 서울

박광준, 2004, 고령사회의 노인복지정책 - 국제 비교적 관점 - , 현학사, 서울

박재간, 2002, 노인전용주거시설의 개발전략, 아시아미디어리서치, 서울

송미순 외, 1997, 노인간호의 연구와 전망, 서울대학교 출판부, 서울

이관용, 2003, 노인건축, 세진사, 서울

임춘식 외, 2005, 세계의 노인복지정책, 학현사, 서울

장병원, 2003. 개호보험제도의 정책과정 및 제도개요, 노인복지정책연구총서 2003. 2(통권 제 28호), 노인문제연구소

차흥봉 외, 2000, 고령화사회의 장기요양보호, 소화, 서울

최순남, 2000, 현대노인복지론, 한신대학교 출판부, 경기도

최일섭 외, 2000, 지역사회복지론, 서울대학교출판부, 서울

프랑크 쉬르마허, 2005, 장혜경 번역, 고령화사회 2018, 나무생각, 서울

황성철 외, 2003, 재가노인복지정책과 실천, 현학사, 서울

2) 학위논문

강창현, 2001, 사회복지서비스 공급네트워크에 관한 연구: 서울시 노인지역
　　보호서비스의 정부, 시장, NGO간 협력을 중심으로, 연세대학교 대
　　학원 박사학위논문
권순정, 1999, 한국 노인요양시설의 공급량추정 및 시설계획에 관한 연구,
　　서울대학교 대학원 박사학위논문
김봉일, 2004, 노인주간보호시설의 소요공간 계획에 관한 연구, 건국대학교
　　대학원 박사학위논문
김성한, 2004, 노인전문병원의 건축계획 프로그래밍에 관한 연구, 홍익대학
　　교 대학원 박사학위논문
김은영, 2002, 장기요양서비스 경제성 분석, 서울대학교 대학원 박사학위논문
박병일, 2002, 재가노인복지서비스 전달체계의 평가에 관한 연구: 대구, 경
　　북의 경우를 중심으로, 영남대학교 대학원 박사학위논문
박성제, 1999, 노인단기보호시설의 건축계획에 관한 연구, 경남대학교 대학
　　원 석사학위논문
석재은, 1999, 노인장기요양보호의 공급주체 간 역할분담 유형에 관한 비교
　　연구: 비용부담과 보호제공을 중심으로, 이화여자대학교 대학원 박
　　사학위논문
소준영, 1999, 노인종합복지관건축의 공간구성계획에 관한 연구, 홍익대학
　　교 대학원 박사학위논문
신복기, 2000, 한국의 노인장기요양보호정책 모형, 대구대학교 대학원 박사
　　학위논문
오은진, 2000, 요양원 건축의 치료적 환경특성과 치매노인행동의 상호 관련
　　성, 연세대학교 대학원 박사학위논문
이진혁, 2003, 도시형 유료 노인주거복지시설이 동향과 건축계획적 제안에
　　관한 연구, 성균관대학교 대학원 박사학위논문
이현숙, 2001, 노인복지서비스의 효율적 공급을 위한 정부와 NGO의 협조
　　관계에 관한 연구, 동국대학교 대학원 박사학위논문

임승구, 2000, 농촌지역 노인주거시설의 계획에 관한 연구: 입지 및 시설 규모를 중심으로, 청주대학교 대학원 박사학위논문

지은영, 2003, 지역사회보호를 위한 노인주거서비스 개발방향, 경희대학교 대학원 박사학위논문

3) 학술지 및 학술대회

선우덕, 2005, 일본 장기요양보험제도의 운영실적과 시사점, 보건복지포럼 2005년 5월호, 한국보건사회연구원

장병원, 2004, 공적노인요양보장제도의 정책방향, 2004 헬스케어 심포지엄

이병록, 2004, 노인복지시설의 사회화에 영향을 미치는 요인에 관한 연구, 한국노년학회지 24권 3호, 한국노년학회

Satoshi Ishii, 2004, General facts about elderly care and the environment in Japan, 2004년 한중일 의료복지시설 국제 심포지엄, (사)한국의료복지시설학회

Takahashi Kimio, 2004, 高齡者施設の計劃事例, 2004년 한중일 의료복지시설 국제 심포지엄, (사)한국의료복지시설학회

Yukiko Inoue, 2004, Facility planning for the elderly based on individual care(特別療養老人ホーム 痴呆性高齡者グループホーウ), 2004년 한중일 의료복지시설 국제 심포지엄, (사)한국의료복지시설학회

4) 보고서

경기개발연구원, 2002, 경기도 장기요양 보호체계 구축에 관한 연구: 시설 보호를 중심으로

국민건강보험공단, 2004, 노인요양보험제도 관리운영체계 구축방안

국민건강보험공단, 2004, 노인요양보험제도 정립을 위한 관련 시설 공급 및 확충방안

국민건강보험공단, 2002, 선진국의 장기요양서비스체계 자료집

국민건강보험공단, 2002, 장기요양서비스체계 도입방안 검토

한국보건사회연구원, 2005, 2004년도 전국노인생활실태 및 복지욕구조사

한국보건사회연구원, 2001, 장기요양보호대상 노인의 수발실태 및 복지욕구: 2001년도 전국 노인장기요양보호서비스 욕구조사

한국보건사회연구원, 2000, 지역단위 사회복지관련서비스 연계체계 모형개발

한국보건산업진흥원, 2003, 노인의료복지시설 시설기준에 관한 연구

한국보건산업진흥원, 2002, 장기요양보호 대상노인의 건강유지증진을 위한 지역사회 연계모델 개발 연구

Department of Health and Human Services, 2002, The National Nursing Home Survey: 1999 Summary

Genevieve W. Strahan, 1997, An Overview of Nursing Homes and Their Current Residents: Data From the 1995 National Nursing Home Survey, Division of Health Care Statistics

Jenny Brodsky, Jack Habib, Ilana Mizrahi, 2000, Long-Term Care Laws in Five Developed Countries, WHO

OECD, 1998, Long Term Care Services to Older People, A Perspective on Future Needs: The Impact of An Improving Health of Older Persons, ageing working papers 4.2

OECD, 2000, The Residential Care and Uursing Home Sector for Older People: An Analysis of Past Trends, Current and Future Demand

厚生勞動省 介護制度改革本部, 2004, 介護保險制度の見直しについて

厚生勞動省 高齡者介護硏究會, 2004, 2015年の高齡者介護: 高齡者の尊嚴を支えるケアの確立に向けて

厚生勞動省, 2002, 平成13年(2001年) 介護サービス施設・事業所調査結果の概況

厚生勞動省, 2003, 平成14年(2002年) 介護サービス施設・事業所調査結果の概況

厚生勞動省, 2004, 平成15年(2003年) 介護サービス施設・事業所調査結果の概況

5) 국외 단행본

Bradford Perkins, 2004, Building Type Basics For Senior Living, John Wiley & Sons

Elizabeth C. Brawley, 1997, Designing for Alzheimer's Disease, John Wiley & Sons

Geoffrey Salmon, 1993, Caring Environments for Frail Elderly People, John Wiley & Sons

Jenny Brodsky, Jack Habib, Ilana Mizrahi, 2000, Long－Term Care Law in Five Developed Countries, WHO

Richard L. Kobus, Ronald L. Skaggs, Michael Bobrow, Julia Thomas, Thomas M. Payette, 2000, Building Type Basics For Healthcare Facilities, John Wiley & Sons

Rosalie A. Kane, Robert L. Kane, Richard C. Ladd, 1998, The Heart of Long－Term Care, Oxford University Press

The American Institute of Architecture, 2004, Design for Aging Review, images publishing

V Vacon, C Lambkin, 1994, Buildings design and the delivery of day care services to elderly people, London: HMSO

Victor Regnier, 1994, Assisted Living Housing for The Elderly, Van Nostrand Reinhold New York

Victor Regnier, 2002, Design for Assisted Living－Guidelines for Housing the Physically and Mentally Frail, John Wiley & Sons

William J. Brummett, 1997, The Essence of Home, Van Nostrand Reinhold

米木英雄, 2001, 在宅介護時代の家づくり.部屋づくり. 壽郎社

社團法人 日本醫療福祉建築學會, 2003, 保健・醫療・福祉施設建築情報シート集2002

社團法人 日本醫療福祉建築學會, 2004, 保健・醫療・福祉施設建築情報シート集2003

社團法人 日本醫療福祉建築學會, 2005, 保健・醫療・福祉施設建築情報シート集2004

秋山哲男, 1993, 高齢者住まいと交通, 日本評論社

淺沼由紀高 외, 2002, 齢者複合施設,, 市ケ谷出版社

エクスナレッジムック， 2005， 高齢者介護・シルバー事業企畫マニュアル
2005 − 06, エクスナレッジ

부록: 국내 시설사례

1) 요양시설

(1) 엘림요양원

<table>
<tr><td rowspan="7">일반현황</td><td>운영주체</td><td>사회복지법인</td><td rowspan="11"></td></tr>
<tr><td>시설종류</td><td>요양시설</td></tr>
<tr><td>부설형태</td><td>전문요양시설 병설</td></tr>
<tr><td>위치</td><td>경기도 군포시 산본동</td></tr>
<tr><td>이용노인 현황</td><td>50명</td></tr>
<tr><td>서비스 수준</td><td>여가 / 건강관리</td></tr>
<tr><td>직원현황</td><td>24명</td></tr>
<tr><td rowspan="4">시설현황</td><td>대지면적</td><td></td></tr>
<tr><td>연면적</td><td>1,279㎡</td></tr>
<tr><td>건축규모</td><td>지상2층</td></tr>
<tr><td>부설시설</td><td>없음</td></tr>
</table>

<table>
<tr><th></th><th>층</th><th>도면</th><th>제실</th><th>기능 및 특징</th></tr>
<tr><td>층별기능
현황</td><td>1층</td><td></td><td>요양실
사무실
상담실
진료실
물리치료실
회의실
세탁실
린넨실
프로그램실
특수목욕실
강당
자원봉사실</td><td>1층 중앙에는 요양시설을 운영 / 관리하는 사무, 간호스테이션이 위치하고 있으며, 소규모 물리치료실, 프로그램실, 강당, 목욕실 등을 운영하고 있다.</td></tr>
</table>

층별기능 현황	2층		요양실 일광욕실 목욕실 휴게실	2층은 중앙 휴게실과 요양실로 구성되어 있다. 요양실은 경증노인이 주로 거주하고 있다.
	전반적 특징	본 시설은 양로시설과 요양시설로 운영해 오다가 입소한 노인들의 건강상태가 나빠지면서 양로시설을 요양시설로, 요양시설을 전문요양시설로 전환한 시설이다. 이로 인해 요양시설에 입소하고 있는 노인의 상태는 양호한 편이다. 현재 시설은 요양시설에 적합하도록 시설을 개보수하고 있으며, 일반 요양시설에 있는 재활부분은 미약한 실정이기 때문에 병설되어 있는 전문요양시설의 물리치료실 및 재활치료실을 활용하고 있으며 본 시설의 물리치료실은 간단한 운동기구들만이 비치되어 있어 활용도가 낮은 상태이다.		

(2) 영락요양원

일반현황	운영주체	영락사회복지재단
	시설종류	무료요양원
	부설형태	양로원과 함께 운영
	위치	경기도 하남시 풍산동
	이용노인 현황	50명(와상 40, 치매 10)
	주요서비스	일반 요양
	직원현황	20명
시설현황	대지면적	12,993㎡
	연면적	1,724㎡
	건축규모	지하1 / 지상2(지하1층사용)
	부설시설 현황	가정봉사원파견, 주간보호

	층	도면	제실	기능 및 특징
층별기능 현황	지하 1층		요양실 NS 린넨실 세탁실 의무실 로비 사무실	입구를 들어가면 중앙로비가 나오며 우측에 간호사실 및 사무실이 있으며 로비 우측과 좌측에 요양실이 배치되어 있다. 우측 요양실은 의무실을 중심으로 배치되어 있다.

층별기능 현황	전반적 특징	본 시설은 영락양로원의 시설이 오래되면서 요양환자의 요구가 늘어남에 따라 지하 공간을 요양시설로 전용한 경우로 대부분의 환자가 와상환자(50명 중 40명)이며 그 외에 치매환자가 이용하는 시설이다. 시설의 환자의 구성비율로 보면 전문요양시설의 성격이 강한 시설이라고 할 수 있다.

(3) 감천장

	운영주체	사회복지법인	
일반현황	시설종류	요양시설	
	부설형태	독립	
	위치	경기도 수원시 장안구	
	이용노인 현황	80명	
	서비스 수준	일반요양	
	직원현황	26명	
시설현황	대지면적	6,125㎡	
	연면적	3,279㎡	
	건축규모	지하1층 / 지상3층	
	부설시설 현황	없음	

	층	도면	제실	기능 및 특징
층별기능 현황	1층		요양실 강당 의무실 사무실 원장실 주방, 식당	요양부분과 공영부분으로 나뉘 어 구성되어 있으며 요양동가 가까운 곳에 의무실이 배치되 어 있다.
	2층		요양실 물리치료실 목욕실	요양동 부분과 재활부분이 배 치되어 있으며 재활부분에는 물 리치료실과 목욕실로 구성되어 있다.
	3층		요양실 휴게실 오락실	소규모 요양실 부분과 휴게실 이 배치되어 있다.
	전반적 특징	1951년 양로원으로 시작한 시설은 2001년 요양시설로 기능을 전환하여 현재까지 운 영해 오고 있다. 시설의 노후화와 협소로 인해 여러 차례 증축과 기능보강이 이루어진 상태이다.		

(4) 성지원

일반현황	운영주체	사회복지법인 성지원
	시설종류	요양시설
	부설형태	독립
	위치	경기도 수원시 장안구
	이용노인 현황	30명
	서비스 수준	일반요양
	직원현황	18
시설현황	대지면적	10,295㎡
	연면적	4,556㎡
	건축규모	지하1층 / 지상3층
	부설시설 현황	없음

	층	도면	제실	기능 및 특징
층별기능 현황	1층		요양실 중정 대피소 세탁실 전기실 기계실	시설 좌측은 중정을 중심으로 요양실이 배치되어 있으며 우측은 부대시설이 있음
	2층		요양실 휴게실 물리치료실 주방 및 식당 창고 이미용실 창고 (별관) 간호대기실 간호사실 진료처치실	시설 좌측은 요양실이 있으며, 우측은 중정을 중심으로 부대시설이 배치되어 있고, 별동 시설과 연결되어 있음
	3층		요양실 (별관) 사무실	두 개의 중정 중 우측부분이 중정을 중심으로 요양실이 배치되어 있음
	전반적 특징	성지원은 현재 요양시설과 요양병원을 혼합하여 사용하고 있는 것으로 조사되었으며, 건물의 형태는 2개의 중정을 중심으로 각 실이 배치되어 있는 형태다. 중정을 중심으로 시설을 배치하고 있는 것은 치매노인의 배회욕구를 충족시키기 위한 것이며, 중정을 통해 외기 및 채광이 가능하도록 하고 있다.		

2) 전문요양시설

(1) 엘림전문요양시설

<table>
<tr><td rowspan="7">일반현황</td><td>운영주체</td><td>사회복지법인</td><td rowspan="7"></td></tr>
<tr><td>시설종류</td><td>전문요양시설</td></tr>
<tr><td>부설형태</td><td>요양시설 병설</td></tr>
<tr><td>위치</td><td>경기도 군포시 산본동</td></tr>
<tr><td>이용노인 현황</td><td>100명</td></tr>
<tr><td>서비스 수준</td><td>전문요양 / 의료 및 재활</td></tr>
<tr><td>직원현황</td><td></td></tr>
<tr><td rowspan="4">시설현황</td><td>대지면적</td><td></td><td></td></tr>
<tr><td>연면적</td><td>3,891㎡</td><td></td></tr>
<tr><td>건축규모</td><td>지하1층 / 지상3층</td><td></td></tr>
<tr><td>부설시설 현황</td><td>없음</td><td></td></tr>
</table>

<table>
<tr><th colspan="2">층</th><th>도 면</th><th>제 실</th><th>기능 및 특징</th></tr>
<tr><td rowspan="3">층별기능
현황</td><td>1층</td><td></td><td>로비
요양실
간호사대기실
일광욕실
사무실
원장실
집중관리실
의무실
화장실</td><td>관리동과 요양동으로 크게 분리되며 관리동은 집중관리실(ICU)을 별도로 운영하고 있는 것이 가장 큰 특징이라고 할 수 있다.</td></tr>
<tr><td>2층</td><td></td><td>요양실
간호사대기실
일광욕실
식당
주방
영양사실
이미용실
화장실</td><td>관리동 2층 부분은 식당과 주방이 위치하고 있으며 식당은 직원과 요양동 노인이 이용하고 있으며 전문요양실 거주 노인에게는 식사를 배달시켜 준다.</td></tr>
<tr><td>3층</td><td></td><td>요양실
간호사대기실
일광욕실
물리치료실
작업치료실</td><td>관리실 상층부는 물리치료실, 운동치료실, 작업치료실로 구성되어 있다.</td></tr>
<tr><td>층별기능
현황</td><td>전반적
특징</td><td colspan="3">요양시설을 전문요양시설로 전환하여 이용하고 있는 시설로 요양동과 부대시설동을 수평으로 구분하여 운영하고 있다. 1층은 관찰과 의료적인 처치가 필요한 환자를 24시간 관찰하는 집중관리실을 운영하고 있는 것이 가장 큰 특징이며 물리치료실과 식당은 부지 내에 함께 운영하고 있는 일반요양시설과 함께 사용하고 있다.</td></tr>
</table>

(2) 중계노인복지관

일반현황	운영주체	사회복지법인		
	시설종류	전문요양시설		
	부설형태	독립		
	위치	노원구 중계2동		
	이용노인 현황	278명		
	서비스 수준	의료 및 재활		
	직원현황			
시설현황	대지면적	4,799㎡		
	연면적	6,696㎡		
	건축규모	지하1층 / 지상4층		
	부설시설 현황			

	층	도 면	제 실	기능 및 특징
층별기능 현황	지하 1층		물리치료실 작업치료실 교육실, 종교실 간병인 탈의실	물리치료실 및 작업치료실을 중심으로 부대시설이 배치되어 있으며 중정을 통해 채광을 할 수 있다.
	1층		사무실 치매주간보호실 중풍주간보호실 발마사지실 주방 회의실 프로그램실 노인교실 상담실	주간보호실을 중심으로 직원식당, 사무실로 구성되어 있으며 주간보호노인을 위한 프로그램실이 위치하고 있다.
	2층 3층		요양실 간호사실 휴게실 목욕실 자동욕실 식당	2층과 3층은 요양동으로 중정을 중심으로 하는 요양동 유닛 2개가 원형 램프와 홀로 연결되어 있다. 연결부위에는 두 요양유닛에서 공통으로 사용할 수 있는 휴게기능과 간호사실이 배치되어 있다. 중정을 중심으로 노인의 배회가 가능하도록 계획되어 있다.
	4층		다용도 휴게실	
	전반적 특징	우리나라 최초의 전문요양시설로 전문요양시설의 초기형태를 갖고 있다. 한 층에 100여 명 이상의 노인이 이용하고 있으며 개실의 규모도 10인실 이상도 갖추고 있어 매우 크다. 요양실을 중심으로 계획되어 있으며 중정으로 인해 공용면적이 적은편이며 가운데 램프는 긴급 시를 제외하고는 거의 사용되지 않는 것으로 나타났다. 층별 요양실을 중심으로 노인이 거주하며 지하1층의 물리치료나 산책 등 관련 프로그램 시 다른 층으로 이동한다.		

(3) 광명노인전문요양센터

일반현황	운영주체	광명시보건소		
	시설종류	노인전문요양시설		
	부설형태	독립		
	위치	경기도 광명시 하안동		
	이용노인 현황	100명		
	서비스 수준	전문요양		
	직원현황	33명		
시설현황	대지면적	7,025㎡		
	연면적	3,112㎡		
	건축규모	지하1층, 지상3층		
	부설시설 현황	주간보호시설		

	층	도면	제실	기능 및 특징
층별기능 현황	지하 1층		강당 집회실 물리치료실 작업치료실 수치료실 종교실 세탁실	물리치료실과 수치료, 그리고 작업치료 등 의료 및 재활기능이 배치되어 있으며 여가 관련 종교실과 강당이 있다. 가장 많이 이용하는 물리치료실에선 큰 공간으로 채광이 가능하다.
	1층		주간보호실 상담실 자원봉사실 사무실 식당 및 주방 로비 화장실	주간보호실과 사무실, 그리고 식당이 주요실로 구성되어 있으며, 주간보호실 노인의 경우 지하1층 물리치료실을 사용하는 것을 제외하고는 대부분의 시간을 주간보호실과 주간보호 프로그램실을 사용한다.
	2층 3층		요양실 식당 자동욕실 간호대기실 간호사실 의사실 오물처리실 프로그램실	요양실은 2개 층으로 중앙 중정을 중심으로 6인실 요양실이 배치되어 있다. 로비부분에 간호사대기실과 식당이 배치되어 있으며 간호대기실 앞과 식당에서 관련 프로그램을 시행한다.
	전반적 특징	광명시 보건소에서 설립 / 운영하는 시설로 전문요양과 주간보호 기능을 갖추고 있다. 2. 3층 요양동은 전부 바닥난방으로 계획하여 노인의 선호도를 고려하여 계획하였으며, 요양동에서 물리치료실 이용을 제외하고 모든 활동이 이루어진다. 식당과 홀 부분이 넓어 관련 프로그램이 이루어질 수 있는 여건을 갖추고 있으며 요양실 앞부분에 세면실과 화장실이 배치되어 있는 것이 특이할 만한 점이다.		

(4) 송파노인전문요양센터

일반현황	운영주체	사회복지법인	
	시설종류	전문요양시설	
	부설형태	독립	
	위치	서울시 송파구	
	이용노인 현황	80명	
	서비스 수준	전문요양 / 의료 및 재활	
	직원현황	52명	
시설현황	대지면적	717㎡	
	연면적	3,080㎡	
	건축규모	지하2층 / 지상6층	
	부설시설 현황		

	층	도 면	제 실	기능 및 특징
층별기능 현황	1층		사무실 상담실 세미나실 치매상담센터 로비 화장실	로비부분에 치매노인상담센터가 자리 잡고 있으며 주요기능은 사무기능이며 세미나실이 후면에 위치한다.
	2층 3층 4층		요양실 휴게실 간호사실 화장실	20명 소그룹으로 생활하는 그룹홈 개념으로 계획된 시설로 중앙에 위치한 간호사실을 앞으로 넓은 공용거실이 배치되어 있다.
	5층		요양실 휴게실 간호사실 기계욕실 화장실	기계욕실이 배치되어 요양실 1개가 2인실로 운영된다.
	6층		물리치료실 운동치료실 작업치료실 진료실 대기실 화장실 옥상정원	의료 및 재활을 한 층에 집중시켜 놓고 있으며 옥상정원과 연계된 휴게실이 계획되어 있다.
	전반적 특징	대지의 협소함으로 인해 요양동의 층별 규모가 작게 계획되어 운영되고 있다. 층당 20여 명의 노인이 이용하고 있어 그룹홈의 개념이 적용되어 계획되었으며, 인력의 제약으로 인해 그룹홈으로 운영되지는 못하고 있는 실정이다. 물리치료 등 재활관련 부분을 최상층으로 배치한 것이 다른 시설과의 차이로 재활부분의 환경이 다른 시설에 비해 쾌적하게 되어 있다.		

(5) 파인벨리

일반현황	운영주체	순애원
	시설종류	전문요양시설
	부설형태	요양시설 병설
	위치	경기도 고양시 덕양구
	이용노인 현황	
	서비스 수준	유니트케어
	직원현황	
시설현황	대지면적	6,987㎡
	연면적	1,618㎡
	건축규모	지하1층 / 지상3층
	부설시설 현황	단기보호, 주간보호

	층	도 면	제 실	기능 및 특징
층별기능 현황	1층		입구 요양실 화장실, 사워실 세탁실 간호사실 물리치료실 작업치료실 준명크리닉 휴게실 면회실	요양실 부분과 재활부분으로 구분되어 구성되어 있으며 요양실 부분은 4인실을 기준으로 요양실 2개가 화장실 및 욕실을 공유하고 요양실 4개가 휴게실 및 간호사실을 공유하고 있다.
	2층		입구 요양실 화장실, 사워실 세탁실 간호사실 휴게실	요양실 구성은 1층과 유사하며 1층 부분의 재활부분이 요양실 부분으로 쓰이고 있다. 요양실 부분은 야외공간을 함께 사용할 수 있도록 계획하였다.
	3층		입구 요양실 화장실, 사워실 세탁실 간호사실 일광욕장 휴게실 로비	다른 시설과 연결된 로비가 위치하고 있으며 로비부분에 사무실이 배치되어 있다. 요양실은 요양실 2개로 이루어진 유닛이 2개로 이루어져 있다.

층별기능 현황	전반적 특징	2005년에 개원한 시설로 유니트케어(unit care)개념을 도입하여 요양단위를 소그룹으로 운영하는 것을 목표로 운영하고 있는 시설이다. 인근에 일반요양시설, 치매전문요양시설, 주간보호시설을 함께 운영하고 있으며 서로 연계되어 운영되는 시설이다. 본 시설의 특징은 2개 요양실을 하나의 단위로 묶고 4개의 요양실을 하나의 단위로 묶는 방식을 취한 요양실 구성방식이며 4개의 요양실 단위로 휴게, 부엌 등 공용시설이 함께 구성되어 있다.

3) 주간보호시설

(1) 주간보호센터

	운영주체	학교법인	
일반현황	시설종류	주간보호시설	
	부설형태	사회복지관 부설	
	위치	중랑구	
	이용노인 현황	18명	
	서비스 수준	프로그램, 물리치료	
	직원현황	4명	
시설현황	부설시설 규모		
	시설전체연면적		
	대상시설면적		
	시설 위치	1층	
전반적 특징	사회복지관 부설로 로비를 중심으로 우측에 주간보호시설이 위치하고 있으며 주간보호시설은 당초 남녀를 구분하여 동일하게 계획되었으나 여성의 비율이 높아짐에 따라 실 하나를 프로그램실로 활용하고 하나를 거실로 활용하고 있었다. 사무실을 따로 두지 않고 거실부분의 일부에 책상을 두어 노인들과 함께 생활하여 이용하고 있었으며, 사회복지관 내의 물리치료실을 주간보호노인이 활용하고 있었다.		

(2) 휘경노인주간보호센터

일반현황	운영주체	학교법인	
	시설종류	주간보호센터	
	부설형태	독립	
	위치	동대문구	
	이용노인 현황	10명	
	서비스 수준	프로그램	
	직원현황	4명	
시설현황	부설시설 규모		
	시설전체연면적		
	대상시설면적		
	시설 위치	2층	
전반적 특징	독립형 주간보호센터로 1층에 경로당이 위치하고 있으며 2층에 주간보호센터가 위치하고 있다. 공간은 사무실과 주간보호를 위한 거실로 구성되어 있으며 이를 편복도가 연결하고 있다. 공간이 프로그램을 위한 다른 공간이 없어 복도공간을 활용하고 있다. 2층에 위치하고 있어 노인들의 접근이 어려운 측면이 있다.		

(3) 길음주간보호센터

일반현황	운영주체	사회복지	
	시설종류	주간보호센터	
	부설형태	사회복지관 부설	
	위치	성북구	
	이용노인 현황	9명	
	서비스 수준	프로그램, 물리치료	
	직원현황	3명	
시설현황	부설시설 규모		
	시설전체연면적		
	대상시설면적		
	시설 위치	2층	
전반적 특징	사회복지관 내에 위치한 시설로 물리치료실과 주간보호센터를 인접시켜 계획함으로써 주간보호센터 내의 노인의 이용도를 높이고 있다. 당초 계획 시 주간보호센터 내에 화장실이 없어 공용화장실을 이용하였으나 불편함이 발생해 물리치료실 내 공간을 일부 확보하여 화장실로 개조하여 이용하고 있다.		

(4) 동대문종합사회복지관 치매주간보호

일반현황	운영주체	재단법인	
	시설종류	치매주간보호	
	부설형태	사회복지관 부설	
	위치	동대문	
	이용노인 현황	9명	
	서비스 수준	프로그램, 간호	
	직원현황	6명	
시설현황	부설시설 규모		
	시설전체연면적		
	대상시설면적		
	시설 위치	3층	
전반적 특징	사회복지관 내 3층에 위치한 시설로 당초 계획되지 않았던 이유로 시설의 위치로 인해 많은 불편함을 초래하고 있다. 또한 층 내에 아동을 위한 체육관련 프로그램들이 위치하고 있어 안정된 분위기가 조성되기 어려운 환경적 제약을 갖고 있다. 신체적 상태가 양호한 경증치매노인을 대상으로 하고 있는 시설로 하나의 거실을 활용하고 있었으며 당초 샤워 및 화장실이 없어 공용화장실 일부를 개조하여 주간보호용으로 전환하여 사용하고 있다.		

(5) 역삼재가노인복지센터 주간보호센터

일반현황	운영주체	사회복지재단	
	시설종류	주간보호시설	
	부설형태	재가노인복지센터부설	
	위치	강남구	
	이용노인 현황	20명	
	서비스 수준	운동치료	
	직원현황	6명	
시설현황	부설시설 규모	지하1층 / 지상4층	
	시설전체연면적		
	대상시설면적		
	시설 위치	2층	
전반적 특징	재가노인복지센터에 부설된 시설로 재가노인복지센터는 노인복지관과 그 기능이 유사하다. 1층에 사무실과 물리치료실이 있으며 2층에 의무실, 운동치료실, 주간보호실이 위치하고 있고, 3층에 여가 프로그램 관련실, 4층에 경로당이 위치하고 있다. 2층 모두를 주간보호센터로 이용하고 있어 독립성을 갖추고 있으며 목욕 및 샤워실과 의료 및 운동치료실을 구비하고 있다.		

(6) 종로종합사회복지관 주간보호센터

일반현황	운영주체	사회복지재단	
	시설종류	주간보호시설	
	부설형태	사회복지관 부설	
	위치	종로구	
	이용노인 현황	20명	
	서비스 수준	물리치료	
	직원현황	5명	
시설현황	부설시설 규모	지하1층 / 지상3층	
	시설전체연면적		
	대상시설면적		
	시설 위치	1층	
전반적 특징	사회복지관 1층에 위치한 시설로 경로당이 함께 위치하고 있다. 2층은 사무실과 프로그램실. 3층은 어린이집과 프로그램실이 위치하고 있으며, 지하1층에는 식당. 목욕실 등이 위치하고 있다. 1층에 위치하고 있으며 별도의 출입구를 갖고 있어 주간보호의 독립성이 확보되어 있으며 주간보호전용 물리치료실을 갖추고 있어 부설 주간보호시설로서는 재활부분이 강조되어 있다.		

4) 단기보호시설

(1) 수유종합사회복지관 단기보호센터

일반현황	운영주체	사회복지법인	
	시설종류	단기보호	
	부설형태	사회복지관 부설	
	위치	강북구	
	이용노인 현황	20명	
	서비스 수준	프로그램. 요양	
	직원현황	9명	
시설현황	부설시설 규모		
	시설전체연면적		
	대상시설면적		
	시설 위치	5층	
전반적 특징	사회복지관 내에 위치하고 있는 시설로 당초 3층에 주간보호, 5층에 단기보호시설이 위치하고 있었으나 주간보호노인들과 단기보호노인들이 함께하는 프로그램들이 많아짐에 따라 5층에 통합하여 운영하고 있는 시설이다. 주간보호와 단기보호가 함께 있어 주간보호 이용노인들이 단기보호시설을 편리하게 이용할 수 있는 장점을 갖고 있다. 하지만 시설의 위치가 5층으로 외부와 단절되어 있어 노인들의 야외활동이 거의 불가능하고 답답한 환경을 갖고 있으며 로비 등 공용공간이 적어 쾌적성이 떨어지는 단점을 갖고 있다.		

(2) 광진치매단기보호센터

일반현황	운영주체	사회복지법인	
	시설종류	단기보호	
	부설형태	노인복지관 부설	
	위치	광진구	
	이용노인 현황	23명	
	서비스 수준	요양	
	직원현황	10명	
시설현황	부설시설 규모	지하2 / 지상4층	
	시설전체연면적	3,431	
	대상시설면적		
	시설 위치	4층	
전반적 특징	노인종합복지관 내 위치한 단기보호시설로 한 개 층을 모두 활용하고 있어 요양시설의 요양동과 계획이 매우 흡사하다. 가운데 오픈스페이스를 중심으로 배회복로가 구성되어 있으며 이를 중심으로 12개의 요양실로 구성되어 있다. 간호사 대기공간이 있으며 목욕시설이 위치하고 있다. 물리치료실이 2층에 주간보호시설과 함께 있어 단기보호 노인이 이용하기 위해서는 이동해야 하는 불편함이 따른다.		

김석준 ──────────────────────────────────

▌학력

　서울시립대학교 건축공학과 졸업
　서울시립대학교 대학원 건축공학 석사
　서울시립대학교 대학원 건축공학 박사

▌경력

　(주)도시경영연구원 사업타당성팀 책임연구원
　서울시립대부설산업경영연구소 선임연구원
　橫浜國立大學 객원연구원
　서울시립대학교 건축학부 건축학과 강사
　광운대학교 건축학부 건축학과 강사
　한양여자대학 디자인계열 인테리어디자인전공 강사

고령사회와 노인장기요양시설

－ 노인장기요양보험법 도입에 따른 노인시설변화 －

초판인쇄 | 2009년 6월 15일
초판발행 | 2009년 6월 15일

지은이 | 김석준
펴낸이 | 채종준
펴낸곳 | 한국학술정보㈜
주　소 | 경기도 파주시 교하읍 문발리 파주출판문화정보산업단지 513-5
전　화 | 031) 908-3181(대표)
팩　스 | 031) 908-3189
홈페이지 | http://www.kstudy.com
E-mail | 출판사업부　publish@kstudy.com

등　록 | 제일산-115호(2000. 6. 19)
가　격 | 19,000원

ISBN　978-89-268-0035-5 93540 (Paper Book)
　　　　978-89-268-0036-2 98540 (e-Book)